AF375858

LEÇONS DE PHYSIQUE

(PESANTEUR, CHALEUR)

LEÇONS

DE

PHYSIQUE

(PESANTEUR, CHALEUR)

A L'USAGE

DES ÉLÈVES DE TROISIÈME ANNÉE
DE L'ENSEIGNEMENT SECONDAIRE DES JEUNES FILLES

ET DES

Aspirantes au Brevet supérieur

PAR

Mme L. MARGAT-L'HUILLIER

ANCIENNE ÉLÈVE DE L'ÉCOLE DE SÈVRES,
AGRÉGÉE DE L'ENSEIGNEMENT SECONDAIRE DES JEUNES FILLES,
PROFESSEUR DE SCIENCES AU LYCÉE SÉVIGNÉ

DEUXIÈME ÉDITION

PARIS

LIBRAIRIE NONY & Cie
63, BOULEVARD SAINT-GERMAIN, 63

—

1902

(Tous droits réservés)

Enseignement secondaire des Jeunes Filles

(Programme fixé par l'Arrêté du 27 juillet 1897.)

PHYSIQUE

—

TROISIÈME ANNÉE

Le cours de physique sera fait à un point de vue purement expérimental : les lois se dégageront des phénomènes étudiés et conduiront aux principes qui dominent la science.

Sur chaque sujet, on s'attachera à faire connaître les acquisitions récentes dans le domaine des idées comme dans celui des faits. En un mot, on suivra la science jusqu'à nos jours ; et pour ce faire, on se dégagera franchement des vieilleries encombrantes, on laissera de côté les appareils qui n'ont qu'un intérêt historique, les méthodes surannées, tout ce qui dans le progrès incessant des choses est devenu hors d'usage.

On se gardera soigneusement contre l'abondance des faits. Quelques phénomènes bien choisis, étudiés avec soin, à l'aide des meilleures méthodes, permettront le mieux de donner aux élèves des notions intéressantes et sûres.

———

Pesanteur. — Chute des corps (étude expérimentale).

Poids des corps. — Balances. — Poids spécifiques.

Équilibre des liquides. — Surface libre d'un liquide en repos.

Pressions sur le fond et sur les parois des vases (étude expérimentale).

Vases communicants. — Applications.

Transmission des pressions. — Presse hydraulique.

— VI —

Principe d'Archimède. — Corps flottants. — Aréomètres à poids
  constant.
Equilibre des gaz. — Pression atmosphérique. — Baromètres.
Loi de Mariotte. — Manomètres.
Machine pneumatique. — Pompes. — Siphons.
Aérostats.
Revision. — On donnera à l'occasion de la revision les notions
  élémentaires de mécanique indispensables à l'intelligence des
  phénomènes.
Chaleur. — Dilatation des solides, des liquides et des gaz par la
  chaleur. — Thermomètre. — Température.
Maximum de densité de l'eau.
Définition de la chaleur spécifique d'un corps.
Changements d'état des corps. — Fusion. — Solidification. —
  Définition de la chaleur de fusion.
Vaporisation. — Pression de la vapeur. — Vapeurs saturantes et
  non saturantes. — Définition de la chaleur de vaporisation.
Evaporation. — Ebullition. — Distillation. — Froid produit par
  l'évaporation. — Mélanges réfrigérants.
Etat hygrométrique de l'air.
Propagation de la chaleur par rayonnement et par conductibilité.
Revision.

LEÇONS DE PHYSIQUE

(PESANTEUR, CHALEUR)

CHAPITRE I

PROPRIÉTÉS GÉNÉRALES DES CORPS

1 Objet de la Physique. — Le mot *physique* vient d'un mot grec qui signifie *nature ;* d'après son étymologie, la physique serait donc la science de la nature, c'est-à-dire de toutes les notions que nous donnent nos sens sur le monde qui nous entoure. Mais cette science serait si vaste qu'on a dû la subdiviser, et la restreindre à l'étude des corps bruts, en laissant aux *sciences naturelles* l'étude des êtres vivants.

On appelle *matière* ce qui compose les corps, c'est-à-dire tout ce qui peut impressionner nos sens.

Les corps se distinguent les uns des autres par leurs *propriétés*, en affectant nos sens de façon différente : et on appelle *phénomène* toute manifestation des propriétés des corps : ainsi une pierre abandonnée à elle-même tombe, une barre de fer chauffée s'allonge, du soufre enflammé à l'air dégage une odeur suffocante ; ce mouvement, ces changements d'état sont des phénomènes.

Les phénomènes sont de deux sortes : les uns ne changent pas la nature des corps, comme la chute de la pierre, l'allongement du fer ; les autres produisent des modifications profondes, durables, ils changent la constitution des corps : ainsi le soufre qui a brûlé a produit un corps nouveau, ayant des propriétés bien différentes de celles du soufre, puisque c'est un gaz, incolore, odorant, le gaz sulfureux formé de soufre et d'oxygène pris à l'air.

Les premiers phénomènes sont appelés *phénomènes physiques*, ils apparaissent comme les manifestations de causes générales, et pour une même cause sont toujours les mêmes ; les seconds sont les *phénomènes chimiques*, ils correspondent à des modifications de la matière, et pour une même cause sont souvent différents. Les sciences physiques comprennent donc deux parties : la Physique qui est l'étude des phénomènes physiques et des propriétés générales des corps ; et la Chimie, qui s'occupe des phénomènes chimiques et des propriétés particulières de chaque corps.

Ces deux sciences ont d'ailleurs bien des points de contact ; dans les deux on emploie les mêmes méthodes ; c'est en observant attentivement les phénomènes, en essayant de les reproduire par l'expérience, qu'on cherche à découvrir les causes de ces phénomènes et les lois qui les régissent.

2. Propriétés essentielles des corps. — Tous les corps ont nécessairement une *étendue*, c'est-à-dire qu'ils occupent une certaine portion de l'espace qu'on appelle leur volume.

Ils sont *impénétrables*, c'est-à-dire qu'ils ne peuvent être à deux à la fois dans une même partie de l'espace : quand on enfonce un clou dans du bois, une éponge dans l'eau,

il n'y a pas pénétration réelle des corps, le clou écarte seu-
-lement les fibres du bois, et l'eau ne pénètre que dans les
cavités de l'éponge.

Enfin, tous les corps sont *inertes* : tandis que les êtres
vivants peuvent se mouvoir ou s'arrêter volontairement,
les corps bruts ne peuvent par eux-mêmes ni se mettre en
mouvement, ni modifier leur état de mouvement. Certains
faits semblent contredire la seconde partie de ce principe :
une bille lancée sur un sol horizontal devrait, en vertu de
l'inertie, se mouvoir indéfiniment, et pourtant elle s'arrête ;
un pendule écarté de sa position d'équilibre, puis abandonné, devrait osciller indéfiniment, et il revient au
repos. C'est que la bille et le pendule ne peuvent se déplacer qu'en refoulant l'air devant eux, et en frottant sur le
sol ou autour de l'axe de suspension ; les frottements et la
résistance du milieu ralentissent le mouvement, puis
l'annulent. Aussi la bille roulera-t-elle d'autant plus
longtemps que le frottement sera moindre : sur un tapis
de billard ou sur un plan de marbre poli, elle s'arrête
bien moins vite que sur le sol ; de même, si l'on fait
osciller deux pendules semblables, l'un dans l'eau, l'autre
dans l'air, le premier s'arrête bien plus vite que le second,
parce que la résistance de l'eau est plus grande que celle
de l'air.

Un grand nombre de faits qu'on observe journellement
sont des conséquences de l'inertie : ainsi quand un cheval
lancé avec une grande vitesse s'arrête brusquement, son
cavalier conservant cette vitesse se trouve souvent projeté
en avant ; lorsqu'on saute d'une voiture en marche, le
corps conservant la vitesse de la voiture, tandis que les
pieds sont brusquement arrêtés par le sol, on est jeté à terre
ans le sens du mouvement de la voiture, si l'on ne prend

soin de se pencher en sens contraire pour rétablir l'équilibre. C'est encore en vertu de l'inertie que, pour emmancher un marteau ou un balai, on frappe le manche contre le sol ou contre un mur : le manche est arrêté, tandis que le marteau, continuant le mouvement, s'enfonce solidement dans le manche.

3. Constitution des corps. — Tous les corps peuvent être divisés en parties extrêmement petites sans perdre leurs propriétés caractéristiques : on peut obtenir des feuilles d'or de $\frac{1}{10\,000}$ de millimètre d'épaisseur, des fils de platine de $\frac{1}{1200}$ de millimètre de diamètre ; quelques milligrammes de fuchsine suffisent pour colorer en rouge plusieurs litres d'eau ; un morceau de musc communique son odeur à l'air d'une chambre ouverte, pendant plusieurs mois, et l'émission de toutes ces parcelles odorantes lui fait éprouver une perte de poids à peine sensible.

L'étude des lois de la chimie fait admettre que les corps sont formés de particules encore bien plus petites que celles dont nous pouvons ainsi constater l'existence, qui sont indivisibles, et que nous ne pouvons distinguer même avec les microscopes les plus puissants; on les appelle *molécules.*

L'expérience montre que tous les corps peuvent diminuer de volume quand on les refroidit et qu'on exerce sur eux une pression suffisante; que des sels, de l'alcool, peuvent se dissoudre dans l'eau sans augmentation apparente de volume ou même avec contraction. On est donc conduit à admettre, puisque la matière est impénétrable, que les molécules ne sont pas en contact, mais qu'elles laissent entre elles des intervalles ou *pores intermolécu-*

laires, du même ordre de grandeur que les molécules, et qui peuvent augmenter ou diminuer sous l'influence de causes diverses, comme la chaleur, la pression.

Tous les corps, même les plus compacts en apparence, présentent donc des pores intermoléculaires, qu'il ne faut pas confondre avec les cavités visibles au microscope ou même à l'œil nu dans les substances dites poreuses telles que le bois, la pierre ponce, l'éponge.

4. États physiques des corps. — Les corps se présentent à nous sous trois états physiques différents; ils sont solides, comme le fer, la pierre; liquides, comme l'eau, ou gazeux, comme l'air.

1° **État solide.** — Les corps solides ont une forme déterminée et un volume sensiblement constant; leurs molécules sont maintenues dans leurs positions respectives par une force qu'on appelle la *cohésion*, et ne peuvent être séparées que par un effort souvent considérable; ils offrent donc une résistance plus ou moins grande à la déformation et à la rupture.

Les solides sont *compressibles*, c'est-à-dire qu'en exerçant sur leur surface une pression suffisamment forte, on peut réduire leur volume. Si la pression n'est pas trop grande ni trop prolongée, dès qu'elle est supprimée le corps reprend sa forme et son volume primitifs : on dit que le corps est *élastique*. Si la pression atteint une certaine valeur, très variable suivant les corps, les solides ne reviennent plus à leur première forme; on dit que leur *limite d'élasticité* a été dépassée : ainsi les métaux peuvent être réduits en lames par le martelage, les fondations des maisons se tassent sous le poids des pierres qui les surmontent.

2° **État liquide.** — Les liquides ont encore un volume

déterminé, mais ils n'ont plus de forme propre; leurs molécules glissent les unes sur les autres mais sans changer de distance, de sorte qu'ils prennent la forme du vase qui les contient, sans varier de volume; on peut les séparer sans difficulté.

Les liquides diminuent aussi de volume quand on les comprime fortement; mais la variation est si faible que dans la pratique on les regarde comme *incompressibles*. Dès que la pression cesse, ils reprennent exactement leur volume primitif : leur élasticité ne paraît pas avoir de limite.

3° **État gazeux**. — Les gaz n'ont par eux-mêmes ni forme, ni volume déterminés ; la mobilité de leurs molécules les rapproche des liquides, avec lesquels on les réunit quelquefois sous le nom de *fluides* ; mais ils s'en distinguent en ce que leurs molécules se repoussent et tendent à s'écarter les unes des autres, de sorte qu'ils occupent toujours tout l'espace dans lequel ils sont enfermés, et qu'ils exercent sur les parois des vases qui les contiennent une certaine pression tendant à repousser ces parois. On appelle *expansibilité* cette propriété qu'ont les gaz d'occuper le plus grand volume possible, et *force élastique* la pression qu'ils exercent sur leurs enveloppes.

Pour montrer l'expansibilité des gaz, on prend une vessie dont on ferme soigneusement l'ouverture avec une ficelle, après en avoir chassé l'air presque complètement ; on la place sous une cloche (*fig.* 1) dont on peut enlever l'air à l'aide d'une sorte de pompe appelée machine pneumatique. A mesure qu'on enlève l'air de la cloche, la pression que cet air exerçait sur la vessie diminue, et la force élastique de l'air contenu dans la vessie n'étant plus contrebalancée par celle de l'air extérieur, on voit la vessie se gonfler complètement. Si on laisse rentrer l'air dans la cloche, la vessie s'affaisse et reprend son volume primitif

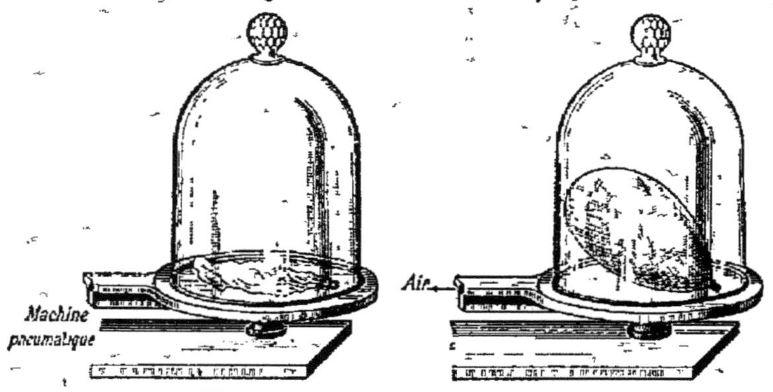

Fig. 1. — Expansibilité des gaz.

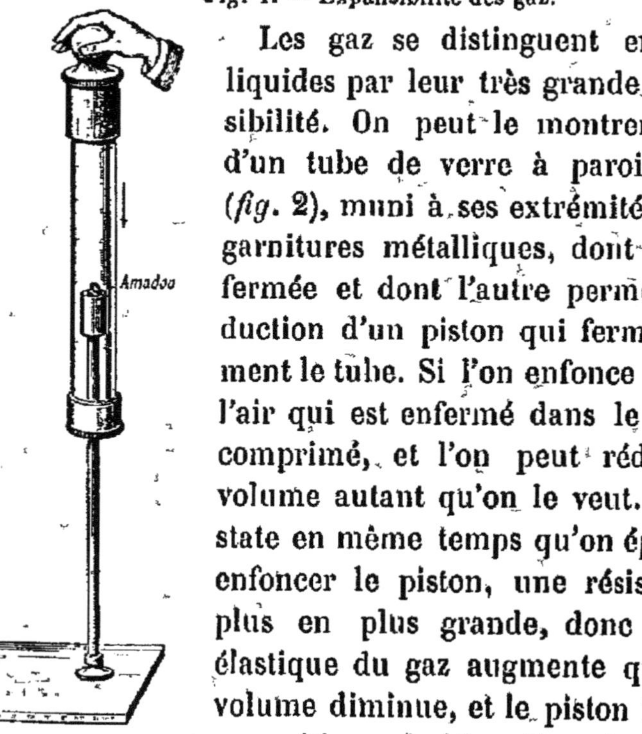

Fig. 2. — Briquet
à air.

Les gaz se distinguent encore des liquides par leur très grande compressibilité. On peut le montrer à l'aide d'un tube de verre à parois épaisses (*fig. 2*), muni à ses extrémités de deux garnitures métalliques, dont l'une est fermée et dont l'autre permet l'introduction d'un piston qui ferme exactement le tube. Si l'on enfonce le piston, l'air qui est enfermé dans le tube est comprimé, et l'on peut réduire son volume autant qu'on le veut. On constate en même temps qu'on éprouve, à enfoncer le piston, une résistance de plus en plus grande, donc la force élastique du gaz augmente quand son volume diminue, et le piston revient à sa position primitive dès qu'on cesse de le pousser, ce qui prouve que les gaz sont aussi élastiques.

Cet appareil a été appelé *briquet à air*, parce que si la compression est très brusque elle produit un dégagement de chaleur suffisant pour enflammer un morceau d'amadou fixé au piston.

REMARQUE. — Les trois états physiques ainsi définis sont reliés par une série d'états intermédiaires : on passe graduellement des solides aux liquides par les pâtes, les gelées, les liquides visqueux ; et les gaz, sous une pression suffisante, ne se distinguent plus guère des liquides. De plus, l'état physique d'un corps dépend de la température et de la pression, et la plupart des corps peuvent être amenés à volonté à l'état de solide, de liquide ou de gaz, comme l'eau que l'on peut faire passer à l'état de glace ou de vapeur.

RÉSUMÉ DU CHAPITRE I

Toute manifestation des propriétés des corps est un *phénomène*. Les *phénomènes physiques* sont les manifestations de causes générales et ne changent pas la nature des corps ; les *phénomènes chimiques* changent la nature des corps. La Physique est l'étude des phénomènes physiques et des propriétés générales des corps ; la Chimie, l'étude des phénomènes chimiques et des propriétés particulières des corps.

Les propriétés essentielles des corps sont l'*étendue*, l'*impénétrabilité* et l'*inertie* ; les corps en mouvement sont inertes aussi bien que les corps en repos.

On admet que les corps sont formés de particules extrêmement petites, ou *molécules*, séparées par des intervalles appelés *pores intermoléculaires*, du même ordre de grandeur que les molécules.

Les corps peuvent se présenter sous trois états physiques : les *solides* ont une forme déterminée et un volume sensiblement constant, ils offrent une résistance plus ou moins grande à la rupture, et sont plus ou moins compressibles et élastiques ; les *liquides* ont un volume déterminé, mais prennent la forme du vase qui les contient, leurs molécules se séparent sans difficulté, ils sont à peu près incompressibles et parfaitement élastiques ; les *gaz* n'ont ni forme ni volume constant, ils sont expansibles, ils exercent une pression ou force élastique sur les parois de leurs enveloppes, ils sont très compressibles et parfaitement élastiques.

PESANTEUR

CHAPITRE II

DIRECTION DE LA PESANTEUR. ÉQUILIBRE DES CORPS PESANTS

5. Forces. Définitions. — On appelle force toute cause capable de produire ou de modifier le mouvement d'un corps : si nous enfonçons le piston dans le briquet à air, c'est par l'action de notre *force musculaire* ; s'il revient ensuite à sa première position, c'est par suite de la *force élastique* de l'air qui était dans l'appareil.

Une force est caractérisée par trois éléments : son *point d'application*, sa *direction*, c'est-à-dire la droite suivant laquelle elle tend à entraîner son point d'application, et sa *grandeur* ou son intensité.

On dit que deux forces sont égales lorsque, agissant sur le même corps dans les mêmes conditions, elles produisent le même effet ; ou que, appliquées en sens contraire à un même point, elles se font équilibre, c'est-à-dire ne produisent aucun mouvement. On dit qu'une force est double, triple d'une autre, quand elle fait équilibre à deux, trois forces égales à cette autre, appliquées simultanément et en sens contraire au même point.

On peut donc comparer les intensités des forces à l'intensité d'une force prise comme unité ; cette mesure des forces se fait à l'aide d'instruments appelés *dynamomètres*, fondés sur l'élasticité des métaux. Le plus simple est le *peson à ressort*, qui se compose d'une lame d'acier recourbée en son milieu (*fig.* 3); de chaque branche part un arc métallique qui passe dans une ouverture de l'autre branche ; l'un des arcs porte un anneau qui sert à suspendre l'appareil, l'autre se termine par un crochet sur lequel on fait agir la force à mesurer. Pour

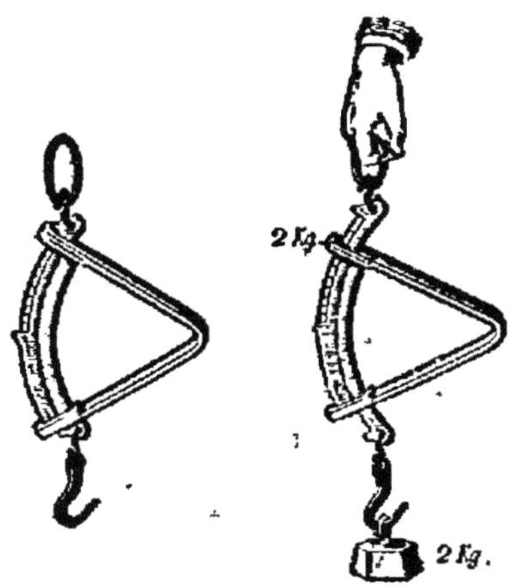

Fig. 3. — Peson à ressort.

graduer le peson, on fait agir sur le crochet successivement 1, 2, 3,... unités de force, les deux branches glissent sur les arcs en se rapprochant, et aux points où la branche supérieure s'arrête, on marque 1, 2, 3, ... sur l'arc. Si une force appliquée au peson fait arriver cette branche à la division 5, par exemple, c'est qu'elle a une intensité égale à 5 unités de force.

On représente une force, pour l'étudier plus facilement, par une droite menée par le point d'application dans la direction de la force, terminée par une flèche, et dont la longueur est proportionnelle à l'intensité de la force (*fig.* 4).

Fig. 4. — Représentation graphique d'une force.

6. Définition de la pesanteur. — Tous les corps abandonnés à eux-mêmes d'une certaine hauteur, tombent, c'est-à-dire se dirigent vers le sol ; si l'on tient une pierre au-dessus d'un puits, et qu'on l'abandonne, elle tombe jusqu'au fond, quelque profond que soit le puits. Les corps sont donc soumis à une force puisqu'ils se mettent en mouvement ; on dit qu'ils sont *pesants*.

On donne le nom de pesanteur à la force qui tend à entraîner tous les corps vers le centre de la terre.

Certains corps paraissent échapper à l'action de la pesanteur : les nuages restent suspendus dans l'atmosphère, la fumée, les aérostats s'élèvent dans l'air ; mais si l'on met une bougie allumée sous la cloche d'une machine pneumatique et qu'on enlève l'air, la bougie s'éteint et la fumée descend au lieu de monter. C'est donc l'air qui, étant lui-même pesant, exerce sur ces corps une poussée de bas en haut, plus forte que la pesanteur, et qui les soulève comme l'eau soulève un bouchon qu'on y enfonce et qu'on abandonne ensuite. On peut en conclure que s'il n'y avait pas d'air tous les corps tomberaient ; donc *tous les corps sont pesants.*

La pesanteur sera définie, comme toutes les forces, par sa direction, son point d'application et son intensité.

7. Direction de la pesanteur. — Cette direction est donnée par la ligne que suit un corps pesant quand il tombe librement. On peut rendre cette ligne visible en quelque sorte, en suspendant le corps à un fil flexible, fixé à son extrémité supérieure, ce qui constitue l'appareil appelé *fil à plomb* (*fig.* 5). Le fil, à cause de sa flexibilité, suit exactement la direction que lui imprime le corps ; et comme sa tension fait équilibre à

Fig. 5.—Fil à plomb.

l'action de la pesanteur, quand il est au repos il indique la direction de cette force. On le vérifie en plaçant des anneaux de distance en distance sur le trajet du fil à plomb; si on enlève le fil et que, du point où il était fixé, on laisse tomber une bille, elle traverse tous les anneaux.

La direction de la pesanteur se nomme la verticale ; elle est perpendiculaire à la surface libre des liquides en équilibre.

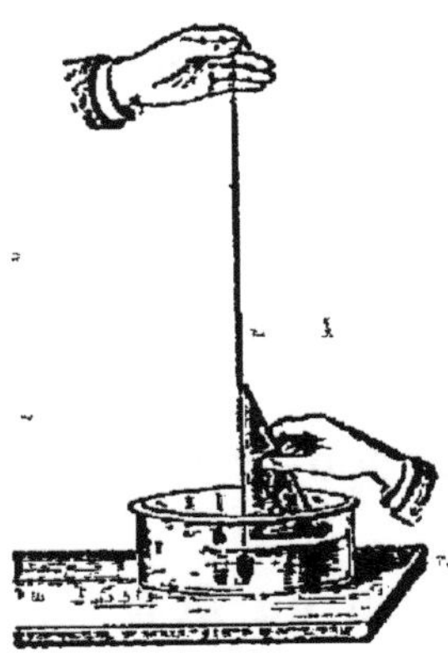

Fig. 6. — Angle de la verticale avec l'horizontale.

On vérifie approximativement cette propriété de la verticale en faisant plonger dans l'eau d'un vase assez large, la masse d'un fil à plomb (*fig.* 6). Quand le fil à plomb est en repos, on en approche une équerre dont le petit côté est en contact avec la surface de l'eau, et l'on constate que le fil suit exactement le grand côté de l'angle droit de l'équerre.

Dans un même lieu, toutes les verticales sont parallèles, puisqu'elles ne se rencontreraient qu'au centre de la terre, soit à une distance de plus de 6000 kilomètres, que l'on peut regarder comme infinie relativement à la distance des verticales ; on le constate facilement en suspendant les uns à côté des autres plusieurs fils à plomb.

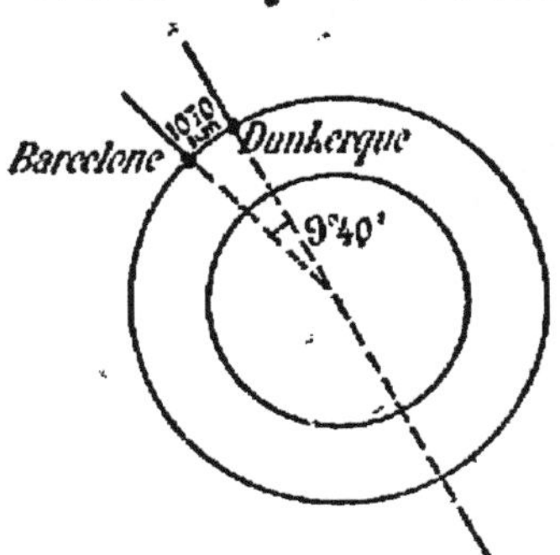

Fig. 7. — Angle des verticales de lieux eloignes.

Il n'en est plus de même si l'on considère les verticales de lieux assez éloignés pour que leur distance ne soit plus négligeable relativement à celle du centre de la terre ; ainsi les verticales de Dunkerque et de Barcelone font un angle de 9°40' (*fig.* 7) ; celles de deux points diamétralement opposés sont dirigées en sens contraire.

8. Usages du fil à plomb. — On emploie constamment le fil à plomb dans les constructions pour vérifier la verticalité des murs, très importante pour leur stabilité. Le fil à plomb passe alors au milieu d'une plaque métallique carrée (*fig.* 8) de même largeur que le cylindre de plomb ou de laiton suspendu au fil ; quand cette plaque est appuyée contre le mur, le cylindre doit poser contre ce mur, sans s'appuyer sur lui.

On peut encore se servir du fil à plomb pour vérifier si un plan est horizontal, à l'aide du *niveau de maçon* (*fig.* 9). Cet appareil se compose de deux barres de bois formant un angle au sommet duquel est suspendu un fil à plomb ;

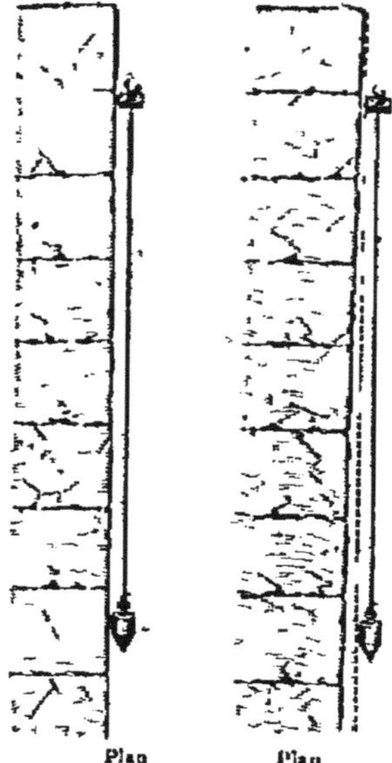

Fig. 8. — Emploi du fil à plomb pour vérifier la verticalité d'un mur.

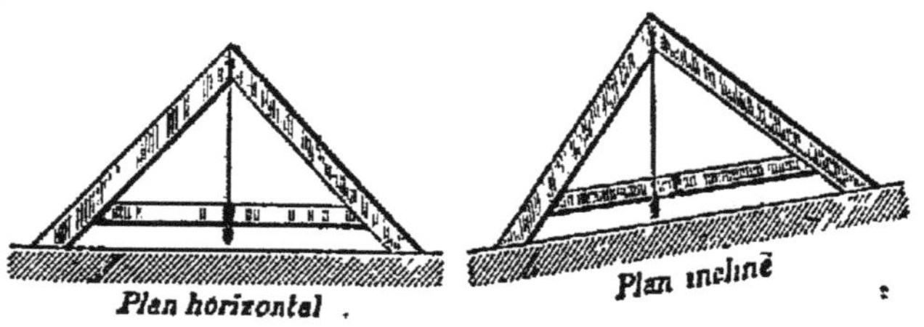

Fig. 9. — Niveau de maçon.

quand le plan sur lequel reposent ces barres est bien horizontal, le fil à plomb couvre exactement un trait vertical, ou ligne de foi, tracé sur une traverse horizontale.

9. Intensité de la pesanteur. — Quand on réduit un corps en fragments, chacun de ces fragments, quelque petit qu'il soit, abandonné à lui-même tombe comme le corps entier; la pesanteur agit donc sur toutes les molécules des corps; par suite, un corps pesant est soumis à une infinité de forces, toutes égales si les molécules sont identiques, et verticales de haut en bas.

Quand plusieurs forces sont appliquées à un même corps, on peut en général les remplacer par une force unique, qu'on appelle leur *résultante*, et qui produirait le même effet que toutes les *composantes* réunies.

En particulier, dans le cas du fil à plomb, la tension du fil fait équilibre à toutes les actions de la pesanteur; la même tension pourrait être obtenue par une force unique tirant le fil dans son prolongement, de haut en bas. Cette force unique, qui n'est qu'une conception de l'esprit, par laquelle on peut supposer remplacées toutes les petites forces parallèles appliquées à chaque molécule, est la résultante des actions exercées par la pesanteur sur le corps.

On appelle poids d'un corps l'intensité de la résultante des actions de la pesanteur sur ce corps. On peut mesurer le poids d'un corps à l'aide d'un dynamomètre (5). Dans la pratique, on évalue les poids en *kilogrammes*, le kilogramme, choisi comme unité de force, étant la force avec laquelle la pesanteur agit sur le kilogramme-étalon conservé aux Archives nationales et qui équivaut sensiblement à un décimètre cube d'eau distillée à 4°, à Paris,

Si l'on suspend le même corps au même dynamomètre dans des lieux différents, assez éloignés, on constate que l'effet produit n'est pas toujours le même; le poids d'un corps augmente quand on va vers les pôles, diminue quand on se rapproche de l'équateur : ainsi 1ᶜᶜ d'eau distillée à 4°

pèserait à l'équateur 0ᵍʳ,9974 et au pôle 1ᵍʳ,0025. L'intensité de la pesanteur n'est donc pas la même en tous les lieux; cela est dû à la forme aplatie de la Terre : la pesanteur pouvant être considérée comme localisée au centre de la Terre, agit d'autant plus sur un corps qu'il est plus près du centre, et par suite son action est plus forte aux pôles qu'à l'équateur.

10. Centre de gravité. — Les forces de la pesanteur s'appliquent à toutes les molécules d'un corps; mais nous venons de voir qu'on peut les remplacer par une force unique, le poids du corps.

On appelle centre de gravité d'un corps le point d'application de la résultante des actions de la pesanteur sur ce corps.

Nous avons vu que, dans le fil à plomb, cette résultante agit dans le prolongement de la direction du fil, elle est donc appliquée sur la ligne verticale du fil ; si on suspend la masse de plomb par un autre point, quand l'équilibre sera établi, la résultante agira dans le prolongement de la nouvelle direction du fil ; il en sera de même si l'on suspend la masse par un 3ᵉ, par un 4ᵉ point ; or, si l'on suppose tracées à l'intérieur du corps toutes ces directions, on constate qu'elles se rencontrent toutes en un même point ; c'est donc en ce point qu'est appliquée la résultante, et par suite ce point est le centre de gravité du corps. On voit que sa position est indépendante de l'orientation du corps.

Cette expérience permet de déterminer expérimentalement la position du centre de gravité d'un corps quelconque (*fig.* 10). On peut la déterminer par le raisonnement, quand le corps a une forme géométrique, et qu'il est homogène, c'est-à-dire que deux volumes égaux du corps, pris aussi petits que l'on veut, et n'importe où, ont le même poids. On trouve que : dans une sphère, le centre de gravité est au centre ; dans un cylindre à base circulaire, au milieu de la droite qui joint les centres des bases ; si l'on suppose l'épaisseur négligeable, dans un cercle il est au centre, dans un parallélogramme au point de concours des diagonales, etc.

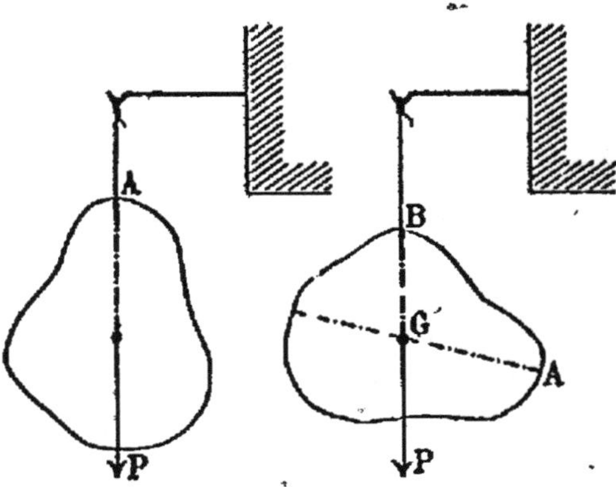

Fig. 10. — Détermination du centre de gravité d'un corps.

Pour étudier l'action de la pesanteur sur un corps, on peut donc la supposer réduite au poids du corps, appliqué au centre de gravité, et faire abstraction de tout le reste du corps.

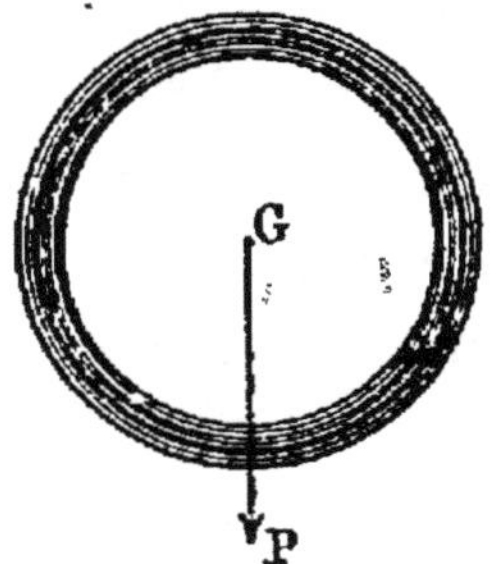

Fig. 11. — Centre de gravité d'un anneau.

Le centre de gravité peut n'être pas situé dans le corps même ; dans un panier, une chaise, il est généralement en un point qui ne fait pas partie de ces objets ; dans un anneau (*fig.* 11) il est au centre. On doit alors regarder ce point comme invariablement lié au corps, c'est-à-dire gardant toujours la même position relativement au corps et se déplaçant avec lui.

11. Équilibre des corps solides. — Pour qu'un corps reste en repos, qu'il soit en équilibre, il faut que la pesanteur soit contrebalancée par la résistance d'un obstacle à la chute du corps : la considération du centre de gravité permet de déterminer les conditions d'équilibre des solides.

I. **Corps mobile autour d'un axe horizontal.** — Pour

qu'un corps mobile autour d'un axe horizontal soit en équilibre, *il faut que la verticale passant par son centre de gravité rencontre aussi l'axe.* La pesanteur n'a alors d'autre effet que de produire une pression du corps sur l'axe, tandis que dans toute autre position, le poids du corps tend à faire descendre le centre de gravité G (*fig.* 12) en le faisant tourner autour de l'axe fixe.

On dit que l'équilibre est *stable* quand le corps écarté de sa position d'équilibre tend à y revenir; c'est le cas du fil à plomb, du pendule. Pour que l'équilibre soit stable, il faut que le centre de gravité soit *au-dessous de l'axe,* car tout mouvement écartant le corps de sa position d'équilibre relève le centre de gravité (*fig.* 12), et par suite, quand on abandonne le corps, la pesanteur le ramène à sa première position.

L'équilibre est dit *instable* quand le corps écarté, si peu que ce soit, de sa position d'équilibre s'en éloigne de plus en plus : c'est le cas d'une règle dont un axe traverserait la partie inférieure. L'équilibre est instable quand le centre de gravité est au-dessus de l'axe (*fig.* 13), car si

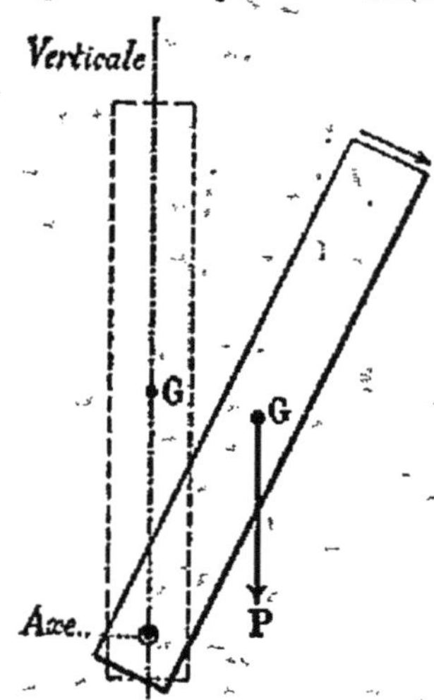

Fig. 12. — Équilibre stable.

Fig. 13. — Équilibre instable.

le corps tourne autour de son axe, le centre de gravité G

descend ; il ne pourra donc remonter à sa première position et le corps reviendra à la position d'équilibre stable.

L'équilibre est dit *indifférent* quand il subsiste dans toutes les positions du corps : par exemple, pour une roue tournant sur son axe, un volant de machine à vapeur, une meule. Ce cas se présente quand le centre de gravité est sur l'axe, dont la résistance neutralise alors toujours la pesanteur (*fig.* 14).

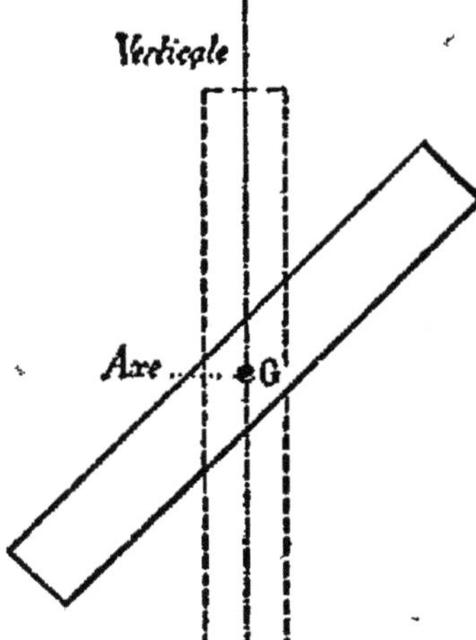

Fig. 14. — Équilibre indifférent.

II. **Corps reposant sur un plan horizontal.** — Quand un corps repose sur un plan, on appelle *base de sustentation* la figure obtenue en joignant tous les points de contact extérieurs du corps avec le plan ; ainsi, la base de sustentation d'un cône posé sur sa base est un cercle, celle d'un cône posé sur son sommet un point, celle d'un cône couché sur son arête une droite ; la base de sustentation d'une chaise est un quadrilatère, celle d'une table à trois pieds un triangle.

Pour qu'un corps reposant sur un plan horizontal soit en équilibre, *il faut que la verticale qui passe par son centre de gravité tombe dans l'intérieur de la base de sustentation ;* alors le poids du corps n'a d'autre effet que d'exercer une pression sur le plan.

L'équilibre peut encore être stable, par exemple dans le cas d'un cône posé sur sa base (*fig.* 15), d'une chaise, d'une table ; ou instable, comme l'équilibre d'un cône sur son sommet, d'une canne tenue verticalement sur le bout du doigt ; ou indifférent, tel est l'équilibre d'un cylindre, d'un cône posés sur leurs arêtes, d'une sphère, d'un œuf dont le grand axe est horizontal.

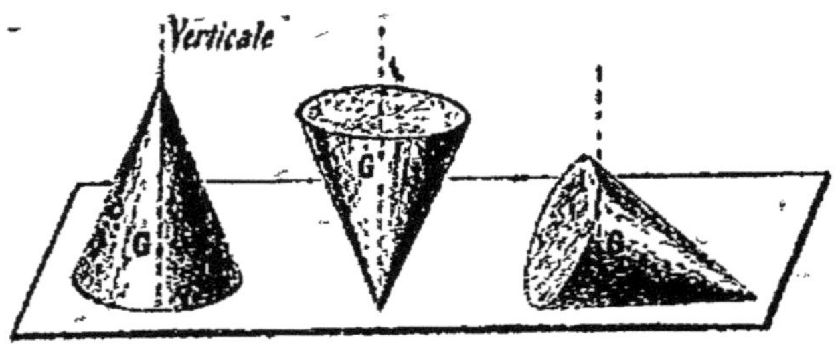

Fig. 15. — Équilibre d'un corps reposant sur un plan horizontal.

L'équilibre est d'autant plus stable que la base de sustentation a une plus grande surface, et que le centre de gravité est placé plus bas, car il faut alors un plus grand déplacement du corps pour que la verticale passant par le centre de gravité arrive en dehors de la base de sustentation ; un cylindre, incliné comme le montre la figure 16 revient à sa position d'équilibre si son centre de gravité

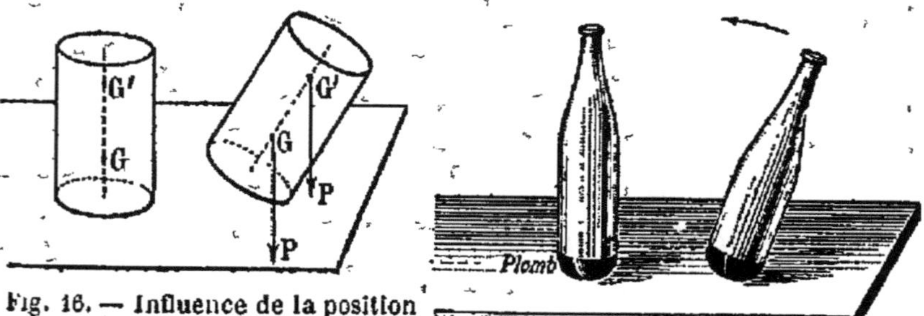

Fig. 16. — Influence de la position du centre de gravité sur la stabilité de l'équilibre.

Fig. 17. — Bouteille inversable.

est en G, tandis qu'il tombe s'il est en G'. Les bouteilles inversables (*fig.* 17), dont le fond est en plomb, les équilibristes des cabinets de physique (*fig.* 18) que l'on peut remplacer par deux fourchettes fixées à une pièce de monnaie ou à un bouchon, qui se tiennent en équilibre

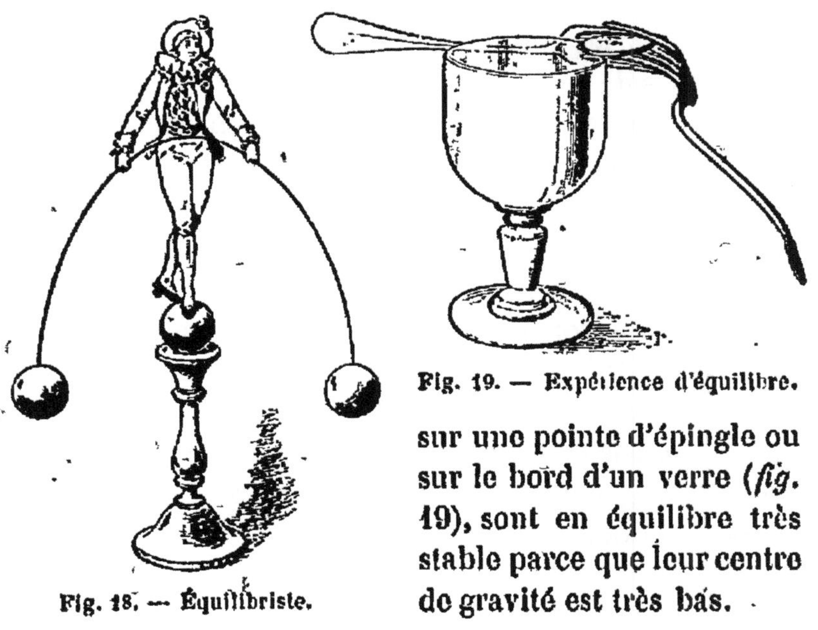

Fig. 19. — Expérience d'équilibre.

Fig. 18. — Équilibriste.

sur une pointe d'épingle ou sur le bord d'un verre (*fig.* 19), sont en équilibre très stable parce que leur centre de gravité est très bas.

12. Applications. — La considération du centre de gravité est très importante dans la pratique, pour assurer la stabilité des corps. Quand on charge une voiture, un wagon, un navire, on doit toujours placer les objets les plus lourds aussi bas que possible, de façon à rendre l'équilibre plus stable. Une charrette de foin, dont le centre de gravité est placé très haut, verse plus facilement sur un chemin incliné qu'un chariot chargé de barres de fer, dont le centre de gravité est très bas. Pour la même raison, une voiture a d'autant moins de stabilité que ses roues sont plus hautes.

Les murs, les bâtiments, pour être en équilibre, ne doivent pas nécessairement être verticaux; il suffit que la verticale de leur centre de gravité tombe dans leur base de sustentation, ce qui explique la stabilité de la tour penchée de Pise, par exemple, malgré son inclinaison.

L'homme et les animaux modifient instinctivement leurs attitudes de façon à rester en équilibre. Quand nous montons une côte, nous nous penchons en avant, pour amener la verticale passant par le centre de gravité du corps à tomber dans la base de sustentation formée par nos pieds ; quand nous descendons, nous nous penchons en arrière ; si nous portons un fardeau d'un côté, le centre de gravité du corps est déplacé vers ce côté, et nous nous inclinons de l'autre, pour ramener au-dessus de nos pieds le centre de gravité de l'ensemble ; les marins écartent les pieds de façon à donner une plus grande surface à leur base, pour garder l'équilibre malgré les mouvements d'inclinaison du navire.

RÉSUMÉ DU CHAPITRE II

Une *force* est toute cause capable de produire ou de modifier le mouvement d'un corps. Elle est caractérisée par son point d'application, sa direction et son intensité.

La *pesanteur* est la force qui tend à entraîner les corps vers le centre de la terre. Tous les corps sont pesants.

La direction de la pesanteur s'appelle la *verticale*, on la détermine à l'aide du *fil à plomb ;* elle est perpendiculaire à la surface libre des liquides en équilibre. Dans un même lieu, toutes les verticales sont parallèles. Toutes les verticales de la Terre se rencontrent en son centre.

Toutes les molécules d'un corps sont soumises à l'action de la pesanteur ; l'intensité de la résultante de toutes ces forces parallèles est le *poids* du corps. Les poids peuvent être mesurés à l'aide des dynamomètres.

Le *centre de gravité* d'un corps est le point d'application de la résultante des actions de la pesanteur sur ce corps ; sa position est constante ; on peut la déterminer en suspendant le corps successivement par différents points.

Un corps solide mobile autour d'un axe horizontal est *en équilibre quand la verticale qui passe par son centre de gravité rencontre l'axe ;* l'équilibre est *stable* quand le centre de gravité est au-dessous de l'axe, *instable* quand il est au-dessus, *indifférent* quand il est sur l'axe.

Un corps reposant sur un plan horizontal est en équilibre quand *la verticale passant par son centre de gravité tombe dans l'intérieur de la base de sustentation*, obtenue en joignant tous les points de contact extérieurs du corps avec le plan. L'équilibre est d'autant plus stable que la base de sustentation est plus grande, et le centre de gravité plus bas.

Les conditions d'équilibre des corps ont des conséquences importantes au point de vue de la stabilité des chargements, des constructions, de la locomotion de l'homme et des animaux.

CHAPITRE III

LOIS DE LA CHUTE DES CORPS

13. Résistance de l'air. Première loi. — Quand on laisse tomber en même temps de la même hauteur des corps différents, on constate qu'ils n'arrivent pas tous au sol au même moment ; cela tient à la résistance de l'air qu'ils doivent déplacer, résistance qui est d'autant plus grande que la surface du corps perpendiculaire à la direction de la chute est plus grande. Si l'on froisse la moitié d'une feuille de papier de façon à en faire une boule, et qu'on la laisse tomber en même temps et de la même hauteur que l'autre moitié tenue à plat, la feuille froissée arrive à terre beaucoup plus vite que l'autre, parce que, ayant moins de surface, elle éprouve moins de résistance de la part de l'air. Quand on abandonne simultanément de la même hauteur une pièce de monnaie et une rondelle de papier de même dimension, la pièce arrive au sol avant le papier, bien qu'ayant même surface, parce que le poids de la pièce étant plus grand que celui du papier, la résistance de l'air est relativement moindre ; mais si on pose la rondelle de papier sur la pièce, et qu'on les laisse tomber ensemble, elles arrivent au sol ensemble, l'air n'offrant plus de résistance au papier puisqu'il est déplacé par la pièce.

Pour observer l'effet produit par la pesanteur seule, il faudrait donc supprimer l'action de l'air, ce qu'on peut obtenir à l'aide du *tube de Newton* (*fig.* 20). Cet appareil est un tube de verre de 1ᵐ,50 à 2ᵐ de longueur, fermé à ses extrémités par deux garnitures métalliques dont l'une est munie d'un robinet et peut se visser sur la machine pneumatique. On introduit dans le tube différents corps : papier, plume, liège, plomb... ; on le visse sur la machine pneumatique, on enlève l'air le plus possible, et après avoir fermé le robinet, on dévisse le tube. En le retournant alors brusquement, on constate que tous les corps arrivent en même temps au bas du tube ; si on laisse rentrer l'air peu à peu en ouvrant le robinet, on voit les corps tomber inégalement vite, et la différence de durée des chutes augmente avec la quantité d'air rentrée.

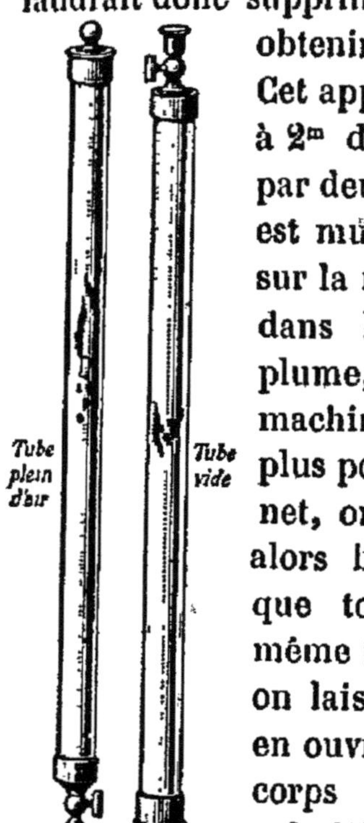

Fig. 20. — Tube de Newton.

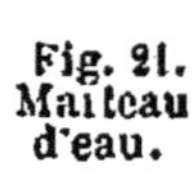

Fig. 21.
Marteau d'eau.

Les liquides paraissent, dans l'air, tomber autrement que les solides : ils se divisent en gouttelettes ; mais si l'on prend un tube de verre épais (*fig.* 21) contenant de l'eau, qu'on a fermé à la lampe après avoir fait bouillir cette eau assez longtemps pour chasser l'air du tube, et si on le retourne brusquement on voit l'eau tomber tout d'une pièce ; elle produit en frappant le fond du tube un bruit sec, comparable à celui d'un corps solide frappant le verre, ce qui a fait donner à l'appareil le nom de *marteau d'eau*. C'est donc l'air qui sépare les liquides en gouttelettes, et dans le vide, ils tomberaient comme les corps solides.

De toutes ces expériences, on peut donc tirer cette première loi :

Dans le vide tous les corps tombent également vite.

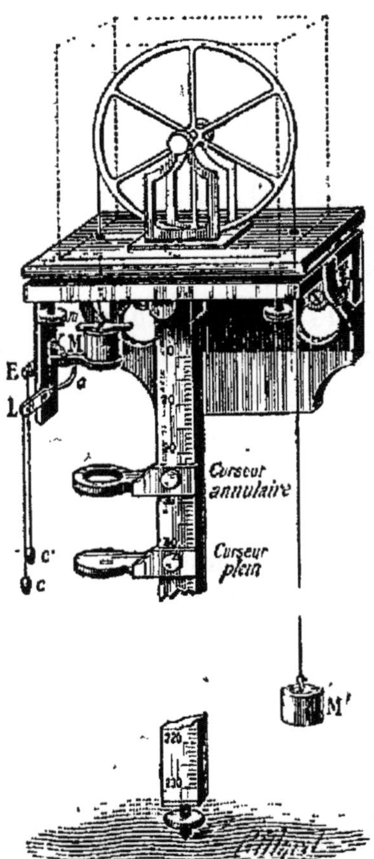

Fig. 22. — Machine d'Atwood.

14. Machine d'Atwood. — Puisque sous l'action de la pesanteur seule, tous les corps tombent de la même façon, on peut étudier la chute des corps sur un corps quelconque ; mais il est très difficile de se servir des corps tombant librement, à cause de la rapidité de leur chute ; on emploie généralement la machine d'Atwood qui permet de ralentir le mouvement, et qui atténue en même temps l'effet de la résistance de l'air, cette résistance augmentant avec la vitesse.

La machine d'Atwood, réduite à ses parties essentielles, se compose d'une *poulie* (*fig.* 22) sur la gorge de laquelle passe un fil fin qui porte à ses extrémités deux masses égales M et M'. La pesanteur agissant également sur ces deux masses, si le fil est assez fin pour que son poids soit négligeable, M et M' se feront équilibre dans toutes les positions. Si l'on place sur M une masse additionnelle m, l'équilibre sera détruit, la masse $M+m$ descendra, entraînant M' et faisant tourner la poulie, que l'on fait aussi légère et aussi mobile que possible pour n'avoir pas à tenir compte de son mouvement. Mais le poids m au lieu d'agir sur sa masse seule, comme s'il tombait en chute libre, doit mettre en mouvement les masses M, M' et m, le mouvement sera donc ralenti.

Pour mesurer facilement les espaces parcourus par le mobile, on place sous la poulie une règle verticale graduée, sur laquelle on peut fixer à l'aide de vis de petits disques ou *curseurs*, les uns pleins, les autres annulaires. Un petit plateau placé en face du zéro de la graduation soutient la masse M ; il peut être abaissé à l'aide d'un système de leviers relié à un compteur à secondes joint à l'appareil, et disposé de telle sorte que l'abaissement du plateau et la chute du mobile correspondent exactement au commencement d'une seconde. Quand il n'y a pas de compteur à secondes fixé à la machine, on compte le temps à l'aide d'un métronome.

15. Loi des espaces. — Pour étudier comment les espaces parcourus par le corps varient avec le temps, la masse $M+m$ étant sur le plateau, on l'abandonne au commencement d'une seconde, et on cherche par tâtonnements où l'on doit placer le curseur plein pour que le mobile vienne le frapper au moment où le compteur indique par un battement le commencement de la 2° seconde. On trouve, par exemple, que le mobile a parcouru 10ᶜᵐ dans la 1ʳᵉ seconde de chute (*fig.* 23).

On remet la masse $M + m$ sur le plateau et on recommence l'expérience en plaçant, par tâtonnements, le curseur de façon à arrêter le mobile au bout de 2 secondes de chute; on trouve qu'il faut le placer à la division 40 ; tandis que le mobile avait fait 10^{cm} dans la 1re seconde, il a fait

$$40 - 10 = 30^{cm}$$

dans la deuxième ; il ne parcourt pas des espaces égaux dans des temps égaux, son mouvement n'est donc pas *uniforme*. On cherche encore de la même façon les espaces parcourus pendant 3, 4 secondes et l'on obtient les résultats suivants :

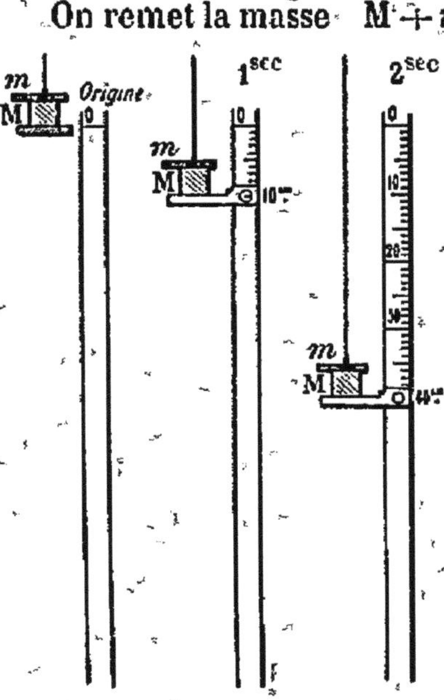

Fig. 23. — Vérification de la loi des espaces.

Temps	Espaces parcourus
1^{sec}	10^{cm}
2 »	40 »
3 »	90 »
4 »	160 »

On voit que l'espace parcouru pendant 2 secondes est 4 fois plus grand que l'espace parcouru dans la 1re seconde; pendant 3 secondes, 9 fois plus grand ; pendant 4 secondes, 16 fois plus grand ; or 4, 9, 16 sont les carrés des nombres 2, 3, 4; d'où l'on peut déduire cette loi :

Les espaces parcourus par un corps qui tombe en partant de l'état de repos sont proportionnels aux carrés des temps employés à les parcourir.

16. Loi des vitesses. — Dans un mouvement uniforme, c'est-à-dire dans lequel les espaces parcourus en des temps égaux sont égaux, quelque petits que soient ces temps, on appelle vitesse l'espace parcouru pendant l'unité de temps.

Dans le mouvement d'un corps qui tombe on ne peut définir ainsi la vitesse, puisque les espaces parcourus dans les secondes successives varient ; nous avons trouvé que :

pendant la 1re seconde, l'espace parcouru est				10^{cm}
—	2^e	—	—	40 — 10 = 30 »
—	3^e	—	—	90 — 40 = 50 »
—	4^e	—	—	160 — 90 = 70 »

Mais si, à un moment donné, on supprimait la force qui agit sur le corps, en vertu de l'inertie (2) ce corps continuerait à se mouvoir en conservant indéfiniment la vitesse qu'il avait à ce moment ; par suite, son mouvement deviendrait uniforme. On peut donc dire que : dans un mouvement varié, la vitesse à un moment donné est la vitesse du mouvement uniforme qui succéderait au mouvement varié si, à cet instant, la force qui modifiait le mouvement cessait d'agir.

Dans la machine d'Atwood, la force qui détermine la chute du mobile est le poids *m*, il faut donc supprimer ce poids ; pour cela, on le remplace par un autre, de même poids, mais de forme allongée, qui ne peut traverser le curseur annulaire.

On peut d'abord vérifier que le mouvement devient uniforme quand on enlève la masse additionnelle *m* ; on arrête cette masse après une seconde de chute, en plaçant le curseur annulaire à la division 10 (*fig.* 24), et on cherche par tâtonnements à arrêter la masse M après la 2e seconde ; on trouve qu'il faut placer le curseur plein à la division 30 ; M, seul, a donc parcouru en 1^{sec} 30 — 10 = 20^{cm}. On recommence l'expérience en cherchant à arrêter M 2 secondes, 3 secondes après que *m* est enlevé; on trouve qu'il fait seul 40, 60 centimètres, c'est-à-dire qu'il parcourt toujours 20ᶜᵐ par seconde. Donc son mouvement est bien devenu uniforme, et pour trouver les vitesses du mobile après 1, 2, 3, 4 secondes, il suffit d'arrêter la masse *m* après 1, 2, 3, 4 secondes de chute, et de chercher où l'on doit placer le curseur plein pour arrêter M à la fin de la seconde

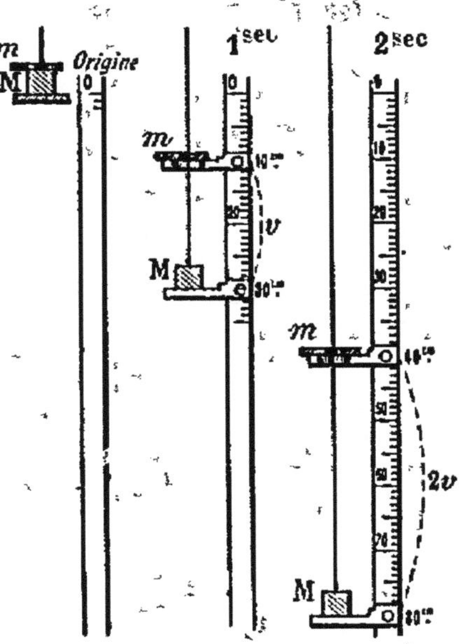

Fig. 24. — Vérification de la loi des vitesses.

suivante. On obtient les résultats suivants :

Temps de la chute	Position du curseur annulaire	Position du curseur plein	Vitesse du mouvement uniforme
1ˢᵉᶜ.	10ᶜᵐ.	30ᶜᵐ.	20ᶜᵐ
2 »	40 »	80 »	40 »
3 »	90 »	150 »	60 »
4 »	160 »	240 »	80 »

Les vitesses deviennent 2, 3, 4 fois plus grandes après des temps 2, 3, 4 fois plus grands, d'où l'on conclut que :

Les vitesses acquises par un corps qui tombe en partant du repos sont proportionnelles aux temps pendant lesquels le corps est tombé.

Cette loi des vitesses caractérise ce qu'on appelle le *mouvement uniformément accéléré*; et *l'accélération* est la quantité constante (ici 20ᶜᵐ) dont la vitesse augmente dans l'unité de temps.

17. Principe de l'indépendance des forces. — Nous avons vu que, si la masse M tombe avec le poids m, elle parcourt dans la 2e seconde 30° ; si on arrête m au bout de la 1re seconde, M seul ne parcourt que 20^{cm} dans la seconde suivante ; dans la 3e seconde, M fait avec m 50^{cm}, 40^{cm} si l'on arrête m après 2^{sec} ; dans la 4e seconde, il fait 70^{cm} avec m, 60^{cm} seul... Donc, dans chaque seconde successive le poids m fait parcourir au mobile 10^{cm}, quelle que soit la vitesse qu'il avait déjà. On en conclut que : *l'effet produit par une force sur un corps est le même, que ce corps soit en repos ou qu'il soit déjà en mouvement ;* c'est ce qu'on appelle le principe de l'indépendance des forces.

18. Principe de la proportionnalité des accélérations aux forces. — On peut encore, dans la machine d'Atwood, faire varier la force qui détermine la chute du mobile sans changer la masse totale mise en mouvement. Pour cela, on compose les masses M et M' d'un certain nombre de disques ayant, par exemple, chacun le même poids que la masse additionnelle m. Si on enlève un des disques de M' pour le reporter sur M, la force qui produit le mouvement, c'est-à-dire la différence du poids des masses suspendues aux extrémités du fil, devient : $(M + m + m) - M' - m)$ et comme M et M' sont égaux, cette force est $3m$ ou le triple de la première. On trouve alors que l'accélération, ou la vitesse après la 1re seconde, est 60^{cm}, tandis qu'elle était 20^{cm} dans les expériences précédentes. On reporte encore un des disques de M' sur M ; la force qui agit est $(M + m + 2m) - (M' - 2m) = 5m$ ou 5 fois la force qui agissait dans les premières expériences ; et l'on trouve que l'accélération est 100^{cm} ou 5 fois la première accélération. D'où l'on conclut que : *Des forces différentes appliquées successivement à un même corps lui impriment des accélérations proportionnelles aux intensités de ces forces.*

19. Accélération due à la pesanteur. — De plus, on constate que les lois établies précédemment se vérifient toujours, quelle que soit la valeur de la force déterminant le mouvement ; elles s'appliqueraient donc encore si le mobile tombait sous l'action de son poids total, c'est-à-dire s'il tombait en chute libre.

D'après le principe de la proportionnalité des accélérations aux forces, l'accélération g serait alors telle que l'on ait

$$\frac{20^{cm}}{g} = \frac{m}{M + M' + m},$$

et il suffit de déterminer les poids de M, M' et m pour pouvoir calculer g.

On trouve que *l'accélération g due à la pesanteur est 981^{cm} à Paris*, et qu'elle varie suivant les lieux, comme on l'avait observé à propos du poids des corps (9); elle est de 978^{cm} à l'équateur et de 983^{cm} aux pôles.

Dans toutes les expériences précédentes, on peut remarquer que la vitesse au bout de la 1re seconde, ou l'accélération, est toujours le double de l'espace parcouru dans cette 1re seconde ; donc un corps tombant en chute libre à Paris parcourt dans la 1re seconde $\dfrac{981^{cm}}{2} = 490^{cm}$, ou $\dfrac{g}{2}$.

On établit par le calcul que dans t secondes, il parcourrait

$$490^{cm} \times t^2, \quad \text{ou} \quad \frac{1}{2} g t^2,$$

ce qui montre bien que les espaces parcourus sont proportionnels aux carrés des temps, comme nous l'avons vérifié par l'expérience (15).

La vitesse du corps, au bout du même temps t, serait

$$981^{cm} \times t, \quad \text{ou} \quad gt.$$

RÉSUMÉ DU CHAPITRE III

Dans l'air, tous les corps ne tombent pas de la même façon, à cause de la résistance de l'air, qui varie suivant la surface des corps et leur vitesse.

Dans le vide tous les corps tombent également vite ; on le vérifie par le *tube de Newton* et le *marteau d'eau*.

On étudie la chute des corps à l'aide de la *machine d'Atwood*, qui ralentit le mouvement et diminue l'effet de la résistance de l'air ; elle se compose d'une poulie légère, très mobile, sur laquelle passe un fil fin portant des masses égales à ses deux extrémités ; on détermine le mouvement en plaçant une masse additionnelle sur l'une des masses et on le mesure à l'aide de curseurs mobiles sur une règle verticale graduée. On trouve que :

1° *Les espaces parcourus par un corps qui tombe en partant de l'état de repos sont proportionnels aux carrés des temps employés à les parcourir;*

2° *Les vitesses acquises par un corps qui tombe en partant du repos sont proportionnelles aux temps pendant lesquels le corps est tombé.*

Ces deux lois caractérisent un mouvement uniformément accéléré.

La quantité constante dont la vitesse augmente dans l'unité de temps s'appelle l'*accélération* ; elle est de 981^{cm} par seconde, en chute libre, à Paris ; et l'espace parcouru pendant la première seconde de chute est 490^{cm}.

CHAPITRE IV

BALANCE

20. Poids et masse d'un corps. — Nous avons vu (9) que le poids d'un corps, c'est-à-dire la résultante des actions de la pesanteur sur ce corps change suivant les lieux, comme change aussi l'accélération due à la pesanteur (19). Mais si P_1, P_2, P_3 sont les différents poids d'un même corps dans des lieux où les accélérations de la pesanteur sont g_1, g_2, g_3, on trouve que les rapports $\dfrac{P_1}{g_1}$, $\dfrac{P_2}{g_2}$, $\dfrac{P_3}{g_3}$ sont tous égaux. C'est le rapport constant entre une force agissant sur un corps et l'accélération qu'elle produit, qu'on appelle la masse du corps ; la masse est donc invariable, elle dépend de la quantité de matière contenue dans le corps.

On dit que deux corps ont la même masse quand une même force agissant successivement sur les deux corps leur donne la même accélération ; on dit qu'un corps a une masse double, triple, de celle d'un autre, corps quand la même force lui donne une accélération deux fois, trois fois plus petite qu'à cet autre. On a pris comme unité de masse, le *gramme-masse*, c'est-à-dire la millième partie de la masse du kilogramme étalon déposé aux Archives, qui correspond sensiblement à la masse d'un décimètre cube d'eau distillée à 4°.

Pour les échanges commerciaux, c'est la masse des corps que l'on a besoin de connaître, et non les poids qui, changeant suivant les lieux, pourraient amener des contestations; mais dans le langage usuel, on confond les deux termes, car ces quantités sont proportionnelles, et dans la balance qui sert à évaluer les masses, ce sont les poids de ces masses qui agissent sur l'appareil.

On détermine la masse d'un corps en faisant une *pesée*, c'est-à-dire qu'à l'aide de la balance on compare la masse du corps à celle de *masses marquées*, vulgairement appelées *poids marqués* (*fig.* 25), qui sont des multiples et des sous-

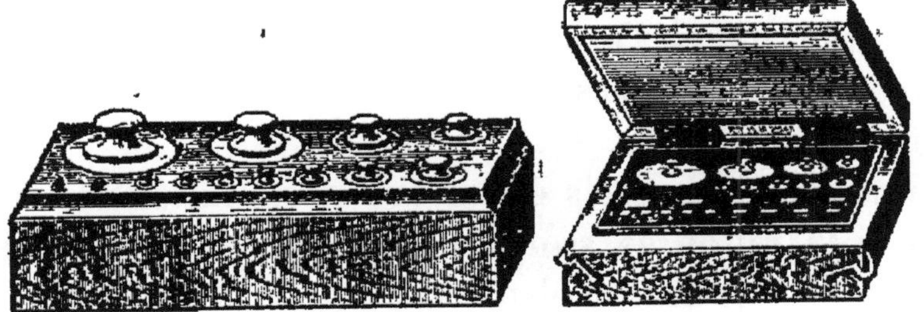

Fig. 25. — Boîtes de masses marquées.

multiples du gramme-masse; et lorsqu'on dit qu'un corps a un poids de 5^{gr} cela signifie que sa masse est de 5^{gr}.

21. Principe de la balance. — Les balances sont des appareils qui servent à déterminer la masse des corps. Elles reposent sur le principe de la composition des forces parallèles.

Prenons une barre rigide, un *levier* ou *fléau* AB (*fig. 26*), mobile autour de l'arête inférieure d'un prisme triangulaire ou *couteau* C qui traverse le fléau juste en son milieu

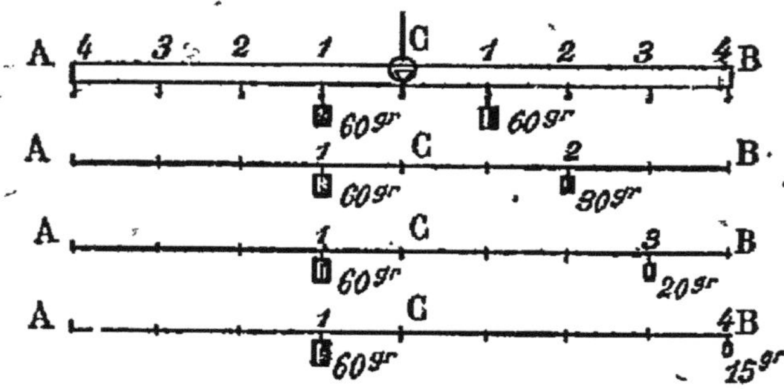

Fig. 26. — Équilibre des leviers.

et qui repose sur un plan ou passe dans deux anneaux. Le fléau porte à sa partie inférieure des crochets, également distants du milieu, auxquels on peut suspendre des poids.

Si les deux moitiés, les deux *bras du fléau* sont bien identiques, quand le fléau est horizontal le centre de gravité est dans le plan vertical passant par l'arête inférieure du couteau, qui est l'axe de suspension de l'appareil ; et si le centre de gravité est au-dessous de cet axe, le fléau est en équilibre stable.

Suspendons des poids égaux aux deux extrémités du fléau : par raison de symétrie, le centre de gravité de l'ensemble reste dans le plan vertical passant par l'axe, le poids total n'a donc pour effet que d'appuyer l'arête du couteau sur son support et il y a encore équilibre. Il en sera de même si les poids égaux sont suspendus aux autres crochets mais toujours à des distances égales de part et d'autre de l'axe. Donc : des poids égaux placés à des distances égales de l'axe de suspension se font équilibre.

Cherchons maintenant à obtenir l'horizontalité du fléau

en mettant 60ᵍʳ par exemple au crochet 1 du côté de A, et en plaçant des poids aux différents crochets de CB ; nous trouvons qu'il faudrait 60ᵍʳ én 1, ou 30ᵍʳ en 2, ou 20ᵍʳ én 3, ou 15ᵍʳ en 4, c'est-à-dire que les poids sont 2, 3, 4 fois plus petits quand leurs distances à l'axe de suspension sont 2, 3, 4 fois plus grandes. Donc : pour que deux poids se fassent équilibre, il faut qu'ils soient en raison inverse de leurs distances à l'axe fixe (principe des leviers).

Ces poids sont des forces parallèles ; puisque le fléau reste horizontal, c'est que leur résultante est neutralisée par la résistance de l'axe, et par suite que son point d'application est sur une verticale passant par cet axe. De plus, si on suspend le fléau à un dynamomètre, on voit que, dans chaque expérience, l'aiguille du dynamomètre indique le même poids que si les poids accrochés au fléau étaient placés directement en dessous du couteau. Donc : la résultante de deux forces parallèles et de même sens, agissant sur des points A et B invariablement reliés, est une force parallèle aux composantes et de même sens, égale à leur somme, et dont le point d'application divise la droite AB en parties inversement proportionnelles aux forces.

22. Description de la balance ordinaire. — La balance ordinaire se compose d'une barre métallique, rigide, le *fléau* (*fig.* 27), mobile autour d'un *couteau* d'acier ou d'agate, dont l'arête inférieure, perpendiculaire au fléau, repose par ses extrémités sur deux supports en agate ou *chape* appartenant à un même plan horizontal et fixés à la colonne qui porte tout l'appareil. Aux deux extrémités du fléau sont suspendus deux *plateaux* de même poids, dans lesquels on placera les corps à peser et les masses marquées. Au fléau est encore fixée une *aiguille* verticale dont la pointe doit recouvrir, quand le fléau est horizontal, le zéro d'un arc gradué placé sur la colonne.

Pour faire une pesée, le corps dont on cherche la masse

tant dans l'un des plateaux, on place dans l'autre des masses marquées jusqu'à ce que le fléau reste horizontal ;

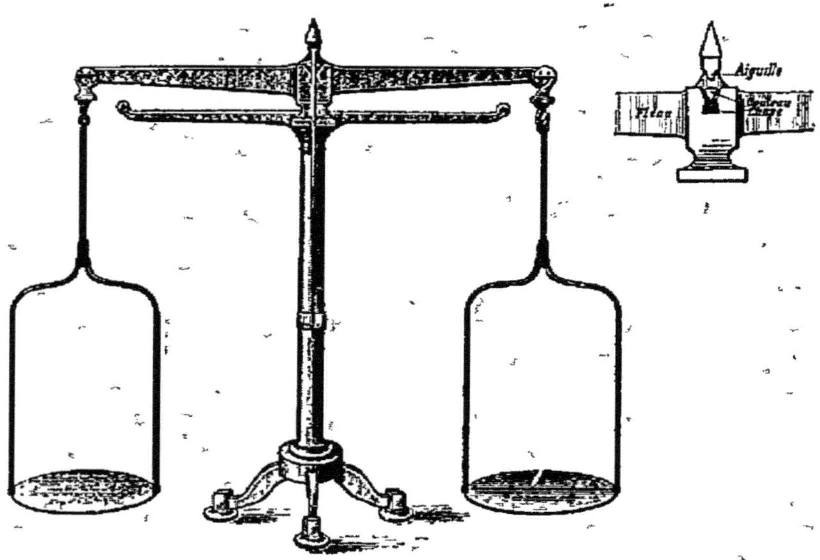

Fig. 27. — Balance ordinaire.

ces masses représentent la masse du corps si la balance est juste.

23. Justesse d'une balance. — On dit qu'une balance est juste lorsque le fléau est horizontal, et par suite l'aiguille au zéro de la graduation, quand les plateaux sont vides ou chargés de poids égaux.

Pour qu'une balance soit juste, il faut :

1° *que les deux bras du fléau soient identiques,* c'est-à-dire qu'ils aient le même poids pour que le centre de gravité se trouve sur une verticale passant par l'arête inférieure du couteau, et la même longueur afin que des poids égaux agissant à leurs extrémités se fassent équilibre ;

2° *que les plateaux aient le même poids,* pour qu'ils se fassent équilibre ;

3° *que les plateaux soient très mobiles autour de leur point de suspension*, de telle sorte que le centre de gravité du plateau et des corps qu'on y place soit toujours sur la verticale passant par ce point, quelle que soit la position des corps sur le plateau. C'est pourquoi les plateaux reposent généralement par un crochet sur l'arête supérieure de prismes semblables au couteau.

Il faut encore, pour que la balance soit commode, qu'elle soit en équilibre stable ; c'est pourquoi on la construit de façon que le centre de gravité du fléau soit en dessous de l'arête inférieure du couteau.

24. Double pesée. — Il est très difficile, dans la pratique, de construire des balances absolument justes ; mais on peut obtenir une pesée exacte avec une balance dont les deux bras ne sont pas égaux, par la méthode de la *double pesée*, de Borda. On place le corps à peser dans l'un des plateaux, et on *fait la tare*, c'est-à-dire qu'on lui fait équilibre en mettant dans l'autre plateau du sable, de la grenaille de plomb (*fig.* 28) ; quand l'aiguille est au zéro, on enlève le corps, et

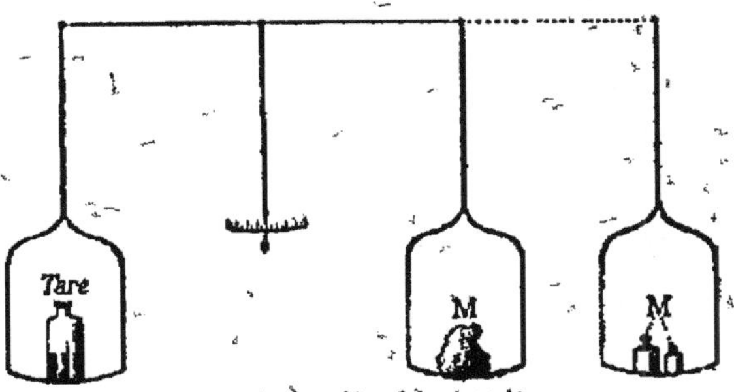

Fig. 28. — Double pesée.

on le remplace par des masses marquées pour ramener l'horizontalité du fléau. Ces masses représentent exactement la masse du corps, puisque, placées dans les mêmes conditions, elles produisent le même effet.

25. Sensibilité d'une balance. — On dit qu'une balance est sensible au milligramme, par exemple, quand le fléau s'incline d'un angle appréciable si, après avoir établi l'équilibre, on ajoute un milligramme dans l'un des plateaux.

Le fléau s'inclinera d'autant plus qu'il sera plus facile à mettre en mouvement, et nous avons vu (21) qu'un même poids produit d'autant plus d'effet que sa distance à l'axe de suspension est plus grande. Donc une balance est d'autant plus sensible, pour une même différence entre les charges des plateaux :

1° *que le fléau est plus léger,* puisqu'il appuie moins fortement sur la chape ;

2° *que le centre de gravité du fléau est plus près de l'arête du couteau,* car l'équilibre est d'autant plus stable et le fléau moins mobile que le centre de gravité est plus bas ;

3° *que les bras du fléau sont plus longs,* puisque la différence de charge agit à une plus grande distance de l'axe fixe.

Pour obtenir un fléau à la fois long et léger, on lui donne la forme d'un losange allongé, évidé à l'intérieur, ou on le fait en métal léger comme l'aluminium.

Comme on peut obtenir des pesées exactes avec des balances qui ne sont pas justes, la sensibilité est la qualité principale d'une balance, et c'est elle qu'on recherche surtout dans les balances de précision.

26. Balance de précision. — Les pesées qui exigent quelque précision se font avec des balances très sensibles et aussi justes que possible, construites d'après les règles que nous venons d'indiquer. Le fléau (*fig.* 20) est en acier ou en bronze d'aluminium, long, évidé au milieu ; les couteaux, la chape et la partie supérieure des étriers par lesquels les plateaux reposent sur les couteaux sont en

acier trempé, ou mieux en agate, qui est plus dure
L'aiguille verticale est très longue, ce qui rend ses dépla-
cements plus visibles. Au-dessus de l'axe de suspension se

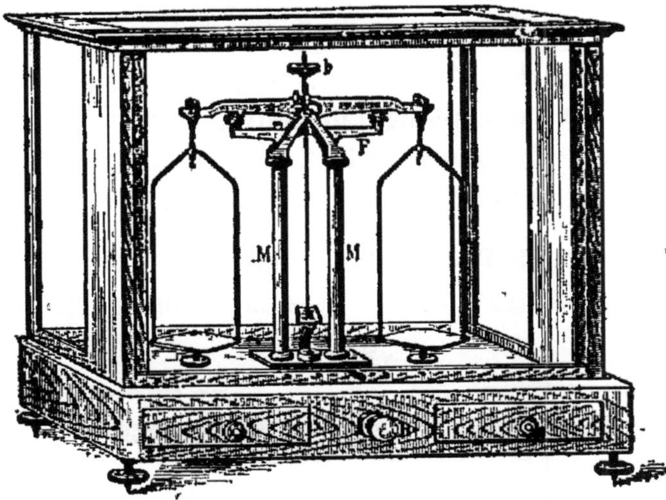

Fig. 29. — Balance de précision.

trouve une vis avec un bouton *b* que l'on fait monter ou
descendre pour modifier la position du centre de gravité
du fléau, et rendre la balance plus ou moins sensible.

Pour empêcher l'arête des couteaux de s'émousser en
appuyant toujours sur la chape, ce qui diminuerait la sensibilité, on ajoute à l'appareil une pièce métallique F, la
fourchette, que l'on peut élever ou abaisser à l'aide du
bouton B placé en avant de la balance, et qui vient soulever le fléau au-dessus de la chape, et parfois les plateaux
au-dessus des couteaux. On doit faire reposer le fléau sur
la fourchette quand la balance ne fonctionne pas, et pendant les pesées, quand on fait varier les charges sur les
plateaux, à cause des oscillations qui amèneraient l'usure
des couteaux. On abaisse ensuite la fourchette, pour voir
si l'aiguille vient au zéro de la graduation ; mais lorsque

les masses placées dans les plateaux sont très peu différentes les oscillations sont lentes, aussi les pesées sont-elles très longues, et d'autant plus que la balance est plus sensible.

Les balances de précision sont toujours enfermées dans des cages de verre contenant des substances desséchantes, pour les garantir de la poussière, des agitations de l'air, et de l'humidité qui pourrait oxyder les pièces d'acier.

27. Balance de Roberval. — Dans le commerce, où les pesées peuvent être moins précises, mais doivent être faites

Fig. 30. — Balance de Roberval.

rapidement, on emploie souvent la *balance de Roberval* (*fig.* 30) ; elle n'est ni très juste, ni très sensible, mais elle

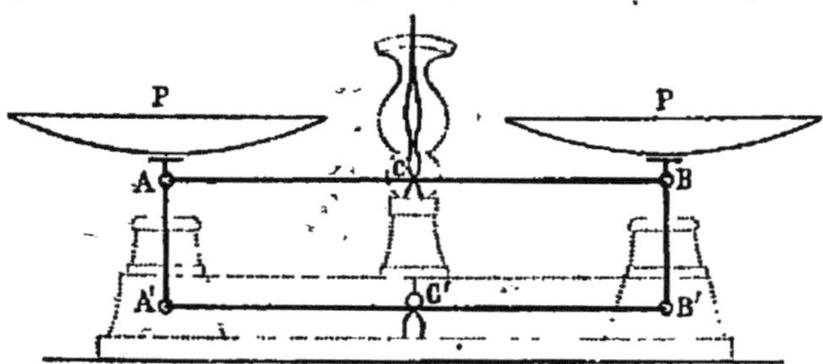

Fig. 31. — Principe de la balance de Roberval.

est commode, parce que ses plateaux étant placés au-dessus du fléau, reçoivent plus facilement des corps de forme quelconque.

Pour obtenir la stabilité des plateaux et abaisser le centre de gravité, on est obligé d'employer deux fléaux superposés AB, A'B' (*fig.* 31) mobiles autour des couteaux C, C', et reliés par deux tiges métalliques AA', BB' ; l'ensemble forme un parallélogramme articulé, et comme C et C' sont dans un même plan vertical, quand les fléaux s'inclinent les côtés AA', BB', sont toujours verticaux et les plateaux restent horizontaux.

28. Balance romaine. — Nous avons vu (21) qu'un même poids peut faire équilibre à des poids différents si sa distance au point fixe du fléau varie ; c'est sur ce principe que repose la *balance romaine*. C'est un fléau AB à bras inégaux (*fig.* 32) mobile autour de l'arête d'un couteau O ; une

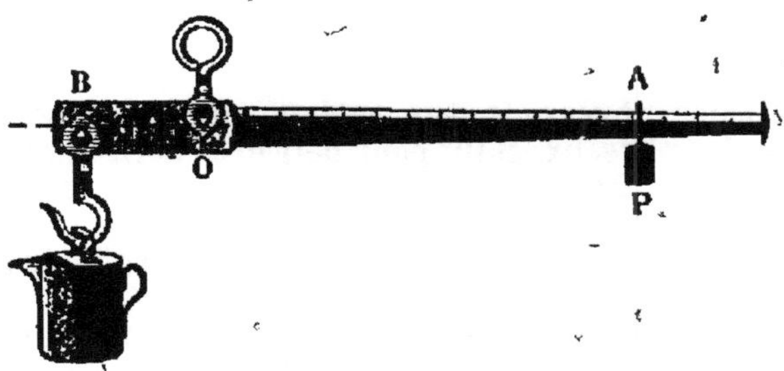

Fig. 32. — Balance romaine.

masse constante P se déplace sur OA ; le corps à peser étant suspendu en B, on approche ou on éloigne de O la masse P jusqu'à ce que le fléau reste horizontal, et la division marquée sur OA au point où s'arrête la masse P indique la valeur de la masse accrochée en B.

Cette balance a donc l'avantage de ne pas nécessiter l'emploi de masses marquées, ce qui la rend commode, dans certains cas ; mais elle n'est pas précise, et ne permet pas d'évaluer des masses faibles parce que les divisions, représentant généralement des kilogrammes, sont trop rapprochées.

RÉSUMÉ DU CHAPITRE IV

On appelle *masse* d'un corps le rapport constant entre le poids de ce corps et l'accélération qu'il produit ; la masse d'un corps est une quantité invariable ; dans le langage courant, on confond la masse avec le poids.

La *balance* sert à déterminer la masse des corps en comparant leurs poids ; elle se compose essentiellement d'un *fléau* rigide, mobile autour de l'arête inférieure d'un *couteau* reposant sur un plan horizontal ; le fléau porte à ses extrémités deux *plateaux*, et en son milieu une *aiguille* verticale, qui est en face du zéro d'un arc gradué quand le fléau est horizontal.

Pour déterminer la masse d'un corps, on place ce corps dans l'un des plateaux, et on met des masses marquées dans l'autre jusqu'à ce que l'aiguille revienne au zéro.

Une balance est *juste* quand le fléau reste horizontal lorsque les plateaux sont vides ou chargés de poids égaux ; il faut pour cela que les deux bras du fléau aient le même poids et la même longueur, que les plateaux aient le même poids et soient très mobiles sur le fléau.

Une balance est *sensible à un poids donné* quand ce poids, placé dans l'un des plateaux, suffit pour détruire l'horizontalité du fléau ; la sensibilité est d'autant plus grande que le fléau est plus léger et plus long, et que le centre de gravité du fléau est plus près de l'arête du couteau. La *balance de précision* est construite de façon à être très sensible.

La *balance de Roberval*, dans laquelle les plateaux sont placés au-dessus du fléau, est moins précise, mais plus commode dans la pratique.

HYDROSTATIQUE

CHAPITRE V

PROPRIÉTÉS DES LIQUIDES EN ÉQUILIBRE

---

29. Propriétés caractéristiques des liquides. — On appelle *hydrostatique* la partie de la physique qui a pour objet l'étude des conditions d'équilibre des liquides.

Nous avons vu (4) que les liquides sont caractérisés par la facilité avec laquelle leurs molécules se déplacent les unes par rapport aux autres, par leur très faible compressibilité, et leur élasticité parfaite. On admet en hydrostatique que les liquides sont *parfaitement fluides*, c'est-à-dire qu'il ne faut aucun effort pour changer leur forme, et *absolument incompressibles*.

30. Surface libre des liquides en équilibre. — Quand un liquide ne remplit pas exactement le vase qui le contient, s'il est en équilibre, sa surface libre est *plane* et *horizontale*, c'est-à-dire perpendiculaire à la direction de la pesanteur, comme on l'a déjà vérifié à l'aide du fil à plomb (7). En effet, le liquide étant formé de molécules très mobiles et soumises à l'action de la pesanteur, si la surface libre était inclinée, les molécules de cette surface descendraient des parties les plus élevées vers les plus basses, et il n'y aurait équilibre que lorsqu'elles seraient toutes dans un même plan horizontal, quelles que soient d'ailleurs la forme et l'inclinaison du vase.

Si l'on considère une surface liquide très vaste, celle d'une mer, par exemple, cette surface devant être normale à la direction de la pesanteur en chacun de ses points, c'est-à-dire aux rayons terrestres, sa forme doit être sensiblement *sphérique*. C'est ce que l'observation vérifie : quand, de la côte, on regarde s'éloigner un navire, on voit disparaître d'abord la coque (*fig*. 33) comme si le navire

Fig. 33. — Surface libre de la mer.

descendait en dessous du plan horizontal mené par l'œil O de l'observateur, et ce sont les extrémités des mâts qui restent le plus longtemps visibles ; de même, du navire, on voit le sommet d'un phare ou les mâts d'un autre navire tandis que la côte qui porte le phare ou la coque du navire sont encore au-dessous de l'horizon.

La surface de l'Océan, à cause de la régularité de sa forme, est prise comme point de repère pour mesurer l'*altitude* ; on la suppose prolongée à l'intérieur des continents, et l'altitude d'un lieu est sa hauteur au-dessus de cette surface.

31. Transmission des pressions : principe de Pascal. — Les liquides étant incompressibles, si l'on exerce une pression sur une partie de leur surface, cette pression se transmettra dans tous les sens, et en particulier sur les parois des vases qui les contiennent. Si l'on ferme par des bouchons entrant à frottement doux un flacon à deux tubulures (*fig.* 34) exactement plein d'eau, en frappant de haut en bas sur le bouchon A, on voit le bouchon B sauter de bas en haut ; la pression s'est donc transmise en changeant de direction.

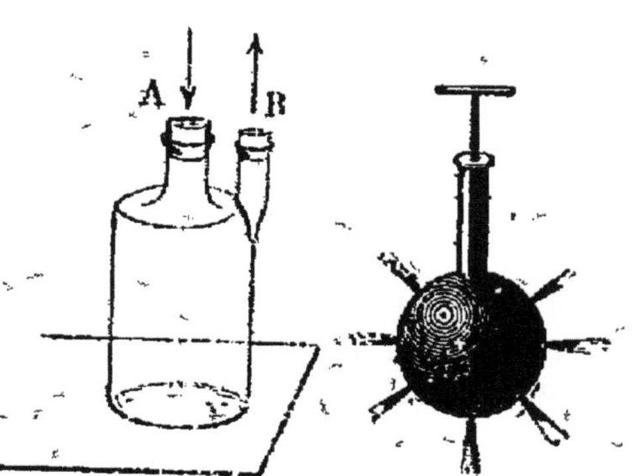

Fig. 34. — Transmission des pressions.

Fig. 35. — Transmission des pressions dans tous les sens.

Avec une sphère creuse (*fig.* 35) percée de trous fins, munie d'un tube dans lequel glisse un piston, et remplie d'eau, quand on enfonce le piston on voit l'eau jaillir par tous les trous, dans la direction des rayons de la sphère : la pression se transmet donc *dans tous les sens*, et toujours *normalement à la surface considérée*. C'est là une différence essentielle entre les liquides et les solides, une pression exercée en un point d'un solide ne se transmettant que dans sa direction même.

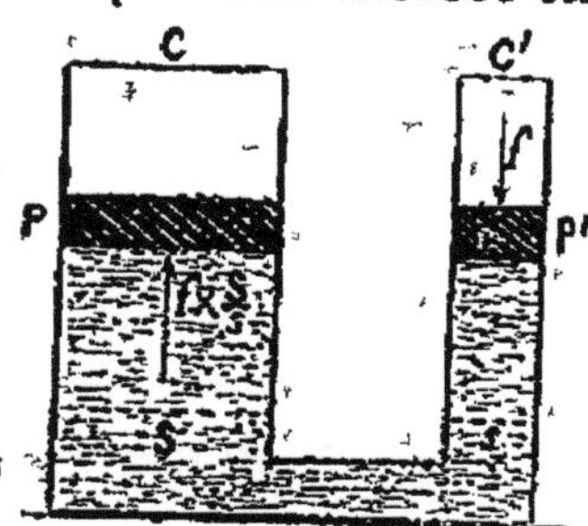

Fig. 36. — Principe de Pascal.

Pour étudier la valeur des pressions transmises, on prend deux cylindres C et C' (*fig.* 36) communiquant par la partie inférieure, renfermant de l'eau et fermés par des pistons mobiles, P et P' ; si la surface de C est, par exemple, 10 fois plus grande que celle de C', on voit qu'en exerçant sur le piston P' une pression de 1^{kg}, il faut exercer sur le piston P une pression de 10^{kg} pour l'empêcher de se soulever; les pressions sont donc proportionnelles aux surfaces, et par suite chaque surface de P égale à P' a reçu une pression égale à celle qui était exercée sur P'. Cet appareil, imaginé par Pascal et qui est la partie essentielle de la presse hydraulique (92), ne donne pas, dans la pratique, une vérification rigoureuse de la transmission intégrale des pressions, car si les pistons ferment trop exactement, le frottement contre les parois du cylindre arrête leur mouvement; et s'ils glissent à frottement doux, l'eau comprimée passe entre le piston et le cylindre et la pression ne se transmet pas; de plus, les pressions dues à la pesanteur du liquide s'ajoutent à la pression exercée sur ce liquide. Mais le principe de Pascal est surtout vérifié par l'expérience qui confirme toutes les conséquences qu'on en peut déduire; c'est le principe fondamental de l'hydrostatique; on peut l'énoncer ainsi :

Toute pression exercée normalement à la surface d'un liquide en équilibre se transmet intégralement, dans tous les sens, sur toute surface égale à la surface pressée.

Pressions dues à la pesanteur des liquides.

32. Pression dans un plan horizontal. — Si, dans un liquide en équilibre, on considère une surface horizontale AB (*fig.* 37), cette surface supporte une pression due au poids de la colonne de liquide qui la surmonte, et, puisqu'elle est en équilibre, elle doit supporter de bas en haut une pression égale. Pour le vérifier, on introduit dans un vase de verre contenant de l'eau, un cylindre de verre dont la partie inférieure usée à l'émeri sur un plan peut être fermée par un disque plan ou *obturateur*, maintenu par un fil attaché en son milieu. Quand le cylindre est enfoncé dans l'eau, on peut lâcher le fil sans que l'obturateur

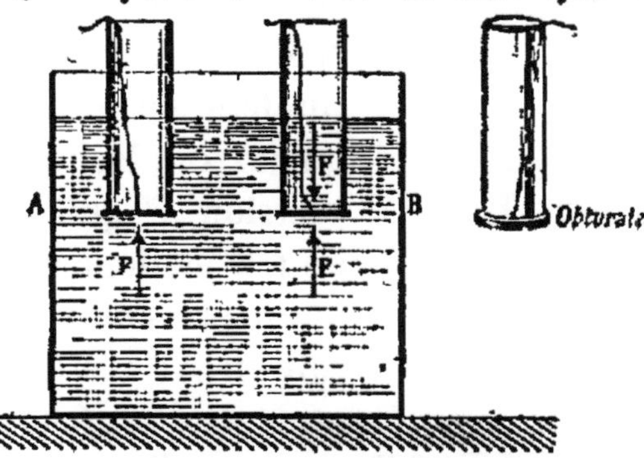

Fig. 37. — Pression dans un plan horizontal.

tombe : il est donc pressé contre le cylindre par une force F dirigée de bas en haut.

Pour trouver la valeur de cette pression, on verse de l'eau dans le cylindre jusqu'à ce que l'obturateur se détache, c'est-à-dire que le poids de l'eau qui le surmonte fasse équilibre à la force F ; on constate que l'obturateur, si son poids est assez faible pour être négligeable, tombe au moment où l'eau atteint dans le cylindre le même niveau que dans le vase.

Si on déplace le cylindre en maintenant toujours l'obturateur dans le plan AB, il faut toujours amener l'eau au même niveau pour détacher l'obturateur. Donc :

1° Dans un liquide en équilibre, des surfaces égales prises dans un même plan horizontal supportent des pressions égales.

2° La pression qui s'exerce sur une surface donnée est égale au poids d'une colonne du liquide ayant pour base cette surface et pour hauteur sa distance verticale au niveau du liquide.

33. Pression dans des plans horizontaux différents. — Le cylindre, enfoncé jusqu'en AB, contenant de l'eau

jusqu'au niveau extérieur (*fig.* 38), si on applique l'obturateur contre le cylindre et qu'on l'enfonce jusqu'au plan

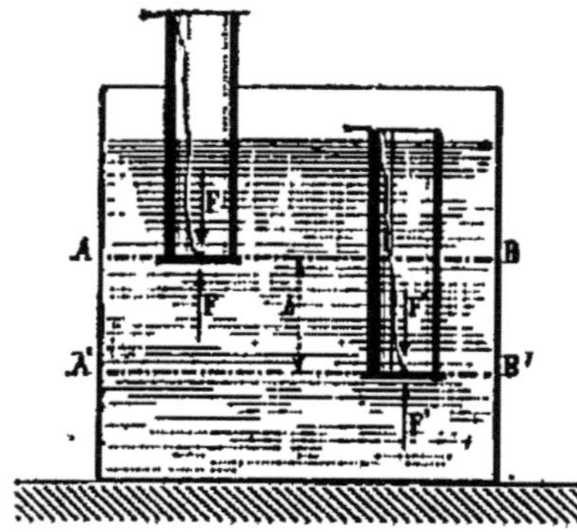
Fig. 38. — Pression dans des plans horizontaux différents.

A'B', on constate que l'obturateur ne se détache pas
quand on lâche le fil; la
pression F' qu'il supporte
en A'B' est donc plus grande
que la pression F qui s'exerçait en AB : *elle augmente
avec la profondeur.* On
verse de l'eau dans le cylindre, et on voit encore
l'obturateur se détacher
quand l'eau y atteint le même niveau qu'à l'extérieur ; la
pression est donc encore égale au poids de la colonne
d'eau allant de l'obturateur au niveau extérieur, et par
suite la différence des pressions exercées sur des surfaces horizontales égales prises dans des plans différents est égale au poids
d'une colonne du liquide ayant pour base la surface considérée, et
pour hauteur la distance verticale des deux plans.

34. Pression sur le fond horizontal des vases. — Puisque, dans un liquide en équilibre, la pression est la
même en tous les points d'une même tranche horizontale,
la pression exercée par un liquide sur le fond horizontal du vase
qui le renferme est égale au poids de la colonne de liquide ayant
pour base la surface du fond et pour hauteur la distance verticale du fond au niveau, et cela quelle que soit la forme du
vase.

On peut le vérifier à l'aide de l'appareil de Masson, qui
se compose d'un anneau métallique, sur lequel on peut
visser des vases A, B, C, de formes différentes (*fig.* 39). Le

vase cylindrique A étant fixé sur l'anneau, on le ferme inférieurement par un obturateur dont on accroche le fil à l'un des plateaux d'une balance hydrostatique, et on charge l'autre plateau de poids, pour appliquer l'obtura-

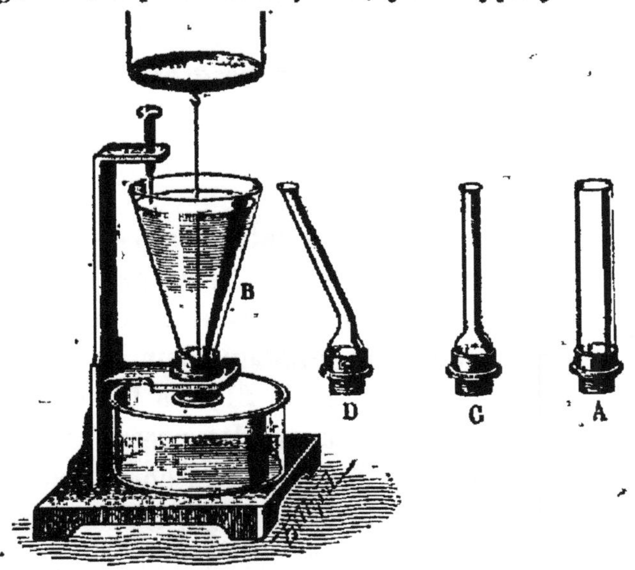

Fig. 39. — Appareil de Masson.

teur avec une certaine force contre l'anneau. On verse de l'eau dans le vase jusqu'à ce que l'obturateur se détache, et par suite que la pression exercée sur lui par l'eau fasse équilibre aux poids placés sur le plateau. On note à l'aide d'un index le niveau de l'eau dans le vase à ce moment.

On dévisse le vase A, et on le remplace successivement par les autres; on constate que l'obturateur se détache toujours quand le niveau arrive en face de l'index, bien qu'il ait fallu, pour atteindre ce niveau, des quantités d'eau très différentes suivant la forme des vases. Il en est encore de même si l'on emploie un vase coudé tel que le vase D. Donc la pression exercée par le liquide sur le fond du vase ne dépend que de la surface du fond et de la hauteur du liquide.

Quant à la valeur de cette pression on pourrait constater en mesurant la surface de l'anneau et la distance de l'obturateur à l'index, que le poids de la colonne du liquide ayant cette surface pour base et cette distance pour hauteur est égal à la somme des poids placés dans le plateau de la balance.

35. Pressions sur les parois latérales. — Quand on enfonce dans l'eau un tube coudé fermé par un obturateur (*fig.* 40) on constate que l'obturateur reste appliqué sur le tube sans qu'on tienne le fil ; les liquides exercent donc aussi des pressions sur les surfaces latérales des corps qui y sont plongés ou des vases qui les contiennent. En versant de l'eau dans le tube, on constate encore que l'obturateur se détache quand l'eau y arrive au même niveau qu'à l'extérieur ; donc, pour chaque portion très petite de surface, la pression est le poids de la colonne d'eau allant de cette surface au niveau, et pour une surface plane latérale donnée, la pression est égale au poids d'une colonne cylindrique du liquide ayant pour base cette surface, et pour hauteur la moyenne des distances de chacun de ses points au niveau, c'est-à-dire la distance verticale de son centre de gravité à la surface libre du liquide.

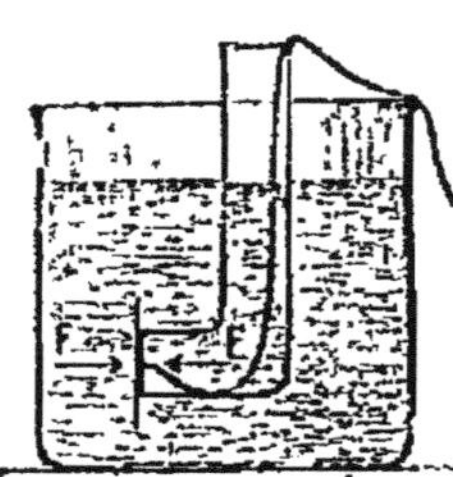

Fig. 40. — Pressions latérales.

La valeur de cette pression est donc indépendante de la forme du vase, mais sa direction dépend de l'inclinaison des parois : dans un vase cylindrique A (*fig.* 41), les pressions latérales sont horizontales et tendent à écarter les parois ; dans un vase élargi, tel que B, elles tendent

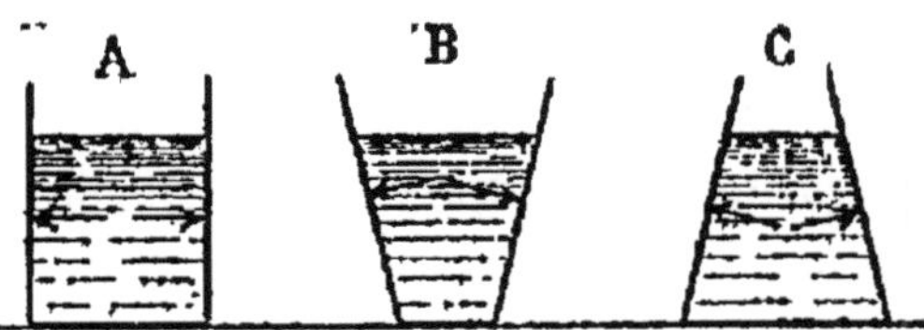

Fig. 41. — Direction des pressions latérales

à abaisser les parois; dans un vase plus étroit en haut C, elles tendraient à les soulever.

36. Pression sur l'ensemble des parois du vase. — Il en résulte que les pressions latérales peuvent ou s'ajouter en partie à la pression verticale sur le fond, ou la neutraliser en partie ; et par suite l'effet de l'ensemble des pressions varie suivant la forme du vase. On peut le vérifier expérimentalement en pesant successivement des vases de forme différente, d'abord vides, puis pleins de liquide : on trouve toujours une augmentation de poids justement égale au poids du liquide contenu dans le vase. On en conclut, ce que l'on peut démontrer en Mécanique, que les pressions exercées par un liquide sur l'ensemble des parois du vase qui le renferme, ont une résultante unique égale au poids de ce liquide.

Ces expériences paraissent au premier abord en contradiction avec ce que l'on a vu dans l'appareil de Masson où un même poids faisait équilibre à des quantités de liquide très différentes ; cela tient à ce que, dans cet appareil, le fond est indépendant des autres parois des vases, tandis que dans ce dernier cas, les parois du vase étant toutes solidaires transmettent au plateau de la balance l'ensemble des pressions exercées par le liquide.

37. Conséquences des pressions exercées par les liquides. — La pression exercée par les liquides sur les corps qui y sont plongés peut atteindre une grande intensité si la profondeur est considérable ; une sphère de verre mince, lestée et enfoncée dans la mer, se brise quand elle arrive à une certaine profondeur; si on la remplace par une bouteille vide, lestée, fermée par un bouchon, le bouchon s'enfonce dans la bouteille. Il faut tenir compte de ces pressions quand on fait à l'aide de thermomètres des observations sur la température des couches profondes de la mer.

Si la sphère ou la bouteille sont remplies de liquide, elles résistent à la pression extérieure parce que le liquide intérieur, incompressible, réagit avec une force égale et contraire. C'est ce qui permet aux animaux marins des grandes profondeurs de résister aux pressions énormes qu'ils supportent.

Les pressions croissant avec la profondeur, si l'on perce, dans les parois latérales d'un vase, des ouvertures à des hauteurs différentes, le liquide jaillit avec d'autant plus de force que l'ouverture est placée plus bas ; c'est pourquoi les fissures dans les grands réservoirs d'eau, dans les digues, les bateaux, sont d'autant plus dangereuses qu'elles sont à une plus grande profondeur au-dessous du niveau de l'eau. De même les digues, les barrages, les portes d'écluses, les parois des réservoirs d'eau doivent offrir plus de résistance, et par suite avoir plus d'épaisseur, à leur base qu'à leur partie supérieure.

La pression exercée par un liquide sur une portion de paroi ne dépendant que de la distance de cette paroi au niveau, on peut obtenir des effets considérables avec une faible quantité de liquide, par exemple dans l'expérience du *crève-tonneau*, imaginée par Pascal (*fig.* 42). Dans la base supérieure d'un tonneau plein d'eau posé sur l'autre base, on perce un trou, dans lequel on fixe solidement un tube vertical, étroit et long de plusieurs mètres. On verse de l'eau dans ce tube ; quand elle atteint une certaine hauteur, bien que la quantité de liquide ajoutée soit très petite, les pressions latérales deviennent assez fortes pour écarter les douves, ou même pour faire éclater le tonneau.

Si dans la paroi latérale d'un vase on fait une ouverture *a* (*fig.* 43), la pression qui s'exerce en ce point fait jaillir le liquide, mais

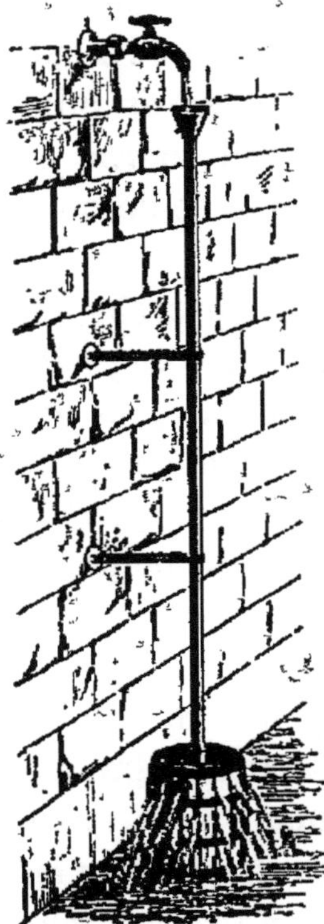

Fig. 42. — Expérience du crève tonneau.

Fig. 43. — Vase à réaction.

la pression qui s'exerce sur la surface *a'* égale, et diamétralement opposée, n'est plus contrebalancée par la pression *a* et tend à mettre le vase en mouvement. Par suite, si le vase est posé sur un flotteur (*vase à réaction*) ou porté par un chariot très mobile (*chariot à réaction*), il se déplace en sens inverse de l'écoulement du liquide.

On emploie le plus souvent, pour montrer le mouvement dû à la réaction du liquide qui s'écoule, le *tourniquet hydraulique* ; c'est un vase reposant sur un pivot, mobile autour d'un axe vertical, et portant à sa partie inférieure, un tube horizontal dont les extrémités sont recourbées en sens contraire (*fig. 44*). Quand on versé de l'eau dans le vase, elle s'écoule par les orifices du tube, et l'appareil tourne en sens inverse de l'écoulement.

Certains appareils qui servent à l'arrosage des jardins publics, et les *turbines*, moteurs hydrauliques employés dans l'industrie, sont des applications du principe du tourniquet hydraulique.

Fig. 44. — Tourniquet hydraulique.

38. Liquides superposés. — Lorsque plusieurs liquides qui ne se dissolvent pas et n'ont pas d'action chimique l'un sur l'autre sont placés dans un même vase, *ils se superposent par ordre de densités croissantes de haut en bas, et les surfaces de séparation sont horizontales.* En effet, pour que les pressions soient égales sur des surfaces égales d'une même tranche horizontale, il faut que les hauteurs de chacun des liquides au-dessus de ces surfaces soient égales.

On le vérifie facilement à l'aide de la *fiole des quatre éléments* (*fig.* 45) : c'est un flacon dans lequel on a mis du mercure, de l'eau saturée de carbonate de potassium pour qu'elle ne se mélange pas à l'alcool, de l'alcool coloré et une huile légère comme l'huile de naphte. Si on agite le

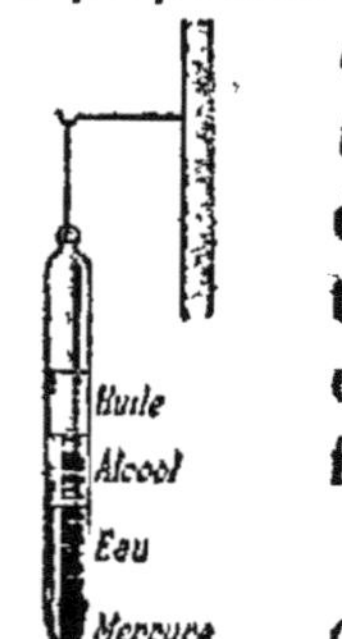

Fig. 45.— Fiole des quatre éléments.

flacon puis qu'on l'abandonne à lui-même, les liquides, qui avaient paru se mélanger, se séparent en quatre couches horizontales placées dans l'ordre indiqué, qui est celui des densités.

La superposition des liquides par ordre de densité explique pourquoi l'eau douce surnage au-dessus de l'eau salée, à l'embouchure d'un fleuve, et semble prolonger le fleuve dans la mer ; c'est pour la même raison que la crème monte à la surface du lait, et que l'on peut faire brûler de l'alcool ou l'huile d'une veilleuse à la surface de l'eau.

39. Niveau à bulle d'air. — Le niveau à bulle d'air est une application du même principe étendu à la superposition d'un liquide et d'un gaz. Il se compose d'un tube de verre légèrement courbé en arc de cercle, et rempli presque complètement d'un liquide très mobile, alcool ou éther, de façon à n'y laisser qu'une bulle d'air qui se place toujours à la partie la plus élevée du tube, le niveau du liquide étant horizontal (*fig.* 46). Le tube est enfermé dans une gaine métallique, fixée à une règle métallique bien plane.

Fig. 46. — Niveau à bulle d'air.

Deux points de repère indiquent la position occupée par les extrémités de la bulle d'air quand l'appareil est posé sur un plan horizontal. Si le plan sur lequel repose la règle est incliné, le niveau du liquide reste horizontal, mais la bulle monte dans le tube du côté où le plan est le plus élevé. Cet appareil est souvent employé dans les instruments de physique, les machines mobiles, dans les constructions et les nivellements, pour déterminer l'horizontalité d'une droite ou d'un plan.

Vases communicants.

40. Vases communicants renfermant un même liquide. — Pour qu'un liquide contenu dans plusieurs vases qui communiquent entre eux soit en équilibre, il faut que, dans tous les vases, les surfaces libres soient dans un même plan horizontal. En effet, si on considère des surfaces égales prises, dans chacun des vases, sur un même plan horizontal AB (*fig.* 47), ces surfaces supportent toutes la

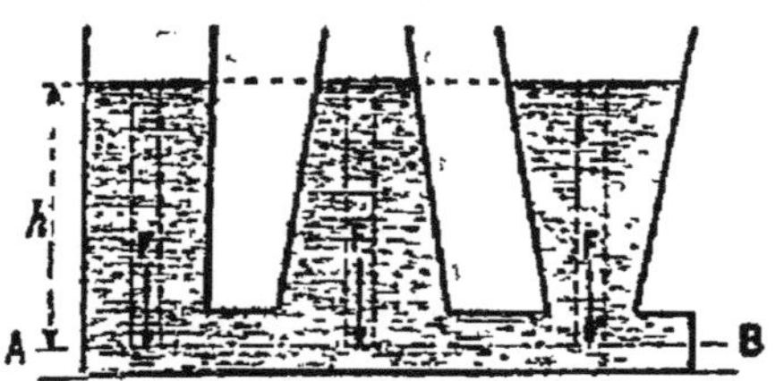

Fig. 47.—Surface libre d'un liquide dans des vases communicants.

même pression, et par suite, les hauteurs du liquide au-dessus de AB doivent être partout les mêmes.

On vérifie ce principe à l'aide d'un appareil composé d'un vase muni à sa partie inférieure d'un tube horizontal sur lequel

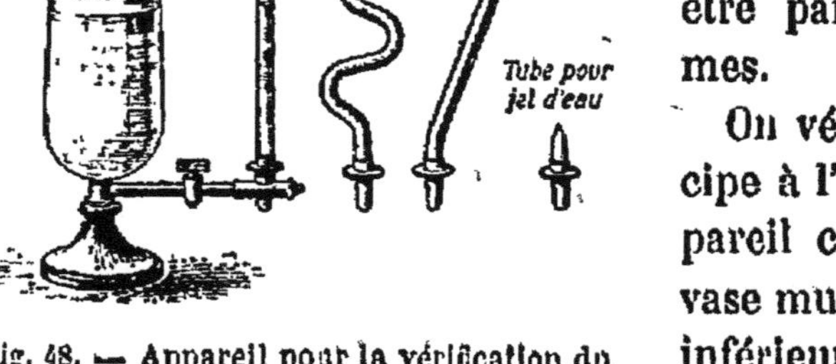

Fig. 48. — Appareil pour la vérification du principe des vases communicants

on peut fixer des tubes de formes différentes (*fig.* 48). On constate que l'eau s'élève dans tous les tubes au même niveau que dans le vase.

Si l'un des tubes est très court, le liquide jaillit par l'orifice et tend à s'élever dans l'air jusqu'au niveau du vase ; mais il n'atteint jamais ce niveau, à cause de la résistance de l'air et du choc des gouttes qui retombent sur celles qui montent.

41. Applications. — Le principe des vases communicants explique certains phénomènes naturels, et donne lieu à des applications nombreuses.

Les sources, les rivières, les mers forment des vases

communicants dans lesquels l'eau tend à reprendre le même niveau.

L'eau de pluie qui tombe sur des terrains perméables s'infiltre dans le sol et y forme des nappes souterraines qui glissent sur les couches imperméables, comme les couches d'argile ; les *puits* sont des cavités creusées dans le sol jusqu'à ces nappes souterraines, et où l'eau monte ou descend avec le niveau de la nappe correspondante.

Quand la couche perméable dans laquelle l'eau circule est enfermée entre deux couches imperméables formant une sorte de cuvette (*fig.* 49), l'eau ne trouvant pas d'issue

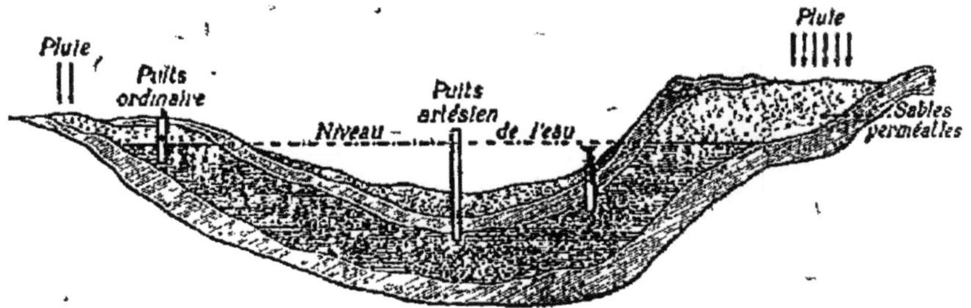

Fig. 49. — Puits ordinaires et puits artésiens.

peut atteindre dans le sol un niveau plus élevé que le fond de cette cuvette. Si dans les régions les plus basses du sol on fore un trou assez profond pour traverser la couche imperméable supérieure, l'eau s'élèvera dans ce trou et pourra jaillir au-dessus du sol. Ces puits jaillissants ont été appelés *puits artésiens* parce que les premiers ont été creusés dans l'Artois. L'eau qui les alimente provient souvent de distances considérables : ainsi l'eau des puits artésiens de Grenelle et de Passy, à Paris, puits ayant plus de 500ᵐ de profondeur, provient des pluies tombées sur les sables aquifères du plateau de Langres.

Les *écluses* sont des portions de canal limitées par deux

portes (*fig.* 50), que l'on met en communication en

Fig. 50. — Écluse.

ouvrant la porte A, par exemple (*fig.* 51), avec la partie
du canal placée en aval, ou bief inférieur ; l'eau descend
alors dans l'écluse au même niveau que dans cette partie,

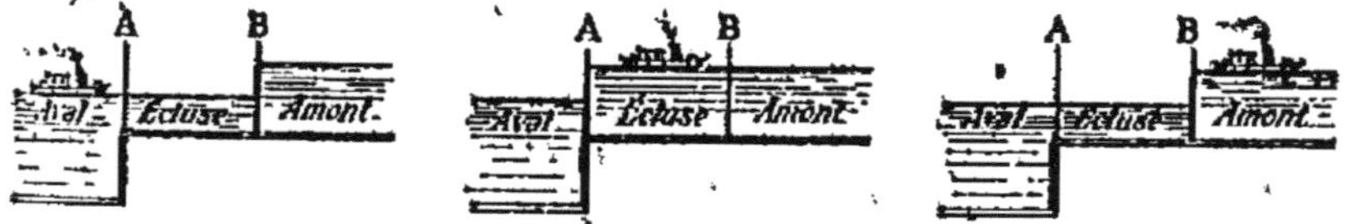

Fig. 51.— Passage d'un niveau inférieur à un niveau supérieur.

et un bateau peut passer du bief inférieur dans l'écluse.
On ferme alors la porte A, et on ouvre B ; l'eau monte dans
l'écluse au niveau du bief supérieur, et le bateau peut
passer en amont. On peut ainsi, par une série d'écluses,

faire passer un bateau d'un bassin à un autre de niveau très différent.

La *distribution de l'eau* dans les villes et les *jets d'eau* sont encore des applications du principe des vases communicants : l'eau est amenée dans de grands réservoirs placés dans la partie la plus élevée de la ville, et d'où partent des tuyaux qui la conduisent aux fontaines publiques et dans les maisons. Quand on ouvre les robinets placés aux extrémités des tuyaux, l'eau s'écoule parce qu'elle tend à s'élever au même niveau que dans le réservoir. Si l'orifice du tuyau est dirigé vers le haut, et ouvert beaucoup plus bas que le réservoir, on obtient un jet d'eau.

Le *niveau d'eau*, très employé dans l'arpentage pour mesurer la distance verticale de deux points, se compose d'un tube de fer blanc ou de laiton coudé à angle droit à

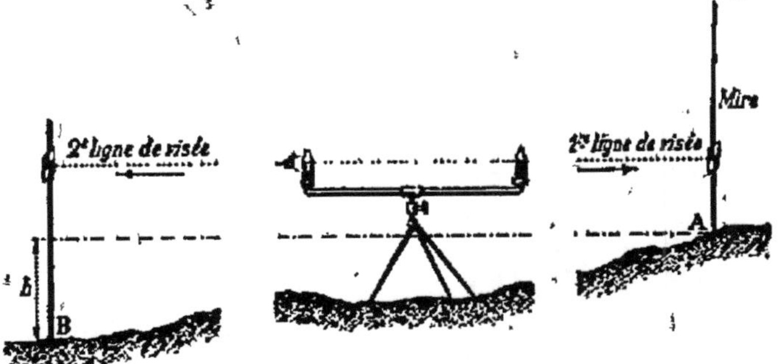

Fig. 52. — Niveau d'eau.

ses extrémités où sont fixées deux fioles de verre (*fig.* 52); le tout est porté par un trépied qui permet de placer le tube horizontalement. On dispose l'appareil entre les points A et B dont on cherche la différence de niveau, et on le remplit d'eau colorée jusqu'aux 3/4 environ de la hauteur des fioles. Un aide fixe en A une *mire*, règle divisée portant une plaque dont le centre, marqué par le sommet commun de quatre carrés diversement colorés, sert de point de repère ; il déplace cette plaque jusqu'à ce que l'opérateur voie sur une même droite le niveau de l'eau dans les deux fioles et le centre de la plaque. On répète la même opération pour le point B sans déranger l'appareil. Les centres des deux plaques sont alors dans un même plan horizontal, celui que déterminent les niveaux de l'eau ; et par suite la différence h entre les hauteurs des centres des deux plaques au-dessus du sol est la distance verticale des points A et B.

42. Vases communicants renfermant des liquides différents. — Pour étudier les conditions d'équilibre de plusieurs liquides placés dans des vases communicants, on prend un tube coudé fixé à une planche verticale graduée (*fig.* 53) ; on y verse du mercure, qui monte au même niveau dans les deux branches ; puis on ajoute de l'eau dans la branche B : le mercure baisse dans cette branche, et monte dans l'autre B', mais bien moins haut que l'eau en B. Quand l'équilibre est établi, on constate que la hauteur h de l'eau au-dessus de la surface de séparation ss' des deux liquides est

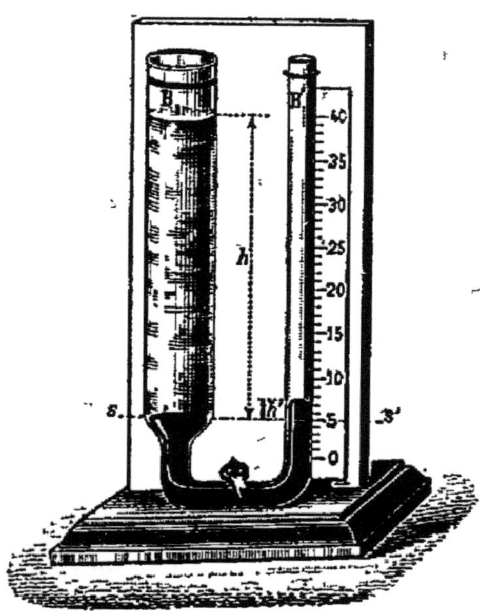

Fig. 53. — Équilibre de deux liquides dans des vases communicants.

13 fois $\frac{1}{2}$ plus grande que la hauteur h' du mercure au-dessus de cette surface, en B' : or, le mercure pèse à volume égal 13 fois $\frac{1}{2}$ plus que l'eau. Donc, dans deux vases communicants

renfermant deux liquides différents en équilibre, les hauteurs des liquides au-dessus de la surface de séparation sont en raison inverse des densités des liquides.

En effet, s'il y a équilibre, sur deux surfaces de 1^{cq} prises l'une en B, l'autre en B', dans la tranche horizontale ss', les pressions sont égales ; en B, la pression exercée par le liquide est le poids d'une colonne d'eau de hauteur h et de densité d ; en B', c'est le poids d'une colonne de mercure de hauteur h' et de densité d' ; donc on a

$$1^{cq} \times h \times d = 1^{cq} \times h' \times d',$$

ou
$$\frac{h}{h'} = \frac{d'}{d}.$$

43. Capillarité. — Les tubes très étroits, plongés dans un liquide en équilibre, ou communiquant avec un vase renfermant un liquide, ne sont pas soumis au principe des vases communicants : si *le liquide mouille les parois* du tube, on constate que sa surface libre est *plus élevée* dans le tube qu'à l'extérieur (*fig.* 54) et qu'elle forme une courbe ou ménisque concave, au lieu d'être horizontale. De même, la surface du liquide se relève contre les parois du tube et du vase.

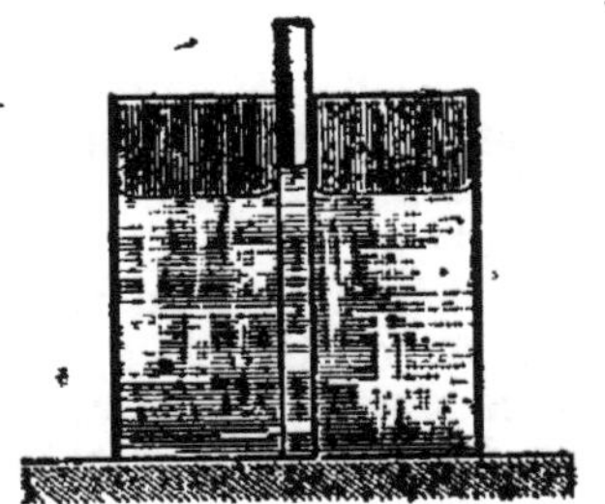

Fig. 54. — Ascension capillaire d'un liquide mouillant les parois.

Fig. 55. — Dépression capillaire d'un liquide ne mouillant pas les parois.

Si *le liquide ne mouille pas les parois*, ce qui est le cas du mercure, sa surface libre est *moins élevée* dans le tube qu'à l'extérieur, et forme un ménisque convexe (*fig.* 55) ; et l'on observe une dépression du liquide au voisinage des parois du vase.

Dans les deux cas, la différence de niveau est d'autant plus grande que le tube considéré est plus étroit ; aussi ces phénomènes ont été observés d'abord dans des tubes assez fins pour être comparés à des cheveux, d'où le nom de *phéno-mènes capillaires* qui leur a été donné.

La capillarité explique la montée de la sève dans les végétaux, de l'eau dans un morceau de sucre ou d'étoffe qui y plonge par une de ses extrémités, de l'huile dans les mèches de lampe, etc.

RESUMÉ DU CHAPITRE V

En hydrostatique, on considère les liquides comme parfaitement *fluides* et absolument *incompressibles*.

La surface libre d'un liquide en équilibre est *plane* et *horizontale*; si la surface du liquide est très vaste, elle est sensiblement sphérique.

Toute pression exercée normalement à la surface d'un liquide en équilibre se transmet intégralement, dans tous les sens, sur toute surface égale à la surface pressée ; ce principe, énoncé par Pascal, est surtout vérifié par ses conséquences ; la presse hydraulique en est une application importante.

Dans un liquide en équilibre, *des surfaces égales prises dans un même plan horizontal supportent des pressions égales;* la pression qui s'exerce sur une surface donnée est égale au poids d'une colonne du liquide ayant pour base cette surface et pour hauteur sa distance verticale au niveau du liquide. La différence de pression sur des surfaces horizontales égales, prises dans des plans différents est égale au poids d'une colonne du liquide ayant pour base la surface considérée et pour hauteur la distance verticale des deux plans. On vérifie ces principes à l'aide d'un vase à obturateur.

La pression exercée par un liquide sur le fond horizontal du vase qui le contient est égale au poids d'une colonne du liquide ayant pour base le fond et pour hauteur sa distance verticale au niveau du liquide. Elle est indépendante de la forme du vase ; on le vérifie avec l'appareil de Masson.

La pression exercée par un liquide sur une paroi latérale est égale au poids d'une colonne cylindrique du liquide ayant pour base la surface de cette paroi et pour hauteur la distance verticale du centre de gravité de la paroi au niveau du liquide ; elle est dirigée normalement à la paroi considérée.

Les pressions exercées par un liquide sur l'ensemble des parois du vase qui le renferme ont une résultante unique égale au poids du liquide.

Les pressions exercées par les liquides ont des conséquences importantes et des applications nombreuses : dans la construction des écluses, des digues, des réservoirs, dans le tourniquet hydraulique, les turbines, etc.

Des liquides différents placés dans un même vase se superposent par ordre de densités croissantes de haut en bas, et les surfaces de séparation sont horizontales. Les gaz se superposent aux liquides, qui sont toujours plus denses ; d'où l'emploi du niveau à bulle d'air.

Quand plusieurs *vases communicants* renferment un même liquide en équilibre, *les surfaces libres du liquide sont toutes dans un même plan horizontal*. Les puits, les puits artésiens, les écluses, la distribution de l'eau dans les villes, les jets d'eau, le niveau d'eau sont des applications de ce principe.

Dans deux vases communicants renfermant deux liquides de densités différentes, les hauteurs des liquides au-dessus de la surface de séparation sont en raison inverse des densités des liquides.

CHAPITRE VI

PRINCIPE D'ARCHIMÈDE. CORPS FLOTTANTS

---

44. Principe d'Archimède. — Les liquides exercent, comme on l'a vu, des pressions sur toute la surface des corps qui y sont plongés ; ces pressions ont une résultante dirigée de bas en haut, qu'on appelle la *poussée* et qui tend à s'opposer à l'introduction du corps dans le liquide ; cette poussée dépend de la nature du liquide ; ainsi, on éprouve une résistance bien plus grande quand on enfonce la main dans le mercure que si on la plonge dans l'eau. La poussée dépend encore du volume du corps plongé : ainsi, une boîte de fer-blanc, vide, flotte sur l'eau, tandis qu'un morceau de fer plein, de même poids, s'y enfonce.

C'est Archimède qui détermina le premier la valeur de cette poussée et qui l'énonça en un principe auquel on a gardé son nom : Tout corps plongé dans un liquide en équilibre supporte une poussée verticale, dirigée de bas en haut, égale au poids du liquide qu'il déplace. Cette force est appliquée au centre de gravité du liquide déplacé, qu'on appelle le *centre de poussée.*

45. Vérification expérimentale. — On peut vérifier facilement le principe d'Archimède à l'aide de l'appareil de M. Boudréaux, composé de deux vases v, v', de même poids (*fig.* 56), et d'un vase de verre V muni d'un tube

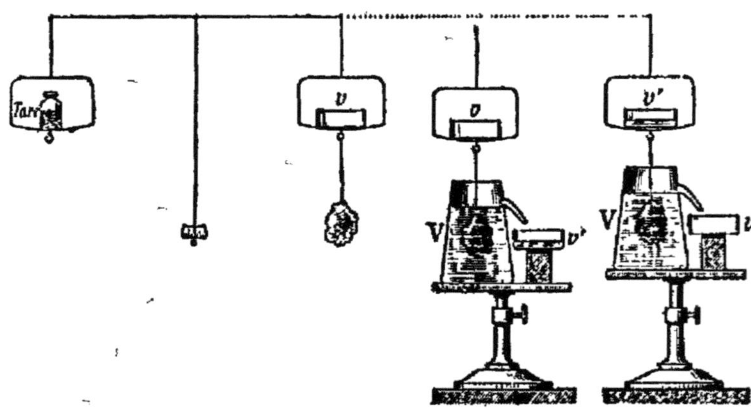

Fig. 56. — Vérification expérimentale du principe d'Archimède.

latéral par lequel l'eau s'écoule dès que le niveau atteint l'orifice de ce tube, de sorte que le niveau du liquide dans le vase est constant. On suspend, à l'aide d'un fil, un corps quelconque sous l'un des plateaux d'une balance hydrostatique ; on met le vase v sur ce plateau, et on fait la tare. Le vase V, rempli d'eau jusqu'au niveau du tube, est posé sur un support à crémaillère en dessous du corps ; on le soulève jusqu'à ce que le corps soit complètement immergé, et l'on voit que l'équilibre est rompu : la balance penche du côté de la tare, ce qui prouve que le corps a subi une poussée de bas en haut. Si l'on remplace le vase v par le vase v', dans lequel on a recueilli l'eau sortie par le tube latéral, dont le volume est juste égal à celui du corps, l'équilibre est rétabli ; donc la poussée est bien égale au poids de l'eau déplacée par le corps.

46. Démonstration rationnelle. — Le principe d'Archimède peut être regardé comme une conséquence de l'augmentation de la pression avec la profondeur du liquide : si l'on considère un cube A (*fig.* 57), plongé dans un liquide, et dont les arêtes soient verticales, les faces latérales de ce cube supportent des pressions deux à deux égales et directement opposées, qui se neutralisent ; la face supérieure supporte une pression p égale au poids d'une colonne du liquide ayant pour hauteur la distance verticale h

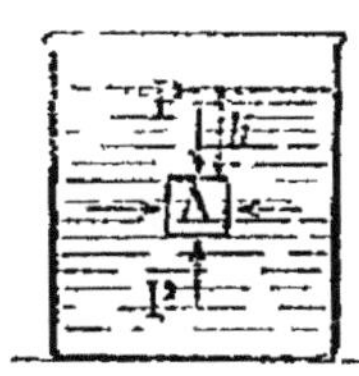

Fig. 57. — Démonstration rationnelle du principe d'Archimède.

de cette face au niveau ; si a est l'arête du cube et d la densité du liquide, on a

$$p = a^2 \times h \times d.$$

La pression P sur la face inférieure est égale au poids d'une colonne du liquide ayant pour hauteur la distance $h + a$ de cette face au niveau :

$$P = a^2 \times (h + a) \times d.$$

Cette pression est donc plus plus grande que p, et comme elles sont toutes deux verticales et de sens contraire, leur résultante est verticale, dirigée dans le sens de la plus grande, c'est-à-dire de bas en haut, et égale à leur différence :

$$P - p = a^2 \times a \times d = a^3 \times d,$$

donc au poids d'un cube du liquide égal au cube A plongé dans ce liquide.

Un corps de forme quelconque pouvant être considéré comme composé d'une quantité de cubes très petits subit donc aussi, de la part du liquide dans lequel on le plonge, une poussée égale au poids du liquide qu'il déplace.

47. Réaction du corps plongé sur le liquide. — Un corps plongé dans un liquide paraît perdre de son poids puisque la poussée neutralise en partie ce poids ; or l'expérience montre que si on place un corps à côté d'un vase renfermant un liquide, sur le plateau d'une balance, ou qu'on plonge ce corps dans le liquide, il faut toujours le même poids pour établir l'équilibre, ce qui semble contraire au principe d'Archimède. Cette contradiction apparente est due à ce que le corps exerce à son tour une pression sur le liquide. On peut le constater en modifiant l'expérience faite avec l'appareil de M. Boudréaux; on met le vase V et le vase v sur le plateau d'une balance de Roberval (*fig.* 58), on fait la tare, et

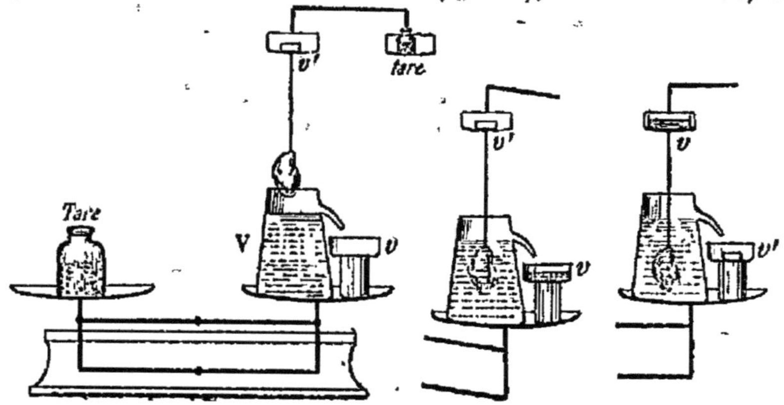

Fig. 58. — Réaction du corps plongé sur le liquide.

on soulève la balance afin de faire plonger le corps dans le vase V. On voit la balance de Roberval pencher du côté des vases en même temps que la balance hydrostatique penche du côté de la tare, ce qui montre que le corps exerce une pression sur le liquide. Si on remplace le vase v' par le vase v, et qu'on mette v à la place de v', l'équilibre est rétabli pour les deux balances à la fois; donc la pression exercée par le corps sur le liquide est égale et de sens contraire à celle qu'il subit de la part du liquide.

On peut remarquer en effet que le corps immergé fait monter le niveau du liquide dans le vase de la même quantité que si l'on ajoutait dans le vase un volume de liquide égal au volume du corps; par suite la pression totale sur les parois du vase augmente du poids d'un volume de liquide égal au volume du corps.

48. Équilibre des corps immergés. — Un corps plongé dans un liquide est donc soumis à deux forces : son poids et la poussée, verticales et de sens contraire ; la résultante est égale à leur différence et dirigée dans le sens de la plus grande.

1er Cas. — Si *le poids est plus grand que la poussée*, la résultante est dirigée de haut en bas ; le corps tombe au fond du liquide, mais avec une accélération moindre que dans l'air : ainsi du plomb dans l'eau (*fig.* 59), un œuf dans l'eau pure.

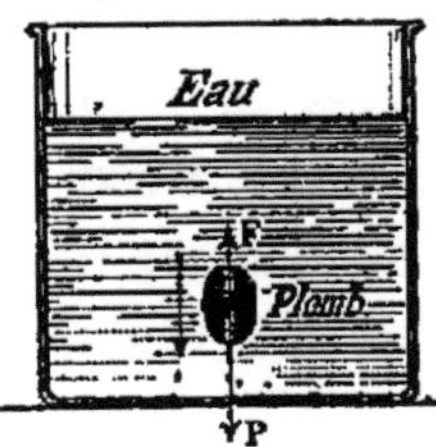

Fig. 59. — Poids du corps supérieur à la poussée.

2e Cas. — Si *le poids est égal à la poussée*, la résultante est nulle et le corps reste en équilibre à l'intérieur du liquide ; c'est le cas d'une sphère d'ivoire placée dans l'acide sulfurique concentré (*fig.* 60), d'un œuf plongé dans de l'eau convenablement salée.

Fig. 60. — Poids du corps égal à la poussée.

3e Cas. — Si *le poids est moindre que la poussée*, la résultante est dirigée de bas en haut, le corps remonte et tend à sortir du liquide. Mais à mesure qu'il sort, il déplace moins de liquide et la poussée diminue ; il arrive donc un moment où le corps est en équilibre, la poussée

Fig. 61. — Poids du corps inférieur à la poussée.

étant devenue égale au poids : on dit que le corps *flotte*. C'est le cas du liège dans l'eau (*fig.* 61), d'un œuf dans de l'eau saturée de sel marin.

On peut, à l'aide du *ludion*, réaliser ces trois cas dans un même liquide, avec un même corps dont on fait varier le poids. Le ludion est une sphère de verre creuse percée d'un petit orifice à sa partie inférieure, et à laquelle est sus-

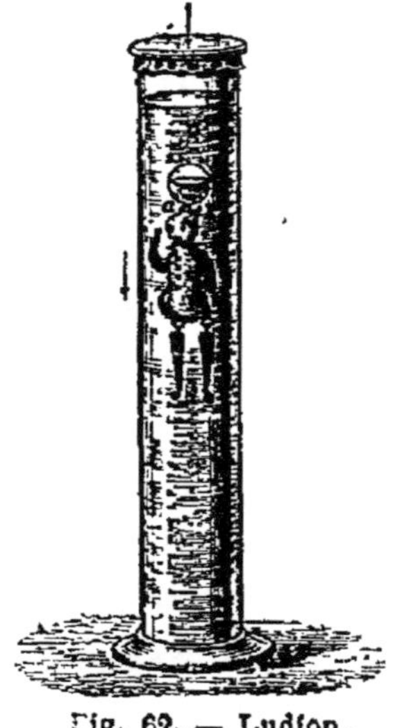

Fig. 62. — Ludion.

pendue une figurine en émail lestée de façon que l'ensemble flotte dans l'eau en émergeant très peu (*fig.* 62). On met le ludion dans une éprouvette presque remplie d'eau et fermée par une membrane ou une poire de caoutchouc. Si l'on appuie sur la membrane l'air de l'éprouvette comprime l'eau et en fait pénétrer quelques gouttes dans la sphère, le ludion devient plus lourd et descend. Quand on cesse d'appuyer, l'air contenu dans la sphère, qui avait été comprimé, refoule l'eau qui était entrée et le ludion remonte. On peut par une pression ménagée maintenir l'appareil en équilibre au milieu de l'eau.

49. Équilibre des corps flottants. — D'après ce que l'on vient de voir, quand un corps flotte *son poids est égal au poids du volume de liquide déplacé par la partie plongée.* Pour le vérifier expérimentalement, on remplit d'eau un vase à tubulure latérale, et on y introduit une sphère de cuivre creuse ou de bois (*fig.* 63), qui flotte sur l'eau ; on recueille l'eau déplacée par le corps, et l'on constate que le poids de cette eau est justement égal à celui du corps.

Pour qu'un corps flottant soit en équilibre, il faut en outre que *le centre de gravité du corps et le centre de poussée soient sur une même verticale*, afin que le poids et la poussée soient directement opposés. Si ces deux points ne sont pas sur la même-verticale, les deux forces auront pour effet de faire tourner le corps jusqu'à ce qu'elles

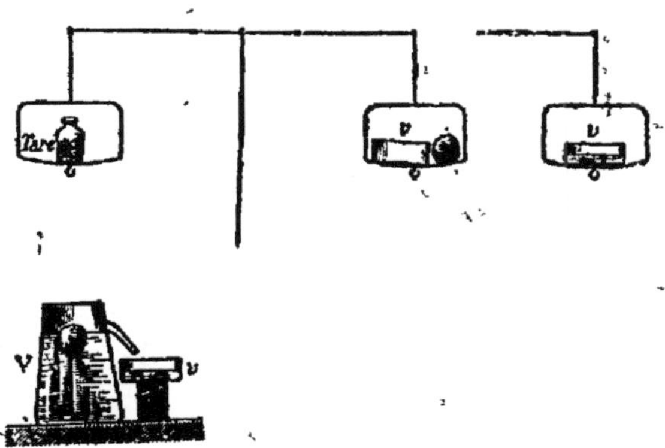

Fig. 63. — Le poids d'un corps flottant est égal au poids du liquide déplacé.

soient dans le prolongement l'une de l'autre. Si le centre de poussée C est plus haut que le centre de gravité G (*fig.* 64), comme la poussée tend à faire monter le point C, et le poids à faire descendre G, le corps écarté de sa position d'équilibre tend à y revenir, et par suite l'équilibre

Fig. 64.— Équilibre stable.

Fig. 65. — Équilibre instable.

est stable. Un tube à essai contenant un peu de mercure, par exemple, se tient verticalement dans l'eau, en équilibre stable, tandis que le même tube vide (*fig.* 65) est en équilibre instable quand il est vertical, et se couche sur le liquide au moindre mouvement.

C'est pour assurer la stabilité des navires qu'on place
s objets les plus lourds à fond de cale, pour abaisser le
entre de gravité, et qu'on leste les navires avec du sable,
es pierres, de la fonte, quand leur chargement est insuf-
sant.

50. Applications du principe d'Archimède. — C'est en
ertu du principe d'Archimède que les *navires* enfoncent
'autant plus qu'ils sont plus chargés, et plus dans l'eau
ouce que dans l'eau de mer ; on doit en tenir compte en
es chargeant, s'ils doivent passer de la mer dans un
euve.

Quand un navire doit entrer dans un port peu profond,
u qu'il est échoué sur un bas-fond, on lui assujettit de
chaque côté un bateau fortement chargé de sable et l'on
jette ensuite ce sable à la mer ; ces bateaux tendent à sortir de l'eau et soulèvent le navire avec eux.

Le corps de l'homme pèse, en général, un peu moins
qu'un volume égal d'eau douce, par suite plongé complètement dans l'eau il peut flotter ; mais la partie qui
émerge étant très petite, on ne peut maintenir la tête tout
entière hors de l'eau. Pour respirer librement, il faut donc
ou faire la planche, c'est-à-dire ne sortir de l'eau que la
figure, ou nager et par les mouvements des membres soulever le corps pour tenir toute la tête hors de l'eau. Il suffit d'ailleurs d'un effort très faible pour soutenir quelqu'un
dans l'eau : de là l'emploi des *ceintures de natation*, des
bouées de sauvetage en liège ou en caoutchouc gonflé d'air,
qui permettent de se maintenir à la surface de l'eau sans
faire de mouvements.

Beaucoup de poissons ont dans l'abdomen une poche
pleine d'air, appelée *vessie natatoire*, qui en se dilatant

ou se comprimant donne au poisson un volume plus ou moins considérable sans changer son poids, et lui permet de s'élever ou de s'enfoncer dans l'eau sans effort.

Le principe d'Archimède permet de trouver facilement le *volume* d'un corps solide de forme irrégulière : on suspend par un fil fin le corps dont on cherche le volume à l'un des plateaux d'une balance hydrostatique, et on fait la tare, puis on fait plonger le corps dans l'eau : l'équilibre est détruit ; si pour le rétablir il faut ajouter 8^{gr} du côté du corps, c'est que le corps déplace 8^{gr} d'eau, et par suite son volume est 8^{cc}.

Enfin, le principe d'Archimède est souvent appliqué à la détermination des densités des solides et des liquides.

RÉSUMÉ DU CHAPITRE VI

Les liquides exercent sur les corps qui y sont plongés des pressions dont la valeur est indiquée par le principe d'Archimède : *Tout corps plongé dans un liquide en équilibre supporte une poussée verticale de bas en haut égale au poids du liquide qu'il déplace.* On le vérifie expérimentalement avec l'appareil de M. Boudréaux.

Un corps plongé dans un liquide est donc soumis à deux forces verticales et de sens contraires, son poids et la poussée. Si le poids est supérieur à la poussée, le corps tombe ; si le poids est égal à la poussée, le corps reste en équilibre dans le liquide ; si le poids est inférieur à la poussée, le corps remonte et sort en partie du liquide, il flotte. Ces trois cas peuvent être réalisés avec le ludion.

Quand un corps flotte, son poids est égal au poids du volume de liquide déplacé par la partie plongée ; pour qu'il soit en équilibre, il faut que le centre de gravité et le centre de poussée soient sur la même verticale.

Le principe d'Archimède explique l'emploi des bouées de sauvetage, des ceintures de natation, le rôle de la vessie natatoire des poissons ; il permet de déterminer le volume d'un solide et la densité des corps solides ou liquides.

CHAPITRE VII

DENSITÉS. POIDS SPÉCIFIQUES

54. Définitions. — L'expérience montre que, sous le même volume, tous les corps ne renferment pas la même quantité de matière, n'ont pas la même masse ; et qu'il ne faut pas le même effort pour les soulever : ils n'ont pas le même poids.

On appelle densité ou masse spécifique d'un corps la masse de l'unité de volume de ce corps : l'unité de volume étant le centimètre cube, la densité du fer, par exemple, est de 7gr,8. Pour déterminer la densité d'un corps, il suffit de diviser sa masse par son volume ; mais 1cc d'eau à 4° a une masse de 1gr, par suite, pour l'eau à 4°, le volume et la masse sont représentés par le même nombre ; on peut donc remplacer le volume d'un corps par la masse d'un égal volume d'eau et le rapport entre la masse d'un corps et celle d'un égal volume d'eau est la densité relative de ce corps. Le volume d'un corps variant avec la température, on convient de le prendre à 0°, et celui de l'eau à 4°, température où l'eau a son maximum de densité.

Le poids spécifique d'un corps est le poids de l'unité de volume de ce corps ; il varie d'un lieu à l'autre, comme l'intensité de la pesanteur ; mais si l'on prend le rapport entre le poids spécifique d'un corps et celui de l'eau dans le même lieu, ce rapport est constant, on l'appelle poids spécifique relatif du corps. Comme il est exprimé par le même nombre que la densité du même corps, dans le langage usuel on remplace souvent poids spécifique par densité qui a l'avantage d'être plus court.

On appelle donc poids spécifique ou densité d'un corps le

rapport de la masse de ce corps à la masse d'un égal volume d'eau à 4°.

Pour les gaz, dont le volume dépend à la fois de la température et de la pression, et dont la masse est très faible relativement à celle de l'eau, la densité est le rapport entre la masse du gaz et celle d'un même volume d'air à 0° et sous la pression de 76^{cm} (63).

52. Usages des poids spécifiques. — Le poids spécifique est une des propriétés caractéristiques des corps ; il peut donc servir à les distinguer : ainsi, on peut reconnaître un morceau d'or d'un morceau de cuivre doré parce que le poids spécifique de l'or, 19, est bien plus considérable que celui du cuivre 8,8 ; de même, l'améthyste orientale dont la densité est 4 ne peut être confondue avec l'améthyste ou quartz violet, de valeur bien moindre, et dont la densité est 2,6.

On peut encore, connaissant le poids spécifique d'un corps, trouver son poids sans faire de pesée si l'on peut mesurer facilement son volume, ou déterminer son volume, si l'on connaît son poids : par exemple, un cube de platine de 2^{cm} d'arête, dont le poids spécifique est 21,5 pèse 21 fois 1/2 plus que le même volume d'eau, c'est-à-dire

$$2^3 \times 21,5 = 172^{gr} ;$$

le poids spécifique de l'argent étant 10,5, un morceau d'argent qui pèse 31^{gr},5 a un volume 10 fois 1/2 plus petit que celui de 31^{gr},5 d'eau, ou

$$\frac{31,5}{10,5} = 3^{cc}.$$

Il est donc utile de connaître la densité des corps ou de pouvoir la déterminer.

53. Détermination de la densité des corps. — Pour obtenir la densité d'un corps solide ou liquide, il suffit de déterminer la masse du corps et son volume ou la masse d'un égal volume d'eau. La masse se mesure à l'aide de la balance, mais si le corps n'a pas une forme géométrique, on ne peut mesurer directement son volume ; on emploie alors différentes méthodes, dont les plus simples sont la méthode du flacon et celle de la balance hydrostatique.

54. Méthode du flacon. — I. Solides. — On se sert d'un *flacon à densité* : c'est un flacon en verre à large goulot, fermé par un bouchon de verre, usé à l'émeri, creux et surmonté d'un tube fin à entonnoir qui porte un point de repère (*fig.* 66). On remplit le flacon d'eau distillée jusqu'au point de repère, et on le met avec le corps dont on cherche la densité, un morceau de plomb, par exemple, sur l'un des plateaux d'une balance ; on fait la tare ; puis on retire le corps et on rétablit l'équilibre avec des poids marqués, soit 45^{gr},2 ; on a ainsi la masse du corps par double pesée. On met ensuite le plomb dans le flacon et on ramène le niveau au repère ; on remet le flacon sur le plateau de la balance, l'équilibre est détruit puisque le plomb a fait sortir du flacon un volume d'eau égal au sien, et il faut ajouter 4^{gr} pour rétablir l'équilibre ; ces 4^{gr} représentent la masse de l'eau déplacée par le corps, la densité du plomb est donc $\dfrac{45,2}{4} = 11,3$.

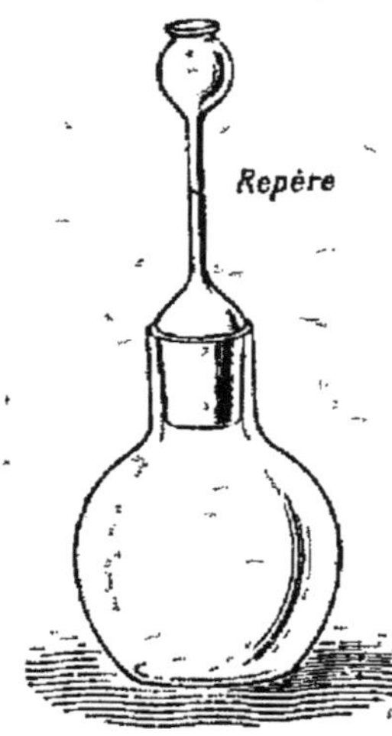

Fig. 66. — Flacon à densité pour les solides.

Le volume du corps devrait être pris à 0°, celui de l'eau à 4°; ces conditions sont difficilement réalisables dans la pratique, aussi les résultats doivent-ils subir des corrections qui s'appliquent aussi aux autres méthodes; comme ces corrections sont très faibles en général, on peut les négliger quand on n'a pas besoin de connaître la densité rigoureusement exacte des corps.

Si le corps est *soluble dans l'eau*, on remplace l'eau par un liquide de densité connue, dans lequel le corps soit insoluble; par exemple, si le corps pèse 15^{gr} et déplace 8^{gr},8 d'alcool, la densité de l'alcool étant 0,8, le même volume d'eau pèserait $\dfrac{8^{gr},8}{0,8}$, et la densité du corps est

$$\frac{15^{gr}}{\dfrac{8.8}{0,8}} = \frac{15 \times 0,8}{8}.$$

II. **Liquides.** — Pour déterminer la densité d'un liquide, on emploie un flacon composé d'un réservoir cylindrique, surmonté d'un tube fin portant un point de repère et terminé par un entonnoir que peut fermer un bouchon de verre (*fig.* 67).

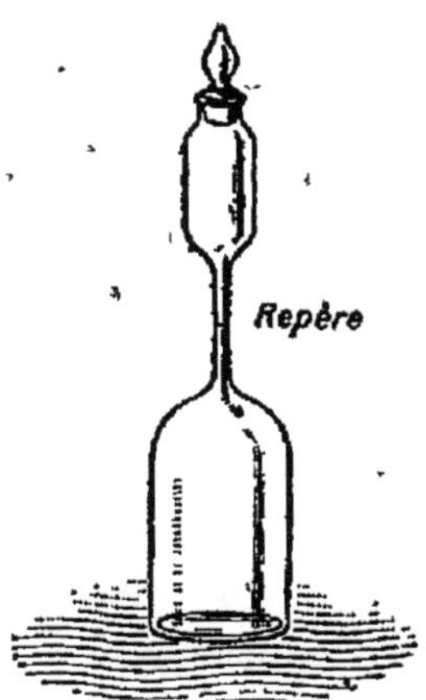

Fig. 67. — Flacon à densité pour les liquides.

On remplit le flacon du liquide dont on cherche la densité, d'acide sulfurique par exemple, jusqu'au point de repère, on le met sur l'un des plateaux d'une balance et on fait la tare; on vide le flacon, on le sèche, puis on le remet sur la balance; les poids qu'il faut placer à côté du flacon pour rétablir l'équilibre, soit 37^{gr},8, représentent par double pesée la masse d'acide sulfurique qui remplit le flacon. On fait la même opération avec de l'eau distillée; la masse d'eau qui remplit le flacon jusqu'au repère est 21gr ; la densité de l'acide sulfurique est donc $\dfrac{37,8}{21} = 1,8$.

55. Méthode de la balance hydrostatique. — I. Solides. — Pour trouver la densité d'un corps solide, d'un morceau de soufre, par exemple, on le place sur l'un des plateaux d'une balance hydrostatique auquel on suspend un fil fin qui servira à attacher le soufre pour le plonger dans l'eau (*fig.* 68), et on fait la tare ; puis on retire le soufre,

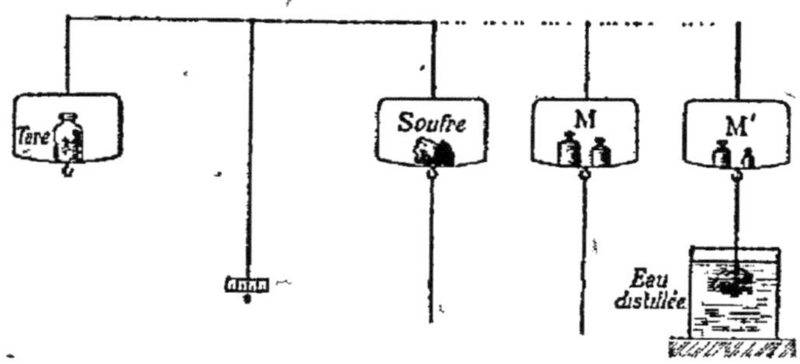

Fig. 68. — Détermination de la densité d'un solide par la balance hydrostatique.

et on le remplace par des poids marqués, soit 28gr,4, qui représentent la masse du corps par double pesée. On enlève ces poids, on attache le soufre à l'aide du fil et on le fait plonger dans de l'eau distillée ; l'équilibre est détruit par suite de la poussée ; pour le rétablir il faut mettre 14gr,2 sur le plateau ; d'après le principe d'Archimède, ces 14gr,2 ont la même masse qu'un volume d'eau égal au volume du corps, et la densité du soufre est

$$\dfrac{28,4}{14,2} = 2.$$

Quand le corps est soluble dans l'eau, on remplace l'eau par un liquide de densité connue qui ne dissolve pas le corps, comme dans la méthode du flacon.

II. Liquides. — On suspend sous l'un des plateaux de la balance hydrostatique un corps sur lequel le liquide dont on cherche la densité n'ait pas d'action, par exemple une sphère de verre creuse, lestée par du mercure et on fait la tare (*fig.* 69). Puis on fait plonger cette sphère dans

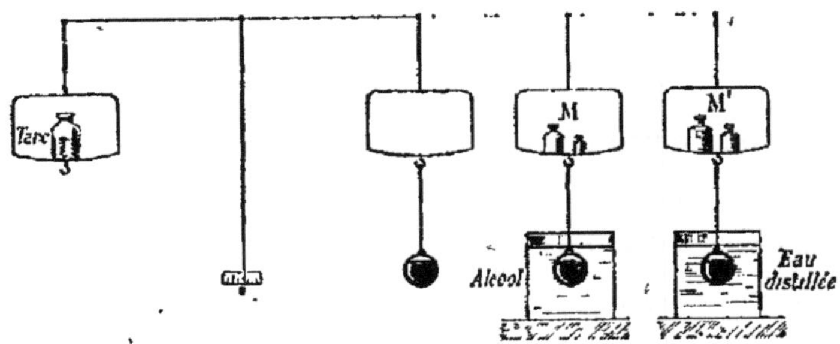

Fig. 69. — Détermination de la densité d'un liquide
par la balance hydrostatique.

le liquide, l'alcool par exemple ; l'équilibre est détruit ; s'il faut $16^{gr},8$ pour le rétablir, ces $16^{gr},8$ représentent la masse de l'alcool déplacé par la sphère. On fait ensuite plonger la sphère dans l'eau distillée, et s'il faut 21^{gr} pour rétablir l'équilibre, la masse d'eau déplacée par la sphère est 21^{gr} ; la densité de l'alcool est donc $\dfrac{16,8}{21} = 0,8$.

56. Aréomètres à poids constant. — Les aréomètres sont des appareils lestés de façon à flotter verticalement dans les liquides. Les aréomètres à *poids constant* déplacent toujours un poids de liquide égal à leur propre poids, ils enfoncent donc d'un *volume variable* suivant que le liquide est plus ou moins dense ; et la variation du volume plongé permet de constater rapidement si un liquide a une densité plus ou moins grande, sans indiquer la valeur de cette densité. Ces appareils sont très employés dans le commerce et l'industrie pour savoir si les liquides usuels ont un degré suffisant de concentration ou de pureté.

Les aréomètres se composent d'un tube de verre cylindrique, ou tige, portant un réservoir en forme de cylindre ou de poire qui sert de flotteur, et qui est terminé à la partie inférieure par une petite ampoule de verre lestée par du mercure ou de la grenaille de plomb (*fig.* 70). Ils ne diffèrent entre eux que par la graduation.

Les aréomètres de Baumé comprennent les *pèse-acides* ou *pèse-sels* employés pour les liquides plus denses que l'eau, et les *pèse-liqueurs* ou *pèse-esprits*, pour les liquides moins denses que l'eau.

I. — Pèse-acides de Baumé.— Le pèse-acides est lesté de telle façon que dans l'eau distillée il enfonce jusque vers le haut de la tige, et au point d'affleurement on

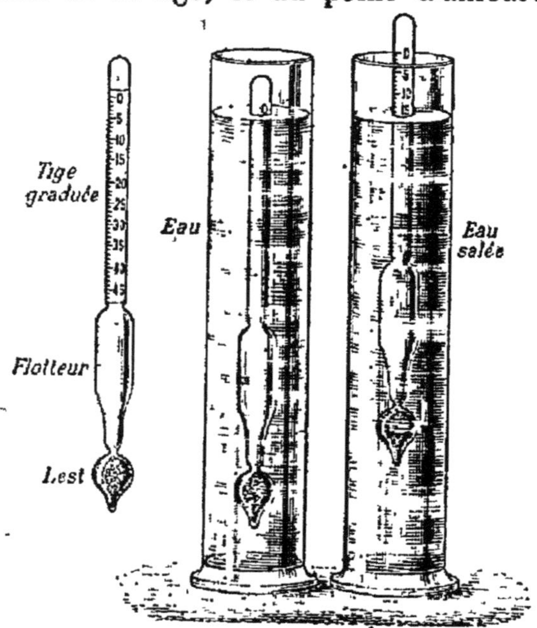

Fig. 70. — Pèse-acides de Baumé.

marque 0 (*fig.* 70). Puis on le plonge dans un liquide formé de 85^{gr} d'eau pour 15^{gr} de sel marin, où il enfonce moins puisque l'eau salée est plus dense que l'eau pure; au point d'affleurement on marque 15. On divise l'espace compris entre 0 et 15 en 15 parties égales, et on prolonge les divisions jusqu'au bas de la tige; l'aréomètre doit porter un nombre de divisions plus ou moins grand suivant les liquides auxquels il est destiné. Les degrés n'indiquent pas la densité du liquide, mais un même degré correspond toujours à la même densité; et l'on sait que, pour être suffisamment concentrés, l'acide sulfurique doit marquer 66°, l'acide azotique 36°, l'acide chlorhydrique du commerce 21°.

II. — Pèse-liqueurs de Baumé. — Le pèse-liqueurs est lesté de façon à enfoncer jusque vers le bas de la tige dans un liquide formé de 90^{gr} d'eau pour 10^{gr} de sel marin ; on marque 0 au point d'affleurement (*fig.* 71). Puis on le plonge dans l'eau pure, où il enfonce davantage, et on marque 10 au point d'affleurement. On divise l'intervalle entre 0 et 10 en 10 parties égales et on prolonge les divisions jusqu'en haut de la tige. Le degré indiqué par un liquide est donc d'autant plus élevé que le liquide est moins dense; l'ammoniaque du commerce doit marquer de 22° à 28°, l'éther ordinaire 56°, l'éther ordinaire rectifié 65°.

III. — Alcoomètre centésimal de Gay-Lussac. — L'alcoomètre centésimal est un aréomètre gradué de façon à indiquer le volume d'alcool contenu dans un liquide formé d'alcool et d'eau. Il est lesté de manière à affleurer au bas de la tige dans l'eau pure, et au point d'affleurement on marque 0 (*fig.* 72). Pour trouver les autres degrés, on fait des mélanges contenant 5, 10, 15, ... volumes d'alcool pur avec ce qu'il faut d'eau distillée pour faire 100 volumes, et l'on marque 5, 10, 15, ... aux points d'affleurement successifs de l'instrument dans ces différents mélanges. On est forcé de graduer ainsi l'alcoomètre parce que le mélange

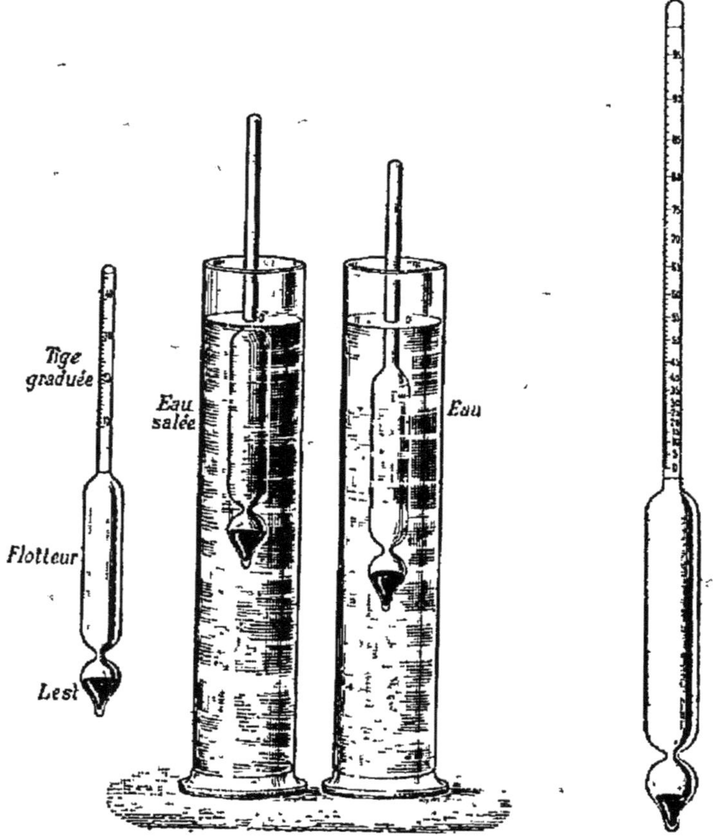

Fig. 71. — Pèse-liqueurs de Baumé.

Fig. 72. Alcoomètre centésimal de Gay-Lussac.

d'alcool et d'eau se fait avec une contraction notable et qui varie suivant les proportions des deux liquides ; on remarque que l'intervalle entre deux traits n'est pas constant, il augmente à mesure que la proportion d'alcool augmente. On divise chacun de ces intervalles en 5 parties égales, ou degrés, qui correspondent sensiblement aux degrés réels.

Comme ces mélanges sont difficiles à préparer et que ce mode de graduation est très long, on gradue le plus souvent les alcoomètres par comparaison avec un alcoomètre gradué directement.

Pour que l'alcoomètre indique exactement la proportion d'alcool contenue dans un liquide, il faut que ce liquide ne renferme que de l'alcool et de l'eau, et qu'il soit à la température de 15° à laquelle la graduation doit être faite. Si l'on cherche la richesse alcoolique d'une boisson telle que le vin, le cidre, la bière, qui tient en dissolution diverses substances capables de faire varier la densité, il faut distiller un volume déterminé du liquide, et ajouter à l'alcool obtenu la quantité d'eau nécessaire pour refaire le volume distillé. On note aussi la température de ce mélange au moment où on lit le degré de l'alcoomètre ; et des tables de correction permettent de déduire, du degré indiqué et de la température, le degré que marquerait l'alcoomètre si le liquide était à 15°; car si la température est plus élevée, par exemple, le liquide est moins dense et l'alcoomètre s'y enfonçant davantage indique une richesse alcoolique trop grande.

RÉSUMÉ DU CHAPITRE VII

La *densité* ou *masse spécifique* d'un corps est la masse de l'unité de volume de ce corps ; le *poids spécifique* est le poids de l'unité de volume du corps ; dans le langage courant on appelle indifféremment poids spécifique ou densité d'un corps *le rapport de la masse de ce corps à la masse d'un égal volume d'eau à 4°.*

Pour trouver la densité d'un corps solide ou liquide, on mesure sa masse à l'aide de la balance par double pesée, et son volume ou la masse d'un égal volume d'eau par différentes méthodes. Dans la *méthode du flacon*, pour un solide, on détermine la masse d'eau que le corps fait sortir du flacon ; pour un liquide, on cherche les masses du liquide et d'eau qui remplissent successivement le flacon. Dans la *méthode de la balance hydrostatique*, pour un solide on détermine la poussée subie par le corps dans l'eau, d'où l'on déduit la masse d'eau ayant même volume que le corps; pour un liquide, on détermine la poussée subie par un même corps successivement dans le liquide et dans l'eau.

Les *aréomètres* sont des appareils lestés de façon à flotter verticalement dans les liquides. Les aréomètres *à poids constant* enfoncent plus ou moins dans les liquides ; ils indiquent surtout le degré de concentration ou de pureté des liquides usuels. Ils sont formés d'un réservoir cylindrique ou en poire, en verre, surmonté d'une tige portant la graduation.

Le *pèse-acides de Baumé* sert pour les liquides plus denses que l'eau ; il marque 0 dans l'eau pure et 15° dans un liquide formé de 15gr de sel marin dissous dans 85gr d'eau.

Le *pèse-liqueurs de Baumé* sert pour les liquides moins denses que l'eau ; il marque 10° dans l'eau pure, 0° dans une dissolution de 10gr de sel dans 90gr d'eau.

L'alcoomètre centésimal de Gay-Lussac indique la proportion en volumes d'alcool, dans un liquide formé seulement d'alcool et d'eau à la température de 15° ; on le gradue de 5 en 5 degrés, dans des mélanges contenant 5, 10, 15, ... volumes d'alcool pur pour 100 volumes du mélange d'alcool et d'eau.

ÉQUILIBRE DES GAZ

CHAPITRE VIII

PRESSION ATMOSPHÉRIQUE

57. Propriétés générales des gaz. — Les gaz sont, comme nous l'avons vu (4), des corps qui n'ont par eux-mêmes ni forme ni volume ; ils sont caractérisés par leur *compressibilité* et leur *expansibilité ;* et par suite de cette tendance à occuper toujours tout l'espace dans lequel ils sont enfermés, ils exercent sur les parois des vases qui les contiennent une pression qu'on appelle leur *force élastique.*

Bien qu'ils tendent à se propager dans tous les sens, et non pas seulement vers le centre de la terre, les gaz sont soumis à l'action de la pesanteur comme les solides et les liquides ; mais leur poids spécifique est très faible, et l'on a cru pendant longtemps qu'ils n'étaient pas pesants ; la première démonstration expérimentale de la pesanteur des gaz est due à Galilée.

Pour démontrer que les gaz sont pesants, on se sert d'un ballon de verre dont le col est muni d'une garniture métallique à robinet qui peut se visser sur la machine pneumatique (*fig.* 73) ; on le suspend sous l'un des plateaux de la balance hydrostatique et on fait la tare ; il était naturellement plein d'air. On le visse sur la machine, on enlève l'air autant que possible ; puis on ferme le robinet et on remet le ballon sous le plateau de la balance. On constate que le fléau penche du côté de la tare, donc l'air est

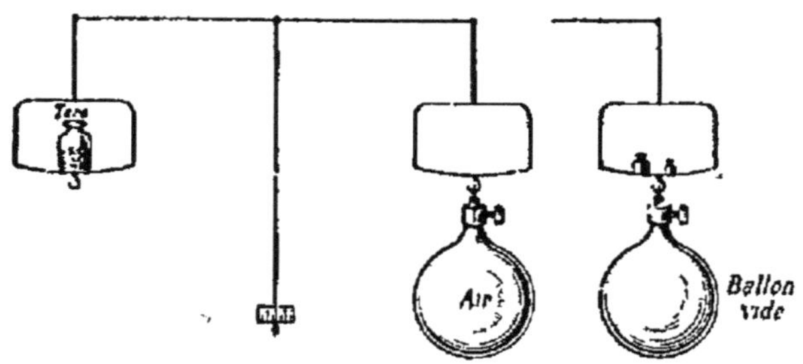

Fig. 73. — Expérience prouvant la pesanteur des gaz.

pesant ; les poids qu'il faut ajouter du côté du ballon pour rétablir l'équilibre représentent le poids de l'air enlevé ; si l'on connaît le volume du ballon, on peut en déduire le poids de 1^{lit} d'air, et l'on trouve qu'il est de $1^{gr},293$, dans les conditions ordinaires de température et de pression.

Si l'on fait rentrer dans le ballon, au lieu d'air, un gaz quelconque, on observe toujours une augmentation de poids ; donc *tous les gaz sont pesants*.

58. Statique des gaz. — Les gaz étant fluides, élastiques et pesants comme les liquides, la plupart des principes d'hydrostatique s'appliquent aux gaz en équilibre ; ainsi, *toute pression exercée sur un gaz en équilibre se transmet intégralement dans tous les sens sur chaque surface égale à la surface pressée.* On peut le vérifier à l'aide d'une sphère portant un tube dans lequel glisse un piston, et plusieurs tubulures munies de tubes en S contenant un liquide coloré (*fig.* 74) ; dans chaque tube les niveaux sont les mêmes dans les deux branches ; si on enfonce le piston, la pression qu'on exerce sur lui se transmet dans toute la masse du gaz, et l'on voit le liquide coloré monter d'une même hauteur dans tous les tubes. Mais les gaz étant compressibles, le gaz comprimé diminue de volume en même temps qu'il transmet la pression.

De même que dans les liquides, dans un gaz en équilibre *la pression est la même en tous les points d'une même tranche horizontale;* et d'un niveau à un autre, la différence de pression est égale au poids de la colonne du gaz ayant pour base la surface considérée et pour hauteur la distance des deux niveaux ; si cette distance n'est pas très grande, le poids spécifique des gaz étant très faible, la différence peut être négligée, et pour un gaz enfermé dans un vase clos, par exemple, la pression peut être regardée comme égale dans tous les points du vase.

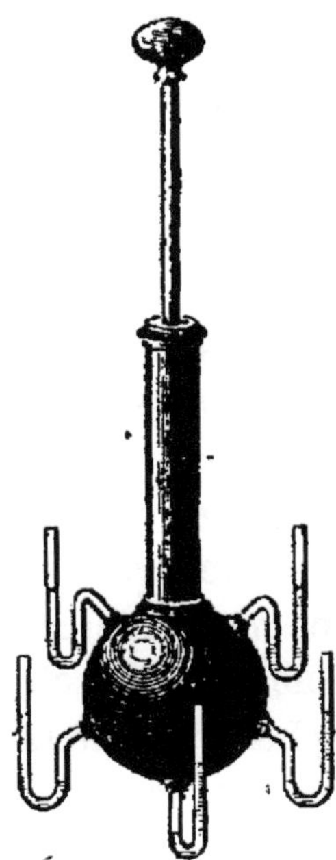

Fig. 74. — Transmission des pressions par les gaz.

59. Pression atmosphérique. — La terre est enveloppée de toutes parts d'une couche d'air qui constitue l'*atmosphère*. L'air est invisible, parce qu'il est transparent et incolore comme la plupart des gaz ; mais son existence est facilement prouvée par la résistance qu'il oppose, par exemple, à la montée de l'eau dans un verre retourné qu'on enfonce dans ce liquide, et par la force qu'il acquiert quand il se déplace rapidement.

La force expansive de l'air diminuant, par suite de sa dilatation même, à mesure que l'air s'élève, il arrive un moment où cette force est neutralisée par l'action de la pesanteur, et la hauteur de l'atmosphère n'est pas indéfinie; mais cette hauteur n'est pas connue exactement, et suivant les méthodes employées pour l'évaluer, on trouve des nombres variant entre 70 et 300^{km}.

Mais quelle que soit cette hauteur, les couches supérieures pressent sur les couches inférieures qu'elles compriment et dont la densité et la force élastique vont en augmentant à mesure qu'elles sont plus près du sol ; l'atmosphère exerce donc une pression sur les corps qui y sont plongés, et cette *pression atmosphérique* s'exerce à l'intérieur des maisons comme à l'air libre parce que les chambres communiquent toujours avec l'extérieur par les portes, les fenêtres, les cheminées. Nous ne nous apercevons généralement pas de cette pression, bien qu'elle soit considérable dans la région de l'atmosphère où nous vivons, parce qu'elle s'exerce sur nous dans tous les sens, et que sa résultante est, comme pour les corps plongés dans les liquides, égale au poids de l'air que nous déplaçons, poids relativement faible ; de plus, les cavités de notre corps renferment ou des liquides ou de l'air dont la réaction fait équilibre à la pression extérieure; mais nous ressentons les effets de cette pression quand elle varie brusquement, par exemple si nous nous élevons très rapidement en ballon dans l'atmosphère : les tissus se gonflent, le sang tend à sortir des vaisseaux et à laisser dégager les gaz qu'il contient, parce que la pression a diminué.

60. Démonstration expérimentale de l'existence de la pression atmosphérique. — On peut démontrer l'existence de la pression atmosphérique à l'aide d'expériences qui ont généralement pour but de diminuer ou de supprimer cette pression sur l'une des faces d'un corps, de manièie à observer les effets produits par la pression sur l'autre face.

I. — On applique sur la platine de la machine pneumatique un manchon de verre dont le bord inférieur est bien plan et graissé pour qu'il ne laisse pas passer l'air (*fig.* 75) ; la partie supérieure est fermée par un morceau

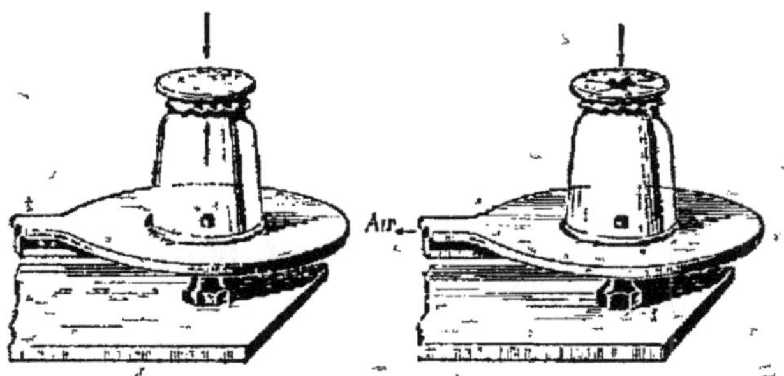

Fig. 75. — Expérience du crève-vessie.

de vessie ou de baudruche, bien tendu et serré par une ficelle. Quand on raréfie l'air dans cet appareil, appelé *crève-vessie*, on voit la membrane se déprimer sous la pression de l'atmosphère, puis éclater avec un bruit violent dû à la brusque rentrée de l'air dans l'appareil.

Si au lieu de fermer le crève-vessie par une membrane on y applique la main, quand on fait le vide on ne peut plus détacher la main de l'appareil à cause de la pression exercée de haut en bas par l'air extérieur ; la paume de la main se gonfle, pénètre dans le verre, et le sang pourrait jaillir si l'on raréfiait suffisamment l'air.

II. — On peut constater par une expérience très simple que la pression exercée par l'atmosphère se transmet aussi de bas en haut ; on remplit d'eau un verre ou une éprouvette, on place une feuille de papier sur le liquide (*fig.* 76), puis en la maintenant avec la main on retourne l'éprouvette; si on abandonne le papier, il reste appliqué et le liquide ne coule pas, ce qui prouve que la pression atmosphérique qui s'exerce sur la feuille est supérieure au poids de l'eau qui remplit l'éprouvette. La feuille de papier empêche l'air de diviser la colonne d'eau et de monter dans l'éprouvette ; elle serait inutile si l'ouverture était étroite, par exemple si l'eau remplissait un tube étroit fermé à une extrémité.

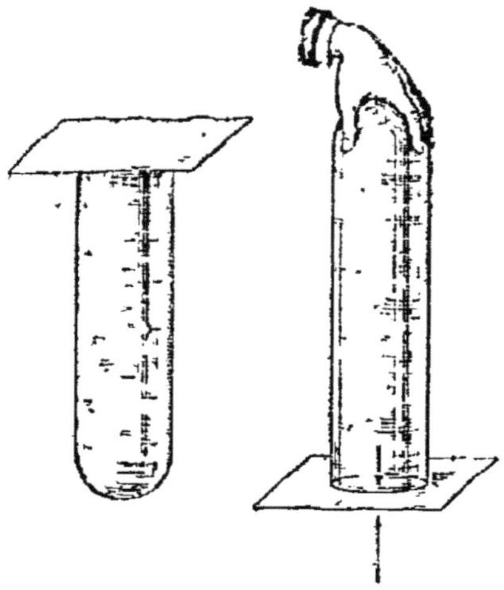

Fig. 76. — Expérience montrant la pression de l'atmosphère de bas en haut.

III. — Enfin, on montre que la pression atmosphérique s'exerce dans tous les sens, à l'aide des *hémisphères de Magdebourg*, imaginés par Otto de Guericke, bourgmestre de Magdebourg, l'inventeur de la machine pneumatique. Ce sont deux hémisphères creux en laiton (*fig.* 77) qui peuvent s'appliquer exactement l'un sur l'autre ; une bande de cuir

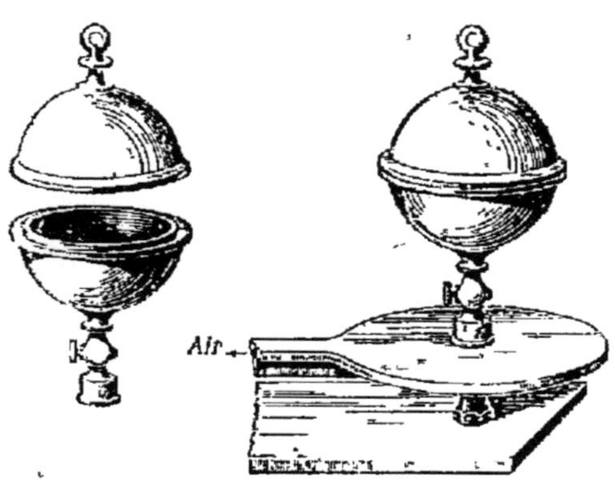

Fig. 77 — Hémisphères de Magdebourg.

graissé placée entre les deux rend la fermeture hermétique. L'un des hémisphères porte un anneau, l'autre un tube à robinet qui permet de le visser sur la machine pneumatique. Tant qu'il y a de l'air dans l'appareil, on peut séparer facilement les deux hémisphères; mais si on fait le vide, et qu'après avoir fermé le robinet on les dévisse de la machine, il faut pour les détacher un très grand effort, et dans quelque position qu'on les tienne; la pression atmosphérique s'exerce donc dans tous les sens.

61. Mesure de la pression atmosphérique : expérience de Torricelli. — L'existence de la pression atmosphérique fut prouvée pour la première fois, en 1643, par Torricelli, élève de Galilée, à l'aide d'une expérience célèbre qui permet en même temps d'évaluer cette pression.

Pour répéter l'expérience de Torricelli, on prend un tube de verre long de 80^{cm} à 1^{m}, et de 1^{cm} de diamètre environ, fermé à l'une de ses extrémités; on le remplit complètement de mercure, puis on le ferme avec le doigt (*fig.* 78), on le retourne, on le plonge verticalement dans une cuvette contenant du mercure et on retire le doigt. On voit alors le mercure descendre dans le tube et s'arrêter à une hauteur d'environ 76^{cm} au-dessus du niveau du mercure dans la cuvette; il reste au-dessus du mercure dans le tube un espace vide d'air qu'on appelle la *chambre barométrique* .

Torricelli attribua le soulèvement du mercure dans le tube à la pression atmosphérique; en effet, si l'on considère deux surfaces égales sur le plan du niveau de la cuvette, l'une *s* à l'extérieur (*fig.* 79), l'autre *s'* à l'intérieur du tube, elles supportent des pressions égales, puisque le liquide est en équilibre; la surface *s* supporte la pression atmosphérique F, la surface *s'* supporte le poids de la

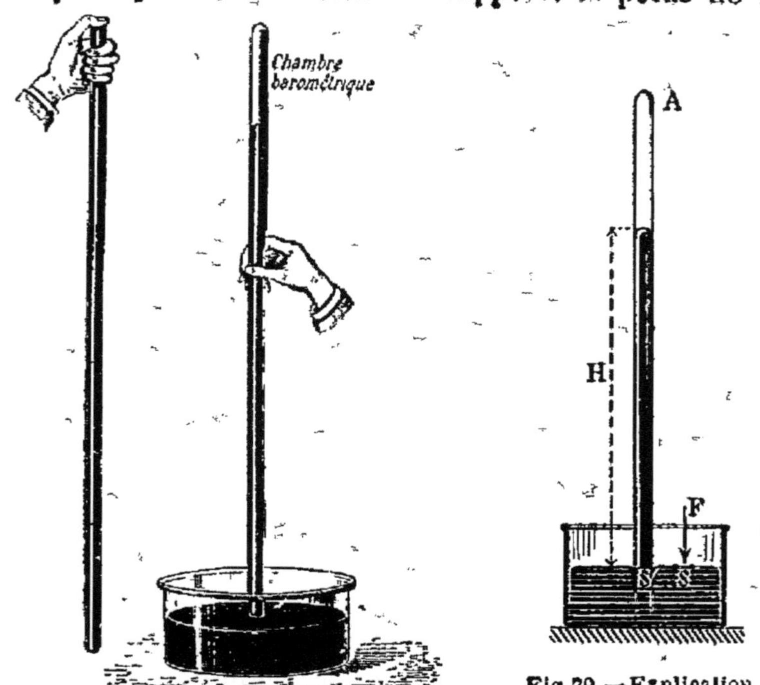

Fig. 78. — Expérience de Torricelli.

Fig. 79. — Explication de l'expérience de Torricelli.

colonne de mercure ayant pour base *s'* et pour hauteur la distance verticale H du niveau de la cuvette au niveau du mercure dans le tube; donc la pression atmosphérique est égale à la pression exercée par cette colonne de mercure.

62. Expériences de Pascal. — Pour vérifier l'explication donnée par Torricelli, Pascal répéta l'expérience en la modifiant. Il remplaça le tube de Torricelli par un tube de 15^m environ, rempli de vin rouge, qu'il retourna sur une cuvette contenant le même liquide ; et il trouva que le niveau du vin dans le tube restait à $10^m,40$ au-dessus du niveau de la cuvette, c'est-à-dire que la hauteur du vin était 13,7 fois plus grande que celle du mercure ; le poids spécifique du vin étant 13,7 fois plus petit que celui du mercure, la pression exercée par une colonne de vin de $10^m,40$ est bien égale à celle d'une colonne de mercure de 76^{cm} ; et quels que soient les liquides employés, les hauteurs soulevées varient en raison inverse de la densité des liquides.

Si la pression atmosphérique varie, la hauteur du liquide soulevé doit varier aussi ; donc si on s'élève dans l'air, le mercure doit baisser dans le tube de Torricelli ; Pascal le vérifia sur la tour Saint-Jacques à Paris, et le fit vérifier par son beau-frère, M. Périer, sur le Puy-de-Dôme : on gravit la montagne avec un tube de Torricelli, et au sommet on observa une différence d'environ 8^{cm} entre la hauteur du mercure dans ce tube et celle qu'indiquait un second tube laissé au bas de la montagne.

63. Valeur de la pression atmosphérique. — En répétant l'expérience de Torricelli, on constate que la hauteur du mercure dans le tube n'est pas toujours la même ; donc la pression atmosphérique n'est pas constante, et le tube de Torricelli peut servir à en déterminer la valeur à chaque instant : on l'appelle alors *baromètre*. Si la hauteur du mercure dans le tube, ou hauteur barométrique, est h, le poids spécifique du mercure étant 13,596, sur une surface s la pression exercée par l'atmosphère est $s \times h \times 13,596$; si la hauteur barométrique devient h', la pression sur la même surface est $s \times h' \times 13,596$. Donc la pression varie proportionnellement à la hauteur du mercure; aussi, dans la pratique, on évalue souvent, par abréviation, la pression atmosphérique par la hauteur barométrique; et l'on dit, par exemple, une pression de 75^{cm} au lieu de dire une pression égale au poids d'une colonne de mercure de 75^{cm} de hauteur.

La hauteur barométrique moyenne étant de 76^{cm}, la pression atmosphérique est en moyenne sur 1^{cq} de

$$1 \times 76 \times 13,596 = 1033^{gr}.$$

Sur le corps humain, dont la surface totale est d'environ 1$^{mq}\frac{1}{2}$ ou 15000^{cq}, la pression exercée par l'atmosphère est donc de 1033 $\times$ 15000 ou environ 15500^{kg}. Nous avons vu (59) pourquoi nous n'avons pas conscience, en général, de cette énorme pression.

RÉSUMÉ DU CHAPITRE VIII

Les gaz sont caractérisés par leur *expansibilité* et leur *compressi bilité;* ils ont une *force élastique,* c'est-à-dire qu'ils exercent une pression sur les vases qui les renferment. Ils sont tous *pesants,* mais leurs poids spécifiques sont très faibles. La plupart des principes d'hydrostatique s'appliquent aux gaz ; ils transmettent les pressions comme les liquides.

La Terre est entourée d'une couche d'air appelée *atmosphère;* par suite de son poids, l'atmosphère exerce une pression sur tous les corps qui y sont plongés; et cette pression est la même dans les maisons qu'à l'air libre. On montre l'existence de la pression *atmosphérique* par les expériences du crève-vessie, du verre d'eau retourné, des hémisphères de Magdebourg. On peut la mesurer par l'*expérience de Torricelli:* on retourne sur une cuve à mercure un tube d'environ 80^{cm} de longueur, rempli de mercure ; le mercure descend à 76^{cm} environ au-dessus du niveau de la cuve, laissant au-dessus de lui dans le tube un espace vide. La pression de l'atmosphère fait donc le même effet qu'une colonne de mercure de 76^{cm} de hauteur.

Pour vérifier l'explication de Torricelli, Pascal a remplacé le mercure par d'autres liquides: il a trouvé que les hauteurs de liquides soulevées varient en raison inverse des densités; il a constaté aussi que, quand on s'élève dans l'air, la colonne soulevée diminue de hauteur.

La pression atmosphérique n'est pas constante ; elle est proportionnelle à la hauteur du mercure soulevé dans le tube de Torricelli et peut être mesurée par cette hauteur. Elle est égale, sur 1cq, au poids d'une colonne de mercure ayant 1cq de base et, en moyenne, 76cm de hauteur, soit à 1033gr.

CHAPITRE IX

BAROMÈTRES

64. Baromètres. — Les baromètres sont des instruments destinés à mesurer la pression atmosphérique. On peut les diviser en deux groupes : les *baromètres à mercure*, qui sont des tubes de Torricelli disposés de façon à rendre les observations précises et faciles ; et les *baromètres anéroïdes* ou *baromètres métalliques*, qui sont fondés sur l'élasticité des métaux.

Les baromètres à mercure sont les meilleurs ; on se sert du mercure de préférence à tout autre liquide à cause de sa grande densité qui permet d'employer un tube assez court ; de plus, on peut l'obtenir très pur, donc comparable à lui-même ; il ne dissout pas les gaz, et les vapeurs qu'il émet à la température ordinaire ont une pression insensible : il n'y a donc pas à craindre que le dégagement de gaz ou de vapeur dans la chambre barométrique fasse baisser le niveau du mercure dans le tube.

65. Construction des baromètres à mercure. — Les baromètres à mercure diffèrent entre eux surtout par la forme de la cuvette ; le tube est toujours un tube de Torricelli construit de façon à éviter toute trace d'air et d'humidité. Pour cela, on prend un tube AB (*fig.* 80) de 80 à 85^{cm} de long, fermé à un bout, très propre et bien desséché ; on y soude une boule de verre munie de deux tubes dont l'un C est mis en communication avec une

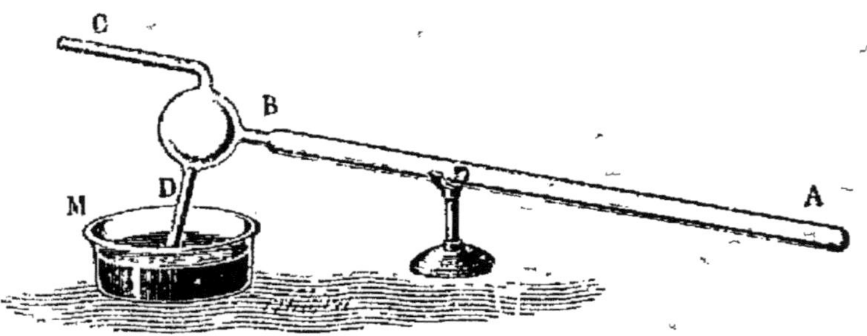

Fig. 80. — Remplissage du tube barométrique.

machine pneumatique ; l'autre D, effilé et soudé à la lampe, plonge dans du mercure pur et sec, chauffé à 120° environ. On chauffe le tube, on y fait le vide, puis on y fait passer plusieurs fois un courant d'hydrogène sec, pour enlever complètement la vapeur d'eau ; on y fait le vide une dernière fois, et on casse la pointe du tube D ; le mercure y monte, à cause de la pression exercée par l'air sur le niveau dans la cuvette, et il remplit le tube AB en chassant devant lui les dernières traces d'hydrogène. On détache la boule, on ferme le tube avec le doigt et on le retourne sur une cuve contenant du mercure pur et sec.

Si la chambre barométrique est bien vide d'air et de vapeur, le mercure frappe le sommet du tube avec un bruit sec et métallique quand on enfonce le tube dans la cuvette, ou qu'on l'incline de façon à le remplir complètement.

66. Baromètre normal. — Le baromètre normal, construit par Regnault, est le plus précis de tous ; le tube a de 20 à 25^{mm} de diamètre pour éviter la dépression due à la capillarité ; la cuvette, large pour que le niveau soit plan, est en fonte avec une paroi de verre (*fig.* 81). A l'une des parois est fixée une vis verticale, en acier, terminée en pointe, que l'on peut faire tourner jusqu'à ce que la pointe inférieure touche exactement la surface du mercure dans la cuvette. La longueur de cette vis a été déterminée une fois pour toutes, et la hauteur barométrique s'obtient en y ajoutant la distance verticale de la pointe supérieure de la vis au niveau du mercure dans le tube ; cette distance est mesurée au moyen d'un appareil spécial, composé d'une lunette horizontale mobile le long d'une règle rigoureusement verticale, graduée en millimètres.

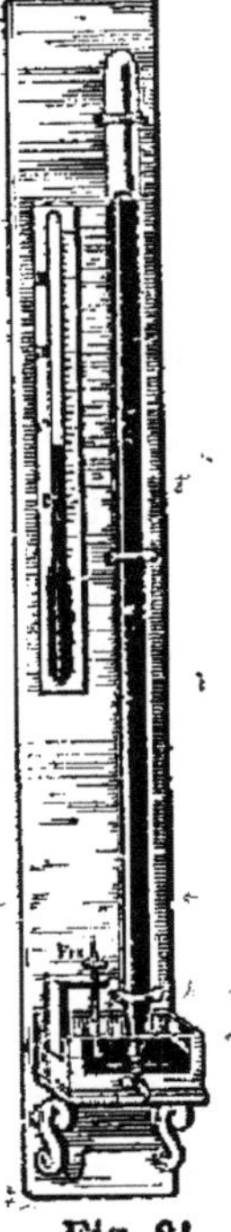

Fig. 81.
Baromètre de Regnault.

Un thermomètre, fixé à la planche qui soutient le tube, donne la température au moment de l'observation, et permet de faire une correction destinée à ramener la hauteur barométrique à ce qu'elle serait à 0°.

Ce baromètre est très coûteux, il n'est pas portatif, et ne donne pas directement la hauteur du mercure ; aussi ne l'emploie-t-on que dans les observatoires, et pour les expériences de laboratoire.

67. Baromètre de Fortin. — Le baromètre de Fortin a sur le précédent l'avantage de permettre la lecture directe de la hauteur barométrique, et d'être transportable grâce à sa *cuvette à fond mobile :* mais il est moins précis parce que la dépression capillaire n'est pas évitée. La cuvette est formée d'un cylindre de buis (*fig.* 82) à la partie supérieure duquel est mastiqué un cylindre de verre pour laisser voir le niveau, et dont le fond est un sac en peau

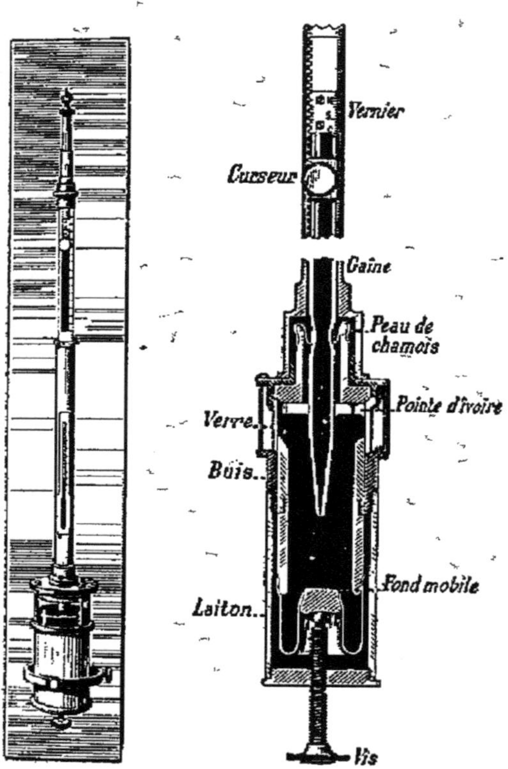

Fig. 82. — Baromètre de Fortin.

de chamois ficelé sur le buis ; ce fond peut être soulevé ou abaissé à l'aide d'une vis qui s'appuie sur un petit disque de buis et dont l'écrou est dans la gaine de laiton qui enveloppe la cuvette. La partie supérieure de la cuvette est en buis, et porte une pointe d'ivoire à laquelle on amène toujours le niveau du mercure quand on veut faire une observation.

Le tube, large seulement de 7 à 10^{mm} pour employer moins de mercure, est fixé à la cuvette à l'aide d'une peau de chamois, liée sur le tube et sur le haut de la cuvette, ce qui permet à la pression atmosphérique de s'exercer sans laisser sortir le mercure. Le tube est enfermé dans un étui de laiton qui porte une graduation en millimètres dont le zéro correspond à la pointe d'ivoire ;

cet étui présente deux fenêtres longitudinales parallèles pour laisser voir le niveau du mercure ; et un curseur mobile dans cette fenêtre porte une graduation spéciale, ou vernier, qui permet d'évaluer la hauteur à 1/10 de millimètre près.

Quand on veut transporter le baromètre de Fortin, on soulève le fond de la cuvette de façon à remplir complètement la cuvette et le tube ; on peut alors, pour éviter que le choc du mercure ne brise le tube, retourner l'appareil sans craindre la rentrée de l'air dans la chambre barométrique. Pour faire une observation, on retourne le baromètre, on le suspend par un trépied muni

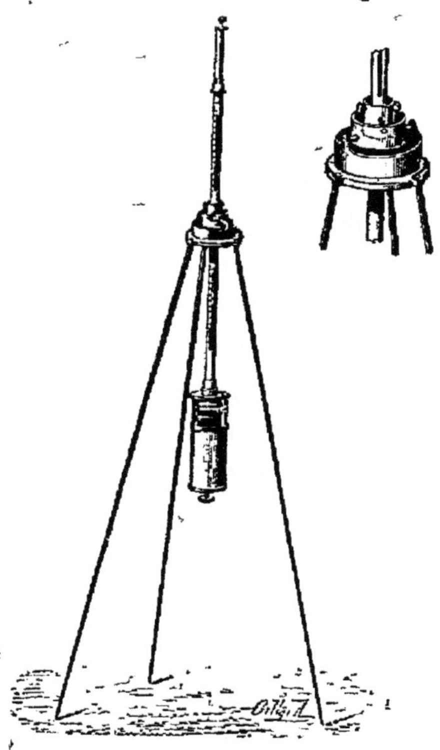

Fig. 83. — Suspension à la Cardan.

d'une suspension à la Cardan (*fig.* 83) afin qu'il soit bien vertical ; on tourne la vis pour amener le niveau du mercure dans la cuvette à la pointe d'ivoire, on déplace le curseur jusqu'à ce que le rayon visuel passant par les deux bords supérieurs des fenêtres qui y sont percées soit tangent au sommet du mercure, et on lit le chiffre de la graduation qui correspond à ces bords. Le résultat doit subir les corrections relatives à la capillarité et à la température.

68. Baromètre ordinaire à cuvette. — Dans la pratique, où l'on n'a pas besoin de mesures si précises, on retourne simplement le tube barométrique sur une cuvette élargie dans la région du niveau du mercure, pour que ce niveau varie peu quand le mercure monte ou descend dans le tube (*fig.* 84), et rétrécie inférieurement pour employer moins de mercure ; la cuvette est presque complètement fermée en haut, où elle se rattache au tube par une peau de chamois, afin d'éviter l'entrée des poussières. Le tout est fixé sur une planche qui doit être bien verticale, et qui porte une graduation en millimètres dont le zéro correspond au niveau du mercure dans la cuvette. Ce niveau n'étant pas constant, l'appareil n'est pas précis ; mais si l'on a soin de régler la quantité de mercure de telle sorte que malgré les variations de pression, le liquide ne rentre pas dans la partie sphérique, ni n'atteigne les parois latérales de la cuvette, le mercure s'étale plus ou moins sur le fond élargi, en conservant la même épaisseur, et le niveau est sensiblement constant.

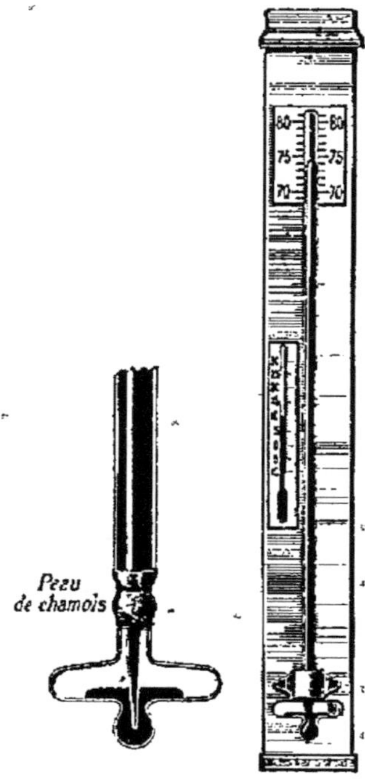

Fig. 84. — Baromètre à cuvette.

69. Baromètre à siphon. — Le baromètre à siphon se compose d'un tube recourbé (*fig.* 85) à branches inégales : la grande, longue d'au moins 80^{cm}, est fermée, la petite, ouverte, sert de cuvette. La grande branche ayant été remplie de mercure, si on redresse le tube verticalement, la courbure en bas, le mercure descend dans la grande branche et monte dans la petite jusqu'à ce que la distance verticale des niveaux dans les deux branches soit égale à la hauteur barométrique ; en effet, la colonne de mercure soulevée dans la grande branche, au-dessus du plan horizontal passant par le niveau du mercure dans la petite, fait équilibre à la pression atmosphérique qui s'exerce sur ce niveau.

Le niveau du mercure dans la branche ouverte étant très variable, on peut placer le zéro de la graduation vers le milieu de la planche verticale qui porte l'appareil, et pour avoir la hauteur barométrique on fait la somme des distances du zéro aux deux niveaux.

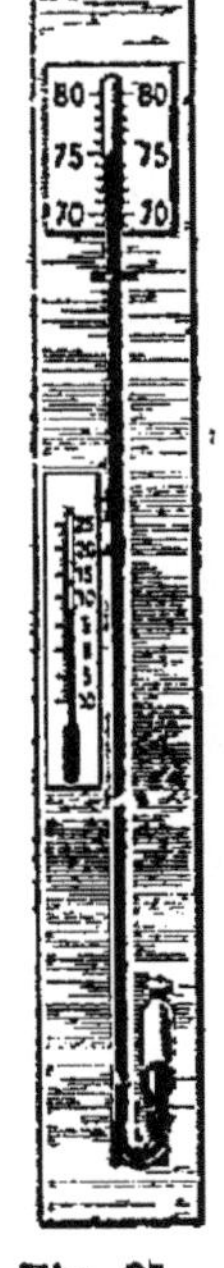

Fig. 85.
Baromètre à
siphon.

70. Baromètre à cadran. — Pour les baromètres d'appartement, on dissimule souvent le tube du baromètre à siphon derrière une planche plus ou moins ornée qui porte un cadran sur lequel se meut une aiguille indiquant la pression atmosphérique (*fig.* 86). Cette aiguille est fixée à une poulie très mobile sur laquelle passe un fil portant à une de ses extrémités un petit flotteur de fer qui repose sur le mercure de la branche ouverte, et à l'autre un contre-poids un peu moins lourd que le flotteur.

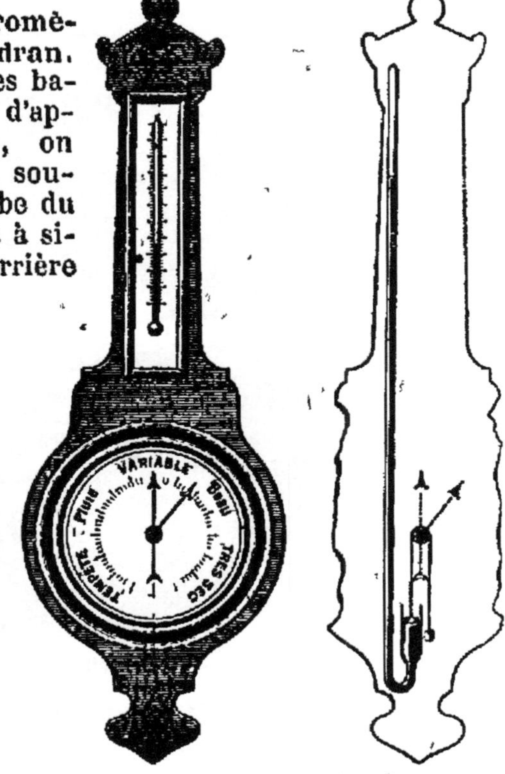

Fig. 86. — Baromètre à cadran.

Quand la pression atmosphérique augmente, le mercure monte dans la grande branche et descend dans la petite. le flotteur descend et fait tourner la poulie et l'aiguille vers la droite, par exemple; si la pression diminue, le mercure monte dans la branche ouverte, soulève le flotteur, et le contrepoids entraîne l'aiguille dans l'autre sens. On gradue l'appareil par comparaison avec un baromètre de précision.

Le baromètre à cadran n'est pas précis, à cause du frottement de la poulie; on le remplace le plus souvent aujourd'hui par les baromètres métalliques.

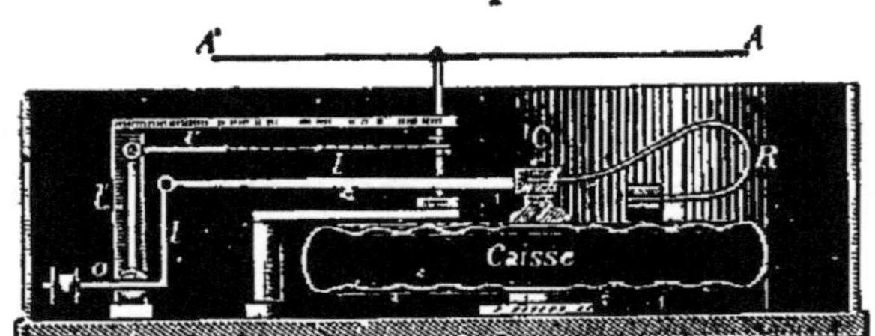

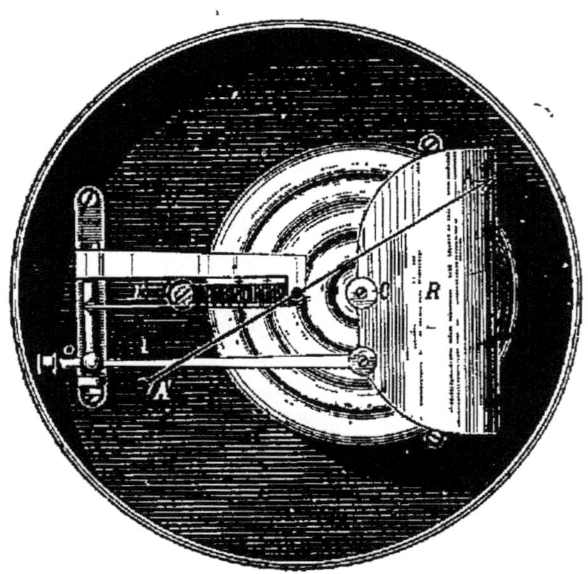

Fig. 87. — Baromètre métallique de Vidi.

74. Baromètre métallique de Vidi. — Le plus employé des baromètres anéroïdes est le baromètre de Vidi, qui se compose d'une caisse métallique, à parois minces, dont la face supérieure présente des cannelures circulaires qui en augmentent la flexibilité et dans laquelle on a raréfié l'air (*fig.* 87). La pression atmosphérique tend à aplatir la caisse, tandis qu'un ressort R tend à soulever la face cannelée ; suivant les variations de la pression, cette face est donc plus ou moins déprimée, et ses mouvements sont transmis par l'intermédiaire d'une colonne métallique C, de leviers l, l', qui les amplifient, et d'une chaînette, à une aiguille qui se déplace sur un cadran, gradué par comparaison avec un baromètre à mercure.

Les baromètres métalliques sont très commodes, peu encombrants et solides, donc très portatifs, sensibles et peu coûteux ; mais ils ne sont pas précis parce que l'élasticité des pièces métalliques change assez rapidement, et leurs indications ne sont plus exactes ; ils doivent être réglés assez souvent par une nouvelle comparaison avec un baromètre à mercure.

72. Usages des baromètres. — Les baromètres ne sont destinés en réalité qu'à indiquer à chaque instant la pression atmosphérique ; mais dans la pratique on s'en sert pour la mesure des hauteurs, et surtout pour la prévision du temps.

Evaluation de la pression atmosphérique. — Pour avoir la mesure précise de la pression atmosphérique il faut, comme on l'a déjà vu, faire subir à la hauteur lue sur le baromètre des corrections relatives à la capillarité et à la température : si la température s'élève, la densité du mercure diminue, et par suite la hauteur de la colonne de mercure qui fait équilibre à la pression de l'atmosphère augmente ; de plus, les longueurs marquées sur la règle ne sont plus égales à ce qu'elles étaient à 0° ; on ramène donc toujours la hauteur barométrique à ce qu'elle serait à 0°.

En prenant la moyenne des 24 observations successives, faites à chaque heure d'une journée, on obtient la hauteur moyenne du jour ; la moyenne des moyennes de tous les jours d'un mois donne la moyenne mensuelle ; celle des moyennes de tous les mois d'un an, la moyenne annuelle. On constate que la moyenne annuelle est constante dans un même lieu, mais varie d'un lieu à l'autre : elle diminue à mesure qu'on s'élève au-dessus du niveau de la mer, et dépend aussi de la latitude ; elle est de 758ᵐᵐ à l'équateur au niveau de la mer, atteint 763ᵐᵐ entre 30 et 40° de latitude, et diminue ensuite à mesure qu'on avance vers le pôle. Pour que les résultats des observations barométriques soient comparables d'un lieu à l'autre, il faut donc leur faire subir encore des corrections qui les ramènent à ce qu'ils seraient au niveau de la mer et à la latitude de 45°.

Les moyennes mensuelles varient, dans un même lieu, suivant la saison ; elles sont plus fortes en hiver qu'en été, par suite du refroidissement de l'air.

Enfin, dans une même journée, les hauteurs barométriques présentent deux sortes de variations :

1° des *variations régulières* dont la cause n'est pas encore connue, qui sont peu appréciables dans nos régions, mais très sensibles au voisinage de l'équateur où elles peuvent atteindre 2ᵐᵐ,5 ; le baromètre baisse de 10ʰ du matin, où il a sa plus grande hauteur, à 4ʰ du soir, puis monte jusque vers 10ʰ du soir pour redescendre jusque vers 4ʰ du matin et monter ensuite de nouveau ;

2° des *variations accidentelles*, qui ne se produisent dans les régions intertropicales que sur le passage des cyclones, mais qu'on observe continuellement dans nos climats. Ces variations dépendent de la température, de la vitesse et de la direction des vents : un vent froid, un courant d'air rapide descendant dont la vitesse exerce une pression sur le mercure, font monter le baromètre, tandis qu'un courant d'air ascendant, un vent chaud, le font baisser.

Prévision du temps. — L'influence des vents sur la pression atmosphérique explique la relation, observée dès que le baromètre a été connu, entre ses indications et l'état du ciel. Dans nos régions, par exemple, les vents secs, qui amènent généralement le beau temps, sont ceux du Nord-Est qui sont froids et font monter le baromètre; tandis que les vents du Sud-Ouest, qui ont passé au-dessus de l'Océan, nous apportent de l'air chaud mais chargé de vapeur d'eau qui se condense en partie en rencontrant un air plus froid, de sorte qu'ils amènent souvent la pluie en même temps qu'ils font baisser le baromètre. Aussi on ajoute ordinairement à la graduation en millimètres les indications : tempête, grande pluie, pluie ou vent, variable, beau temps, beau fixe, très sec (*fig.* 88), espacées de 9 en 9^{mm}, le mot variable correspondant à la hauteur barométrique moyenne du lieu, 758^{mm} à Paris. Ces indications ne sont que des probabilités, mais en général la montée lente et continue du baromètre annonce l'approche ou la continuation du beau temps, et un changement brusque présage une bourrasque ou de la pluie.

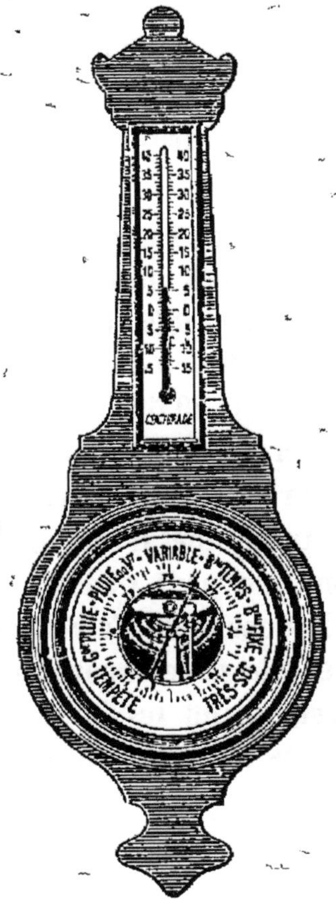

Fig. 88. — Baromètre métallique à cadran.

Les indications de temps doivent changer suivant les pays : dans les pays élevés, la hauteur barométrique est faible même quand il fait beau et le « variable » doit être placé en face de 682^{mm} à Lima et de 563^{mm} à l'hospice du Saint-Bernard; sur la côte orientale de l'Amérique du Sud, par exemple, les vents du Sud-Est qui sont froids et humides font monter le baromètre bien qu'ils amènent la pluie; et en Australie les vents secs sont chauds, de sorte que le beau temps correspond en général à une baisse du baromètre.

Il faut donc tenir compte, dans la prévision du temps, non seulement de la hauteur barométrique, mais des variations de température, de la direction du vent, de l'aspect du ciel ; en rassemblant toutes ces indications dans les *bureaux météorologiques*, on peut en déduire pour quelques jours, sur le temps, des prévisions qui sont très utiles aux marins et aux agriculteurs.

Mesure des hauteurs. — L'expérience de Pascal a montré que la pression atmosphérique diminue à mesure qu'on s'élève : le mercure étant environ 10.500 fois plus dense que l'air, sur des surfaces égales une colonne de mercure de 1^{mm} fait équilibre à une colonne d'air 10.500 fois plus haute ; le baromètre doit donc baisser de 1^{mm} quand on monte de $10^m,50$; et par suite, de la différence entre les hauteurs barométriques au pied et au sommet d'une montagne, observées au même moment, on peut déduire la hauteur de cette montagne. Mais la densité de l'air diminue rapidement quand on s'élève, elle varie encore avec la température et l'humidité ; aussi, quand les hauteurs dépassent 200^m, on doit employer des formules spéciales assez compliquées.

RÉSUMÉ DU CHAPITRE IX

Les baromètres sont des appareils destinés à mesurer la pression atmosphérique. On les divise en *baromètres à mercure*, qui sont des tubes de Torricelli construits avec du mercure sec et pur, et bien purgés d'air : et *baromètres métalliques* ou *anéroïdes*, fondés sur l'élasticité des métaux.

Le *baromètre normal* sert pour les mesures de précision ; le tube est large pour éviter la dépression capillaire, et la distance verticale des niveaux du mercure est déterminée chaque fois à l'aide d'appareils spéciaux.

Le *baromètre de Fortin* est précis et transportable; la cuvette a un fond mobile en peau de chamois, et le niveau du mercure est toujours ramené à une pointe d'ivoire d'où part la graduation marquée sur la gaine du tube.

Dans le *baromètre ordinaire*, le zéro de la graduation correspond au niveau du mercure dans la cuvette élargie, niveau qui n'est pas constant; les indications ne sont pas très précises.

Dans le *baromètre à siphon*, la cuvette est remplacée par la partie inférieure du tube qui est coudée et ouverte; on le modifie souvent pour en faire un *baromètre à cadran* dont la hauteur est indiquée par une aiguille mobile sur un cadran; il est peu précis.

Le *baromètre de Vidi* se compose d'une caisse métallique cannelée, où l'on a raréfié l'air, et dont les déformations par la pression de l'atmosphère sont transmises à une aiguille mobile sur un cadran; il est transportable et commode, mais doit être réglé souvent.

Les baromètres servent à évaluer la pression atmosphérique; on doit tenir compte de la capillarité, et ramener les hauteurs du mercure à la température de 0°. On les emploie encore pour prévoir le temps: dans nos pays, la montée régulière du baromètre présage le beau temps; et pour mesurer les hauteurs, le mercure baissant de 1^{mm} quand on s'élève d'environ $10^m,50$ dans les régions élevées de moins de 200^m au-dessus du sol.

CHAPITRE X

FORCE ÉLASTIQUE DES GAZ

73. Loi de Mariotte. — On a vu par l'expérience du briquet à air (4) que la force élastique d'un gaz augmente quand son volume diminue; pour étudier la relation qui existe entre les variations de volume et de force élastique d'un gaz, on peut répéter les expériences qui ont conduit Mariotte à énoncer la loi qui porte son nom, et qui avait été découverte presque en même temps par Boyle en Angleterre.

1° Pressions supérieures à la pression atmosphérique.
— On se sert d'un *tube de Mariotte*, qui est un tube en
verre, recourbé, à branches inégales, fixé verticalement
sur une planche portant les graduations ; la grande branche est ouverte, graduée en parties d'égale longueur, la
petite est fermée, et graduée en parties d'égale capacité
(*fig*. 89).

On verse du mercure dans le tube, et on amène le

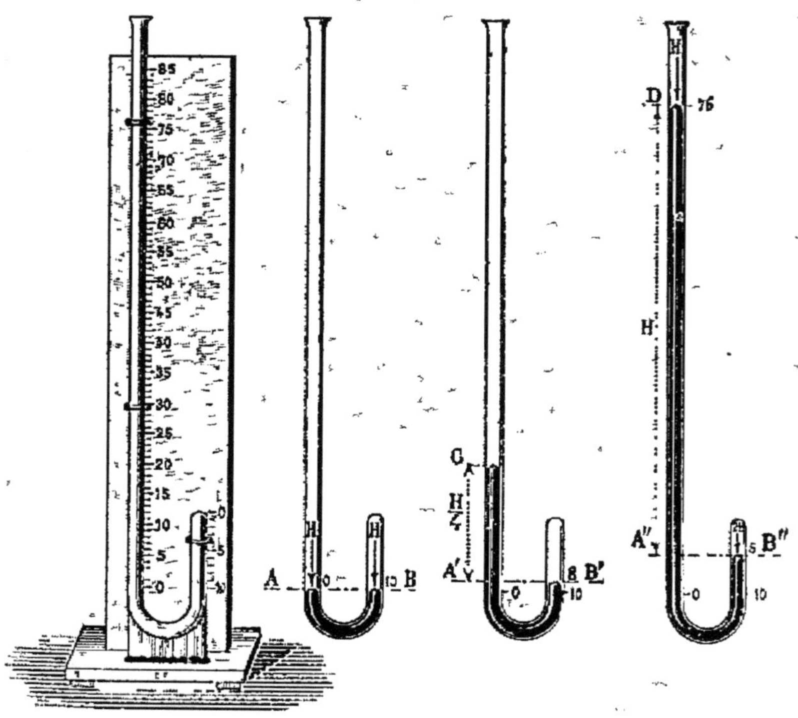

Fig. 89. — Tube de Mariotte.

niveau, en inclinant le tube dans un sens ou dans l'autre,
à être dans les deux branches sur un même plan horizontal **AB** ; l'air enfermé dans la petite branche occupe
alors un volume de 10^{cc}, par exemple, et sa force élastique est égale à la pression atmosphérique, puisqu'elle fait

équilibre à la pression exercée par l'atmosphère sur le même plan horizontal, dans la branche ouverte ; elle est donc mesurée par la hauteur barométrique, 76^{cm} par exemple, au moment de l'expérience.

On verse du mercure dans la grande branche, et l'on voit qu'il monte bien moins vite dans la branche fermée, ce qui prouve que l'air enfermé augmente de force élastique ; on amène ainsi cet air à occuper un volume de 8^{cc} par exemple, ou $\frac{4}{5}$ du volume primitif. L'air enfermé exerce sur B' une pression qui fait équilibre à la pression exercée en A' sur une surface égale ; donc sa force élastique est égale à la pression de la colonne de mercure A'C augmentée de la pression atmosphérique qui s'exerce sur C ; on constate que A'C égale 19^{cm} ou un quart de la hauteur barométrique, et par suite la force élastique de l'air est devenue les 5/4 de la pression initiale quand le volume est devenu les 4/5 de ce qu'il était.

On verse encore du mercure dans la grande branche de façon à réduire le volume de l'air à 5^{cc} ou la moitié du volume primitif, et l'on voit que la hauteur A''D au-dessus du niveau dans la branche fermée est de 76^{cm} ; donc la force élastique de l'air en B'' est devenue 76^{cm}, plus la pression atmosphérique qui s'exerce en D, ou le double de la pression primitive. La force élastique étant toujours égale à la pression supportée par le gaz, peut être mesurée par cette pression, et l'on conclut des expériences précédentes que :

A une même température, les volumes occupés successivement par une même masse de gaz varient en raison inverse des pressions qu'elle supporte.

2° Pressions inférieures à la pression atmosphérique.
— Pour voir comment varie la force élastique d'un gaz quand son volume augmente, on se sert d'un tube barométrique gradué en parties d'égale capacité, qu'on remplit incomplètement de mercure de façon à y laisser de l'air, et qu'on retourne sur une *cuvette profonde* contenant du mercure; cette cuvette est formée d'un tube de fer, fermé à sa partie inférieure, et portant à sa partie supérieure un vase de verre plus large (*fig.* 90). On enfonce le tube jusqu'à ce que le niveau du mercure y soit le même que dans la cuvette; l'air enfermé occupe alors un volume de 10^{cc}, par exemple, et sa force élastique est

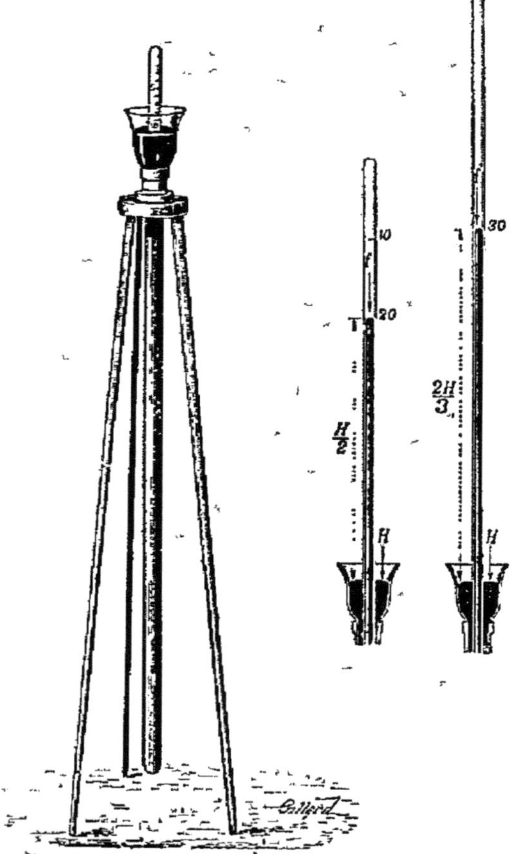

Fig. 90. — Vérification de la loi de Mariotte pour les pressions inférieures à la pression atmosphérique.

égale à la pression atmosphérique, soit 75^{cm} au moment de l'expérience.

On soulève le tube, et l'on constate que le mercure monte dans le tube à mesure que le volume de l'air augmente : la force élastique de l'air enfermé ne fait donc plus équilibre à la pression atmosphérique ; si le volume du gaz est devenu 20cc, ou le double du volume primitif, on voit que la distance verticale des deux niveaux du mercure est de 37cm,5 ; or, sur des surfaces égales prises sur le plan du niveau inférieur, dans le tube et à l'extérieur, les pressions sont égales ; donc la force élastique de l'air du tube augmentée du poids de la colonne de mercure soulevée fait équilibre à la pression atmosphérique ; et par suite, la force élastique de cet air est égale à

$$75^{cm} - 37^{cm},5 = 37^{cm},5,$$

ou la moitié de la pression primitive.

Si on soulève encore le tube de façon à faire occuper à l'air un volume de 30cc, on voit que la hauteur de mercure soulevée est de 50cm ; la force élastique de l'air est donc $75 - 50 = 25^{cm}$, ou le tiers de la hauteur barométrique, et par suite, quand son volume est devenu trois fois plus grand, sa force élastique est devenue trois fois plus petite ; la loi de Mariotte est donc encore vérifiée.

74. Application de la loi de Mariotte. — Si l'on représente par V le volume occupé par une masse de gaz quand sa force élastique est égale à la pression d'une colonne de mercure de Hcm ; par V′ le volume de la même masse de gaz quand sa force élastique est H′, la température n'ayant pas changé, d'après la loi de Mariotte on a

$$\frac{V}{V'} = \frac{H'}{H},$$

où d'après la propriété fondamentale des proportions,

$$V \times H = V' \times H'.$$

Si la même masse de gaz occupe successivement les

volumes V'', V''', ..., les forces élastiques correspondantes étant H'', H''', ..., on aura de même :

$$\frac{V}{V''} = \frac{H''}{H}, \qquad \frac{V}{V'''} = \frac{H'''}{H}, \qquad ...,$$

d'où l'on tire

$$V \times H = V' \times H' = V'' \times H'' = V''' \times H''' ... ;$$

ce qui conduit à énoncer la loi de Mariotte sous cette autre forme : *Pour une même masse de gaz, quand la température ne change pas, le produit du nombre qui mesure le volume par celui qui mesure la force élastique est constant.*

Ces formules permettent de trouver facilement le volume qu'occupera une masse gazeuse déterminée si la pression qu'elle supporte varie, ou la force élastique qu'elle acquerra si l'on fait varier son volume. Par exemple, si une masse gazeuse occupe un volume de 3^{lit} sous une pression de 75^{cm}, et qu'on la comprime de façon à réduire son volume à $2^{lit}5$, d'après la formule $V \times H = V' \times H'$, on a

$$3 \times 75 = 2,5 \times H',$$

d'où l'on tire

$$H' = \frac{3 \times 75}{2,5} = 90 ;$$

la force élastique du gaz sera donc de 90^{cm}.

De la loi de Mariotte, il résulte encore que, si la température reste constante, *le poids spécifique d'un gaz varie proportionnellement à la pression qu'il supporte :* si par exemple on rend trois fois plus grande la pression supportée par une masse gazeuse, son volume devient trois fois plus petit, et comme son poids n'a pas changé, le poids de l'unité de volume est devenu trois fois plus grand.

75. REMARQUE. — Les expériences de Mariotte ont été reprises sur des gaz autres que l'air, et avec des appareils permettant d'obtenir des pressions très considérables et de les mesurer avec une grande précision. On a reconnu ainsi qu'aucun gaz ne suit rigoureusement la loi de

Mariotte: tous, sauf l'hydrogène, se compriment plus que la loi ne l'indique ; l'hydrogène se comprime moins à la température ordinaire ; dans les deux cas, l'écart augmente avec la pression.

Mais la différence entre les résultats calculés d'après la loi et ceux qu'on observe par l'expérience est très faible ; elle est de 2/10000 pour 24 atmosphères pour l'air, de 79/10000 pour 12 atmosphères pour le gaz carbonique, et en général elle ne devient sensible que pour les pressions très fortes, ou les gaz voisins de leur point de liquéfaction. Dans la pratique on peut donc regarder la loi de Mariotte comme exacte, et l'appliquer au calcul des changements de volume ou de force élastique des gaz difficiles à liquéfier, tant que la pression ne dépasse pas 10 à 12 atmosphères.

76. Mélange des gaz. — Quand on met en présence plusieurs gaz n'ayant aucune action chimique l'un sur l'autre, ils se mélangent, au lieu de se superposer par ordre de densité comme les liquides ; et en vertu de leur expansibilité chacun occupe l'espace total comme s'il était seul. Cette *diffusion* des gaz a été prouvée par Berthollet à l'aide de l'expérience suivante : il vissa l'un sur l'autre deux ballons égaux munis de garnitures métalliques à robinet (*fig.* 91), contenant, le ballon supérieur de l'hydrogène, l'inférieur du gaz carbonique, 22 fois plus dense que l'hydrogène, tous deux à la pression atmosphérique. Il les plaça dans les caves de l'Observatoire, de façon à éviter les variations de température et les trépidations qui auraient pu faciliter le mélange des gaz ; puis il ouvrit les robinets. Au bout de quelques heures, il trouva que les ballons contenaient chacun un mélange en parties égales d'hydrogène et de gaz carbonique, et que la pression n'avait pas changé : en effet, le volume de chacun des gaz étant devenu double puisque chaque gaz remplit les deux

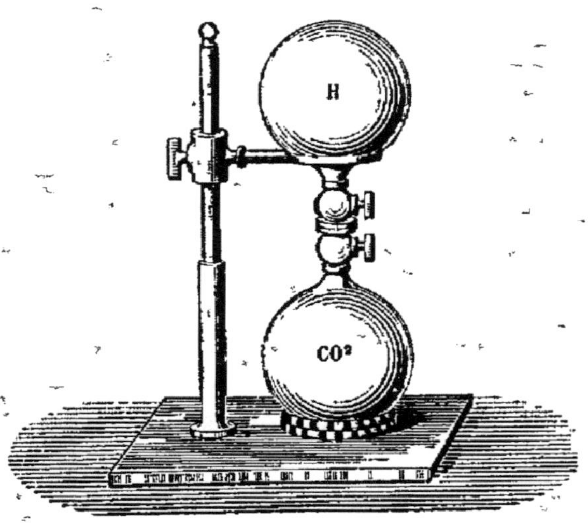

Fig. 91. — Expérience de Berthollet.

ballons, sa force élastique est devenue la moitié de la pression atmosphérique et la pression totale est encore d'une atmosphère.

En répétant la même expérience avec d'autres gaz et sous des pressions différentes, on trouve toujours des résultats analogues ; d'où l'on peut déduire la loi suivante : *Quand on mélange plusieurs gaz sans action chimique l'un sur l'autre, chacun d'eux occupe le volume total du récipient avec la force élastique qu'il aurait s'il était seul ; et la force élastique du mélange est égale à la somme de celles de tous les gaz, la température restant constante.*

L'air, par exemple, est formé d'azote et d'oxygène, et l'on dit généralement qu'il renferme 4/5 de son volume d'azote et 1/5 d'oxygène ; en réalité, 1^{lit} d'air renferme

1ᴵⁱᵗ d'azote, mais ayant une force élastique de 4/5 d'atmosphère ; et 1ᴵⁱᵗ d'oxygène ayant une force élastique de 1/5 d'atmosphère.

La diffusion des gaz explique la rapidité avec laquelle les odeurs se répandent dans l'air, et l'évaporation des liquides volatils, dans l'air comme dans un espace vide ; elle contribue à maintenir constante la composition de l'atmosphère, en dispersant les gaz produits, dans des régions limitées, par les respirations et les combustions.

77. Dissolution des gaz. — Les gaz non seulement se pénètrent réciproquement, mais encore ils sont *solubles*, c'est-à-dire qu'ils tendent à pénétrer l'eau et la plupart des liquides, sauf le mercure.

La quantité de gaz qui se dissout dans un volume déterminé de liquide n'est pas toujours la même ; elle dépend : 1° de *la nature du gas* : 1ᴵⁱᵗ d'eau, par exemple, dissout à 0° sous la pression atmosphérique 20ᶜᶜ d'azote, 41ᶜᶜ d'oxygène, 1ᴵⁱᵗ de gaz carbonique, plus de 1 000ᴵⁱᵗ de gaz ammoniac ; 2° de *la température* : la quantité de gaz dissoute diminue quand la température s'élève ; ainsi, quand on chauffe de l'eau dans un ballon, on voit se produire de fines bulles dans la masse du liquide : ce sont les gaz que l'eau tenait en solution qui se dégagent ; 3° de *la pression :* en comprimant à 5 atmosphères, par exemple, du gaz carbonique au-dessus de l'eau, on en fait dissoudre 5ᴵⁱᵗ par litre d'eau, au lieu de 1ᴵⁱᵗ qui serait dissous à la pression atmosphérique (fabrication de l'eau de Seltz) ; 4° de *la nature du dissolvant :* le gaz carbonique, le méthane et la plupart des carbures d'hydrogène sont plus solubles dans l'alcool que dans l'eau.

Les lois de la solubilité des gaz expliquent la fabrication des eaux gazeuses, la production des boissons mousseuses : si du vin, du cidre, de la bière sont mis en bouteille avant que la fermentation soit terminée, le gaz carbonique qui se forme s'accumule au-dessus du liquide et s'y dissout sous pression ; quand on débouche la bouteille, la pression diminuant le gaz se dégage en produisant une mousse plus ou moins durable suivant la viscosité du liquide.

C'est encore par suite de la solubilité de l'air dans l'eau que les animaux et les plantes aquatiques trouvent dans l'eau l'air nécessaire à tout être vivant, tandis qu'ils meurent dans l'eau récemment bouillie parce qu'elle a perdu les gaz qu'elle tenait en dissolution.

Mesure de la force élastique des gaz.

78. Manomètres. — Les manomètres sont des appareils destinés à mesurer la force élastique des gaz et des vapeurs. On les emploie non seulement dans les expériences de laboratoire, mais surtout dans l'industrie pour déterminer à chaque instant la pression des gaz ou de la vapeur dans les réservoirs, les chaudières, etc.

On les divise en trois groupes : les *manomètres à air libre*, les *manomètres à air comprimé* et les *manomètres métalliques*.

79. Manomètres à air libre. — Le manomètre le plus simple et le plus précis est celui *de Regnault :* c'est un tube de Mariotte modifié de façon à pouvoir être mis facilement en communication avec les récipients contenant les gaz. Pour cela, l'une des branches du tube peut être reliée au récipient à gaz (*fig.* 92) ; si cette branche est ouverte à l'air libre, le niveau du mercure est le même dans les deux branches ; si elle est mise en communication avec un gaz dont la force élastique est supérieure à la pression atmosphérique, le mercure baisse dans la branche en communication avec le gaz, monte dans la branche ouverte, et la force élastique du gaz est égale à la pression atmosphérique augmentée de la hauteur h du mercure au-dessus du plan passant par le niveau inférieur.

Si la force élastique du gaz est inférieure à la pression

atmosphérique, le mercure monte dans la branche qui communique avec le gaz, descend dans l'autre, et la force élastique du gaz est égale à la pression atmosphérique qui s'exerce dans la branche ouverte, diminuée de la hauteur du mercure soulevé dans l'autre branche au-dessus du niveau dans la branche ouverte.

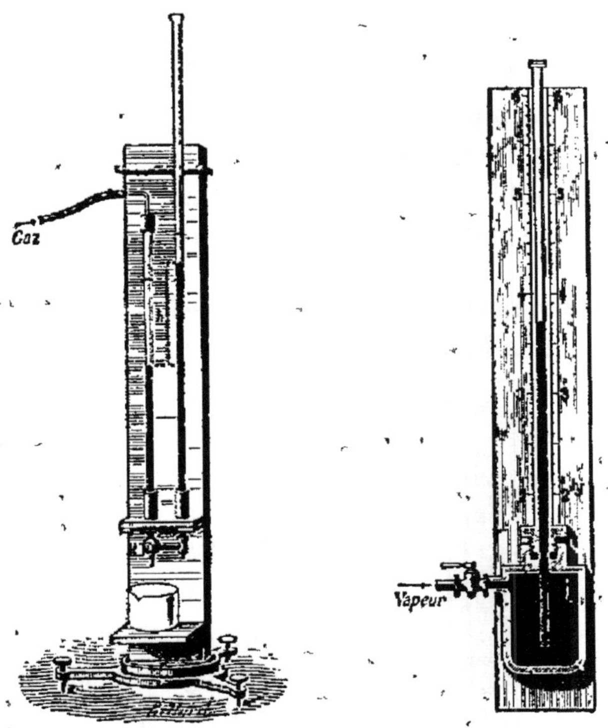

Fig. 92. — Manomètre
à air libre de Regnault.

Fig. 93. — Manomètre
à cuvette à air libre.

Dans l'industrie, où l'on n'a pas besoin d'avoir des mesures très précises, ni d'évaluer des pressions inférieures à la pression atmosphérique, on remplace souvent la branche où s'exerce la pression du gaz, par une cuvette élargie, (*fig.* 93), qui peut être mise en communication par un tube à robinet avec le gaz dont on cherche la force élastique. On ne tient pas compte alors des variations du niveau du mercure dans la cuvette; et l'on gradue l'appareil en *atmosphères*, c'est-à-dire qu'on marque sur la planche verticale qui porte le tube, 1, 2, 3... atmosphères à 1, 2, 3... fois 76^{cm} au-dessus du niveau du mercure dans la cuvette.

Les manomètres à air libre sont les meilleurs; mais si les pressions à mesurer sont fortes, la branche ouverte doit être très longue : pour 7 atmosphères, par exemple, elle doit avoir plus de 6 fois 76^{cm} ou 4^m,56 ; ils sont donc encombrants, fragiles et ne peuvent être utilisés dans les machines mobiles comme les locomotives; de plus, la lecture en devient difficile quand le niveau est très élevé.

80. **Manomètres à air comprimé.** —Pour éviter l'emploi d'un tube très long quand les pressions à évaluer sont fortes, on emploie les manomètres à air comprimé, qui ne diffèrent des précédents qu'en ce qu'une des branches est fermée au lieu d'être ouverte (*fig.* 94). La force élastique du gaz est alors égale à la différence des deux niveaux du mercure, augmentée de la force élastique de l'air enfermé, qui croît à mesure que le volume de cet air diminue;

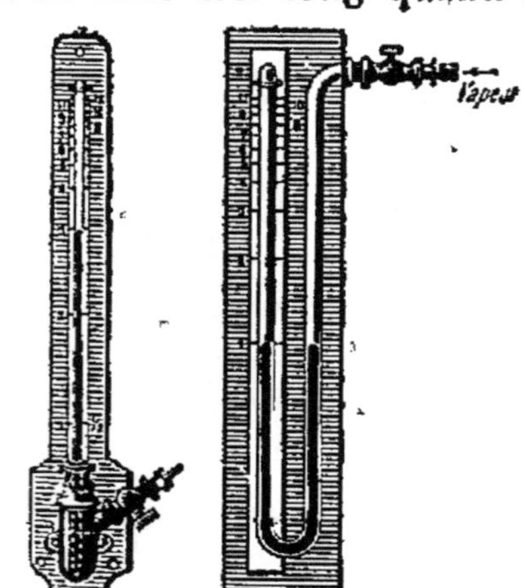

Fig. 94. — Manomètres à air comprimé.

le mercure monte donc moins vite dans la branche fermée que dans le manomètre à air libre.

Dans l'industrie, on emploie souvent une cuvette en

fonte, dans laquelle le tube fermé est mastiqué, et qui porte un tube à robinet pour établir la communication avec le gaz dont on cherche la force élastique.

On gradue ces manomètres par comparaison avec un manomètre à air libre : on règle la quantité d'air contenu dans la branche fermée de façon que le niveau du mercure soit le même dans le tube que dans la cuvette ou la seconde branche quand le robinet est ouvert à l'air libre; puis on met l'appareil et un manomètre à air libre en communication avec un même réservoir où l'on comprime de l'air; le mercure monte dans les deux appareils, et l'on marque sur le manomètre à air comprimé, en face du niveau du mercure, la pression indiquée au même moment par le manomètre à air libre.

On constate que les traits indiquant la graduation en atmosphères vont en se rapprochant à mesure que la pression est plus forte ; la sensibilité de l'appareil diminue donc quand la force élastique augmente, c'est-à-dire au moment où cette force doit être déterminée avec le plus de précision, à cause des accidents qu'elle pourrait produire.

84. Manomètres métalliques. — Les manomètres à air comprimé sont le plus souvent remplacés aujourd'hui, dans l'industrie, par les manomètres métalliques, qui reposent sur l'élasticité des métaux et qui sont moins encombrants et moins fragiles, par suite bien plus commodes pour les machines mobiles.

Le plus simple et le plus employé est le *manomètre de Bourdon*, qui se compose d'un tube en laiton, mince, à section elliptique, enroulé en spirale (*fig.* 95). L'extrémité inférieure peut être mise en communication par un tube à robinet R avec le gaz ou la vapeur dont on cherche la pression ; l'extrémité supérieure, fermée et libre, se

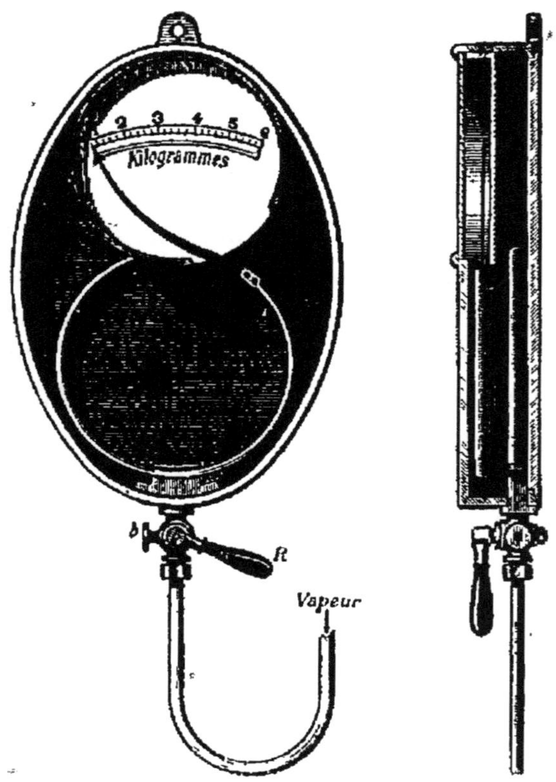

Fig. 95. — Manomètre de Bourdon.

termine par une aiguille qui se déplace devant un cadran. La pression du gaz qui pénètre dans le tube tend à le dérouler et fait avancer l'aiguille sur le cadran ; si cette pression diminue ou cesse, le tube revient à sa première forme à cause de son élasticité.

On gradue cet appareil par comparaison avec un manomètre à air libre, de la même façon que le manomètre à air comprimé ; le plus souvent on indique les pressions en kilogrammes par centimètre carré, ce qui diffère peu de la pression en atmosphères, puisqu'une pression de un kilogramme correspond au poids d'une colonne de mercure de 73^{cm},5 environ.

Les divisions du cadran sont égales, la sensibilité de l'appareil est donc la même quelle que soit la pression ; mais l'élasticité des pièces métalliques change rapidement, surtout quand ces pièces sont en communication avec des vapeurs chaudes ; et par suite les indications ne sont plus exactes ; il faut, comme pour les baromètres métalliques, rectifier souvent la graduation.

RÉSUMÉ DU CHAPITRE X

Quand on fait varier le volume d'un gaz, sa force élastique change suivant la loi de Mariotte : *A une même température, les volumes occupés successivement par une même masse de gaz varient en raison inverse des pressions qu'elle supporte.* On le vérifie, pour les pressions supérieures à la pression atmosphérique, avec le *tube de Mariotte*, tube recourbé dont une des branches est fermée, et l'autre branche ouverte ; pour les pressions inférieures à la pression atmosphérique, avec un tube barométrique incomplètement rempli, qu'on retourne sur la *cuvette profonde*.

On énonce encore la loi de Mariotte sous cette forme : *Pour une même masse de gaz, quand la température ne change pas, le produit du nombre qui mesure le volume par celui qui mesure la force élastique est constant.*

La loi de Mariotte n'est pas rigoureuse : tous les gaz, sauf l'hydrogène, se compriment plus que la loi ne l'indique ; l'écart augmente avec la pression, et pour les gaz voisins de leur liquéfaction.

Quand on mélange plusieurs gaz sans action chimique l'un sur l'autre, chacun d'eux occupe le volume total du récipient, avec la force élastique qu'il aurait s'il était seul ; la force élastique du mélange est égale à la somme de celles de tous les gaz.

Les gaz se dissolvent dans les liquides ; le volume de gaz dissous varie avec la nature du gaz et du dissolvant, la température et la pression.

Les manomètres sont des appareils destinés à mesurer la force élastique des gaz et des vapeurs. Les *manomètres à air libre* sont des tubes de Mariotte un peu modifiés ; ce sont les plus précis, mais ils sont encombrants et fragiles pour les fortes pressions. Dans le *manomètre à air comprimé* la force élastique de l'air contenu dans la branche fermée empêche le mercure de monter aussi vite à mesure que la pression augmente; on le gradue par comparaison; il est moins encombrant mais moins précis.

Le *manomètre de Bourdon* repose sur l'élasticité des métaux ; on le gradue par comparaison ; il n'est ni encombrant, ni fragile, mais son élasticité varie rapidement.

CHAPITRE XI
MACHINE PNEUMATIQUE

82. Principe de la machine pneumatique. — La machine pneumatique est un appareil destiné à enlever un gaz d'un récipient clos. Elle a été inventée par Otto de Guéricke vers 1650.

La machine pneumatique, réduite à ses parties essen-

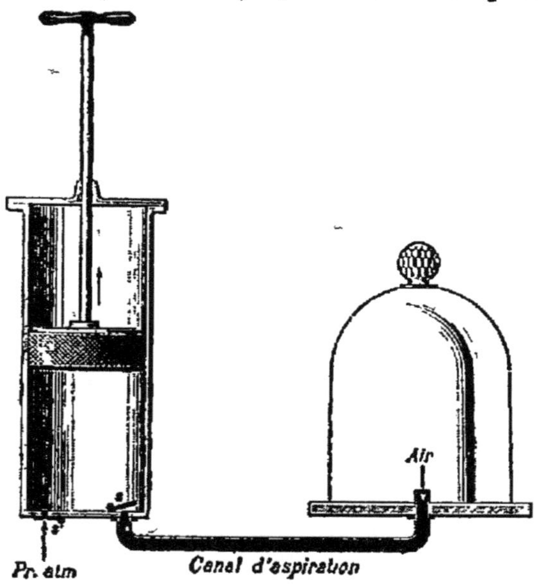

Fig. 96. — Principe de la machine pneumatique. Ascension du piston.

tielles, se compose d'un corps de pompe dans lequel se meut un piston (*fig.* 96); il communique avec le récipient dans lequel on veut raréfier le gaz par un canal dont l'orifice est muni d'une soupape *s* s'ouvrant de bas en haut, et avec l'atmosphère par une ouverture munie d'une soupape *s'* s'ouvrant de haut en bas.

Supposons que le récipient, plein d'air à la pression atmosphérique, ait une capacité de 4^{lit}, et le corps de pompe une capacité de 1^{lit}; si le piston est en bas de sa course et qu'on le soulève, le vide tend à se faire au-dessous de lui, la pression atmosphérique qui s'exerce sur la soupape *s'* la ferme, tandis que la soupape *s* qui ne supporte aucune pression au-dessus et qui est pressée en dessous par l'air du récipient, se soulève. L'air qui remplissait le récipient se répand dans le corps de pompe, son volume devient $4 + 1 = 5^{lit}$ et sa force élastique devient, d'après la loi de Mariotte, les 4/5 de la pression atmosphérique.

Quand le piston est en haut de sa course, la soupape *s* également pressée des deux côtés, se ferme par son poids, et reste fermée si on abaisse le piston, puisque l'air qui est dans le corps de pompe diminue de volume et augmente de force élastique ; mais il arrive un moment où la force élastique de cet air devient supérieure à la pression atmosphérique, alors la soupape *s'* s'ouvre et l'air du corps de pompe s'échappe dans l'atmosphère (*fig.* 97). Il ne reste donc plus dans l'appareil, quand le piston est au bas de sa course, qu'une masse d'air occupant le volume du récipient ou 4^{lit}, sous la pression de 4/5 d'atmosphère ; et par suite on a enlevé 1/5 de la masse de gaz qui était dans le récipient.

Si on soulève de nouveau le piston, la même série de phénomènes se produit : l'air du récipient ouvre la soupape *s* et remplit le corps de pompe pendant que sa force élastique devient les 4/5 de ce qu'elle était, ou 4/5 de 4/5 d'atmosphère ; et quand on abaisse le piston, l'air du corps de pompe ouvre la soupape s' et s'échappe. On

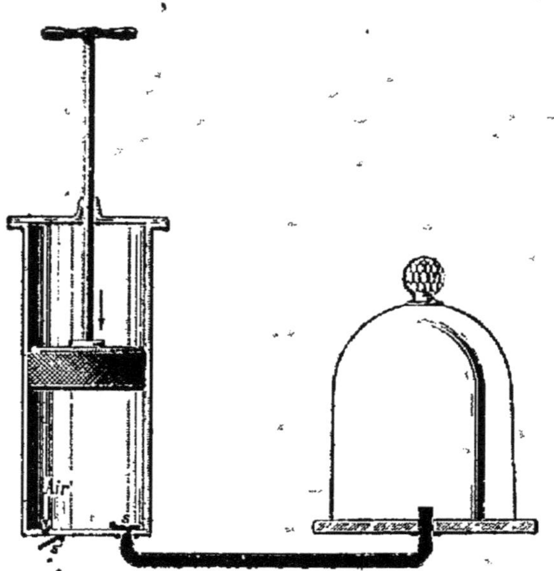

Fig. 97. — Principe de la machine pneumatique. Descente du piston,

enlève donc à chaque coup de piston 1/5 de la masse gazeuse du récipient, où la pression devient, à chaque coup, les 4/5 de ce qu'elle était après le coup précédent ; et après 10 coups de piston, par exemple, la pression dans le récipient sera $(4/5)^{10}$ de la pression initiale.

Il en résulte qu'on ne peut jamais obtenir le vide parfait avec cette machine, puisqu'on n'enlève chaque fois qu'une fraction du gaz du récipient ; et que la pression diminue de moins en moins vite.

En outre, on ne peut jamais obtenir un contact parfait entre le fond du corps de pompe et la base du piston quand celui-ci est en bas de sa course ; il existe entre eux un espace, qu'on appelle *espace nuisible*, qui reste plein d'air à la pression atmosphérique ; supposons que sa capacité soit de

1/2^{cl}. Quand le piston est arrivé en haut de sa course, l'air qui était dans l'espace nuisible s'est répandu dans tout le corps de pompe ; son volume est devenu 1^{lit} ou 200 fois plus grand, par suite sa force élastique est $\frac{1}{200}$ d'atmosphère ; donc si la force élastique du gaz dans le récipient est descendue à $\frac{1}{200}$ d'atmosphère, la soupape s sera également pressée de part et d'autre et ne s'ouvrira plus ; comme en abaissant le piston l'air du corps de pompe sera ramené au volume de l'espace nuisible et à la pression atmosphérique, la soupape s' reste fermée ; la machine ne fonctionne donc plus et cette pression de $\frac{1}{200}$ d'atmosphère est la limite de raréfaction de la machine.

On n'atteint même pas cette limite dans la pratique, parce qu'il se fait toujours, autour du piston et par les soupapes, des rentrées d'air qui compensent la sortie du gaz pendant la descente du piston, quand la pression est devenue assez faible ; le jeu de la machine ne sert plus alors qu'à maintenir la pression constante dans le récipient.

83. Machine pneumatique à deux corps de pompe. — Dans la machine telle que nous l'avons supposée, le gaz n'est enlevé du récipient que pendant l'ascension du piston ; de plus, quand la force élastique du gaz est devenue faible, la pression atmosphérique qui s'exerce sur le piston n'est plus contrebalancée par la pression du gaz qui est en dessous, et il faut, pour soulever le piston, un effort considérable : si, par exemple, le piston a 50^{cq} et que la force élastique du gaz soit de 1/10 d'atmosphère, l'effort à faire sera de 9/10 d'atmosphère ou 9/10 de 1033^{gr} par centimètre carré, soit pour tout le piston :

$$\frac{1033 \times 9 \times 50}{10} = 46^{kg},485.$$

Pour éviter ces inconvénients, la machine pneumatique

ordinaire est formée de deux corps de pompe semblables
(*fig.* 98) et les tiges des pistons présentent des crémaillères
engrenant avec une roue dentée, que l'on fait tourner
alternativement dans les deux sens à l'aide d'un levier ;

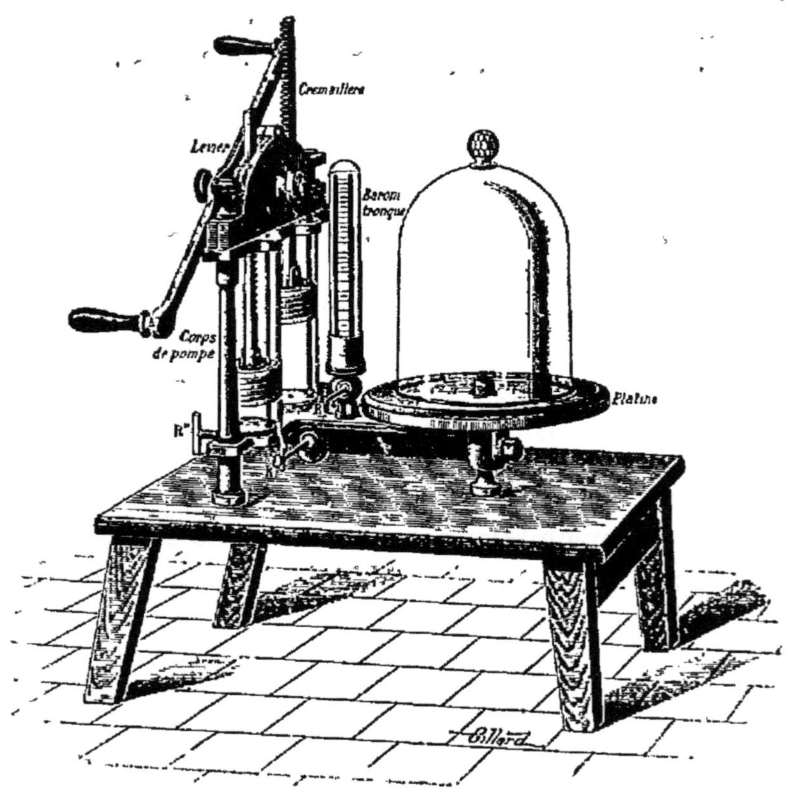

Fig. 98. — Machine pneumatique ordinaire.

de cette façon, quand l'un des pistons descend, l'autre
doit monter, et la pression atmosphérique, qui tend à
faire descendre l'un des pistons avec une force égale à la
résistance qu'elle oppose à la montée de l'autre, se trouve
neutralisée, quelle que soit la pression dans la machine.

Corps de pompe, pistons, platine. — Les corps de
pompe sont des cylindres de cristal, mastiqués sur la

plateforme de la machine, et fermés en haut par une garniture métallique. Les pistons sont formés de rondelles de cuir, graissées et serrées entre deux disques de laiton au moyen d'un écrou. Les conduits qui partent des corps de pompe se réunissent en un seul canal qui se rend au centre d'un disque de verre dépoli bien plan ou *platine*, et qui se termine par un pas de vis sur lequel on peut visser différents appareils. Le récipient dans lequel on raréfie l'air est généralement formé d'une cloche de verre dont les bords sont usés à l'émeri, et que l'on applique sur la platine après les avoir enduits de suif ou de vaseline pour rendre la fermeture hermétique.

Soupapes. — Les soupapes a et a' (*fig.* 99), qui ferment les conduits allant au canal d'aspiration, sont en forme de cône, et s'engagent dans ces conduits dont l'orifice est évasé en tronc de cône. Chaque soupape est fixée à une tige de fer qui passe à frottement dur dans le piston et qui

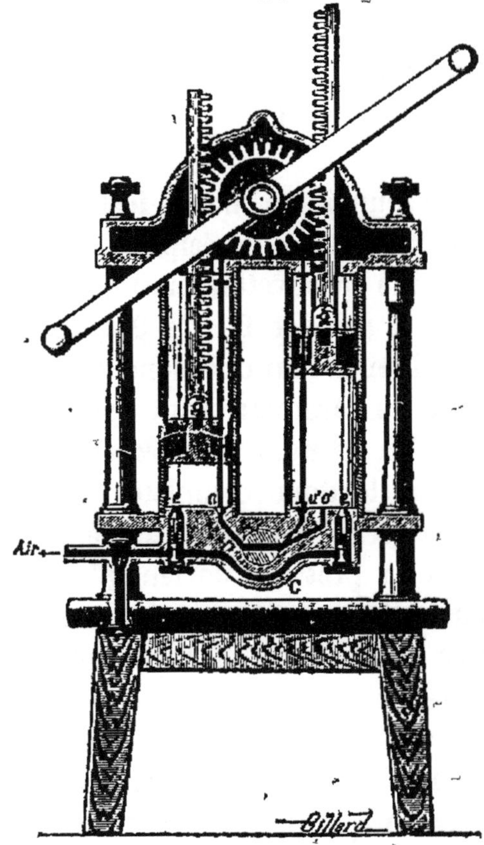

Fig. 99. — Coupe des corps de pompe
et des soupapes.

porte à sa partie supérieure un petit butoir; quand le piston monte, il entraîne la tige et ouvre la soupape; mais le butoir vient frapper la base supérieure du corps de pompe, et la tige est arrêtée tandis que le piston continue à monter en glissant sur elle; dès qu'on abaisse le piston, la tige est entraînée et la soupape ferme l'orifice du canal; la soupape fonctionne donc automatiquement, et s'ouvre même quand la pression dans le récipient est devenue trop faible pour la soulever.

Les soupapes *e*, *e'*, qui ferment les conduits par lesquels l'air s'échappe, sont aussi en forme de cône et maintenues appliquées contre l'orifice par un ressort en spirale.

Baromètre tronqué. — Pour connaître à chaque instant la force élastique du gaz qui reste dans le récipient, on place sur le canal d'aspiration une éprouvette, mastiquée dans une garniture métallique à robinet R (*fig.* 98), et qui renferme un baromètre à siphon fixé sur une planchette verticale; les deux branches de ce baromètre sont égales et n'ont que 20^{cm} environ, d'où le nom de *baromètre tronqué*; la branche fermée reste donc complètement remplie de mercure tant que la pression dans le récipient est supérieure à 20^{cm}; quand la pression devient plus faible, le mercure baisse dans cette branche, monte dans la branche ouverte, et la force élastique du gaz raréfié est mesurée par la différence des niveaux dans les deux branches. Si l'on pouvait obtenir le vide absolu, le niveau du mercure serait sur un même plan horizontal dans les deux branches; c'est de ce niveau que part, au-dessus et au-dessous du zéro, la graduation en millimètres.

Clef de la machine. — Outre le robinet R qui permet

de faire communiquer le baromètre tronqué avec le récipient; il y a sur le canal d'aspiration un robinet R' qu'on appelle la *clef* de la machine. Il permet d'interrompre la communication entre les corps de pompe et le récipient quand on a fait le vide, pour empêcher l'air qui tend à rentrer dans les cylindres d'arriver au récipient. Ce robinet présente un second canal, fermé en *v* par un petit bouchon à vis, et coudé à l'autre extrémité (*fig.* 100); ce canal, qui n'a aucun effet quand

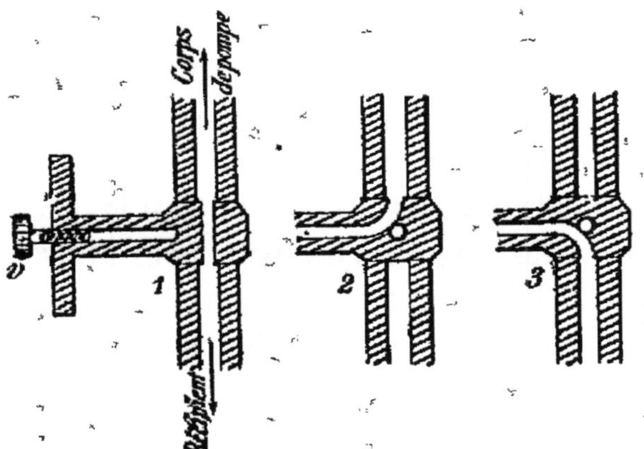

Fig. 100. — Clef de la machine.

le robinet est dans la position 1, permet, quand la communication est interrompue entre les cylindres et le récipient, en retirant le bouchon *v* de faire communiquer l'air extérieur soit avec les corps de pompe (position 2) soit avec le récipient (position 3). On peut donc faire rentrer l'air sous la cloche pour la détacher de la platine, tandis qu'il est impossible d'enlever la cloche quand le vide est fait, à cause de la pression considérable exercée sur elle par l'atmosphère.

84. Usages de la machine pneumatique. — La machine

pneumatique permet de faire un grand nombre d'expériences : nous l'avons employée pour montrer l'expansibilité des gaz (4) et leur pesanteur (57), l'effet de la résistance de l'air sur la chute des corps (tube de Newton), l'existence de la pression atmosphérique (crève-vessie, hémisphères de Magdebourg) ; dans la construction du baromètre (65).

On peut s'en servir encore pour montrer que l'air est nécessaire à la respiration et à la combustion : un oiseau, une souris, placés sous la cloche de la machine, meurent quand on fait le vide ; une bougie allumée s'y éteint, et la fumée tombe au lieu de monter comme dans l'air.

La machine pneumatique a de nombreuses applications dans l'industrie : on l'emploie pour dessécher certaines substances, pour les conserver à l'abri de l'air ; pour renouveler l'air dans les mines ; on fait le vide dans les condenseurs des machines à vapeur pour utiliser une plus grande partie de la force de la vapeur ; dans les chaudières où l'on concentre le jus de betteraves, pour activer l'évaporation ; dans les tuyaux de conduite d'eau ou de gaz, pour en vérifier les joints et la résistance, etc.

85. Machine de compression. — La machine pneumatique ordinaire peut servir aussi à comprimer un gaz dans un récipient ; il suffit pour cela de mettre ce récipient en communication avec le tube par lequel l'air s'échappait des corps de pompe (*fig.* 99), et de laisser le canal d'aspiration ouvert à l'atmosphère ou de le faire communiquer avec un réservoir du gaz que l'on veut comprimer si ce gaz n'est pas l'air.

A chaque coup de piston, le gaz qui remplit le corps de pompe est chassé dans le récipient, où la force élastique qu'il prend s'ajoute à celle du gaz qui s'y trouvait déjà ; si par exemple la capacité du corps de pompe étant encore de 1^{lit}, celle du récipient est de 3^{lit}, l'air qui remplissait le corps de pompe sous la pression atmosphérique, en arrivant dans le récipient occupe un volume de 3^{lit}, et sa force élastique devient $\frac{1}{3}$ d'atmosphère ; donc à chaque coup de piston la pression dans le récipient augmente de $\frac{1}{3}$ d'atmosphère.

La valeur de la pression que l'on peut atteindre, illimitée en théorie puisqu'à chaque coup de piston elle augmente de la même quantité, est limitée en pratique par l'existence de l'espace nuisible, et surtout par les fuites qui se produisent d'autant plus que la pression est plus forte.

On emploie généralement au lieu de cette machine des pompes de compression à un seul cylindre, beaucoup plus résistantes, mais qui fonctionnent de façon analogue.

Usages. — Les machines de compression ont de nombreuses applications : on les emploie dans les cloches à plongeur pour chasser l'eau et permettre aux ouvriers de travailler, sous l'eau, presque à pied sec ; dans les hauts fourneaux, les forges, pour envoyer de l'air dans les foyers ; dans la fabrication des boissons gazeuses, pour comprimer au-dessus du liquide le gaz qu'on veut y dissoudre ; pour le serrage automatique des freins des wagons, dans les chemins de fer, etc.

L'air comprimé est encore utilisé pour faire marcher simultanément, dans toute une ville, les aiguilles des horloges pneumatiques ; pour pousser, dans un tube reliant deux bureaux de poste, une boîte servant de piston et contenant des dépêches ou des paquets (télégraphie pneumatique).

Enfin, la force d'expansion de l'air comprimé peut remplacer la force élastique de la vapeur, et actionner des machines-outils, des moteurs, des tramways automobiles, etc.

RÉSUMÉ DU CHAPITRE XI

La *machine pneumatique* est destinée à enlever un gaz d'un récipient clos. Elle se compose essentiellement d'un corps de pompe dans lequel se meut un piston, et qui communique avec le récipient et avec l'atmosphère par des tubes fermés par des soupapes. Quand le piston monte, la soupape d'aspiration se soulève et le gaz du récipient passe en partie dans le corps de pompe ; quand le piston descend, l'autre soupape s'ouvre et le gaz s'échappe dans l'atmosphère ; la force élastique du gaz dans le récipient diminue donc à chaque coup de piston, sans pouvoir devenir nulle puisqu'on n'enlève chaque fois qu'une partie de l'air.

Dans la pratique, on emploie deux corps de pompe dont les pistons ont des tiges à crémaillère engrenant avec une roue dentée, pour neutraliser la résistance exercée par la pression de l'atmosphère pendant l'ascension du piston. Le récipient est formé d'une cloche reposant sur une platine bien plane ; les soupapes s'ouvrent automatiquement. Un baromètre tronqué indique la force élastique du gaz dans le récipient. La clef de la machine permet d'interrompre la communication entre les corps de pompe et le récipient, ou de faire rentrer l'air sous la cloche pour la détacher.

La machine pneumatique est très employée pour faire des expériences dans les cours de physique, et dans l'industrie pour activer l'évaporation des jus sucrés, essayer des tuyaux, etc.

Les *machines de compression* ne diffèrent de la machine pneumatique, en principe, qu'en ce que le récipient communique avec le canal d'expulsion, tandis que le canal d'aspiration est ouvert à l'air ou communique avec le gaz que l'on veut comprimer. Elles ont des applications nombreuses dans l'industrie des boissons gazeuses, dans les machines à air comprimé, tramways, etc.

CHAPITRE XII

POMPES. PRESSE HYDRAULIQUE. SIPHONS

Pompes.

86. Pompes. — Les pompes sont des appareils destinés à élever l'eau ou un liquide quelconque. Il existe de nombreux systèmes de pompes ; les plus employés reposent sur le même principe que la machine pneumatique et la machine de compression ; on les divise en deux groupes : les *pompes aspirantes*, dans lesquelles l'eau monte par l'effet de la pression atmosphérique ; et les *pompes foulantes*, dans lesquelles l'eau monte sous la pression directe du piston.

87. Pompe aspirante. — La pompe aspirante la plus simple se compose d'un cylindre ou *corps de pompe* (*fig.* 101) communiquant avec le réservoir du liquide à élever par un *tuyau d'aspiration* placé à sa partie inférieure, et muni d'un *tuyau d'écoulement* à la partie supérieure. Dans le corps de pompe se meut un *piston*, percé d'une ouverture que ferme une *soupape* ou *clapet*, formée d'un disque métallique mobile autour d'une charnière et s'ouvrant de bas en haut ; une autre soupape semblable, s'ouvrant aussi de bas en haut, ferme l'orifice du tuyau d'aspiration.

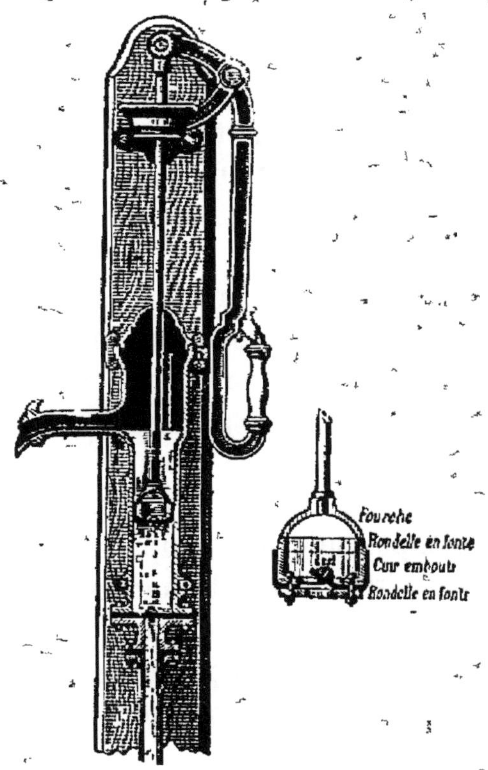

Fig. 101. — Pompe aspirante.

Supposons le piston en bas de sa course ; le tuyau d'aspiration est plein d'air à la pression atmosphérique. Si on soulève le piston, le vide tend à se faire au-dessous de lui ; la pression atmosphérique qui s'exerce sur la soupape supérieure la maintient fermée, tandis que l'air du tuyau d'aspiration ouvre la soupape inférieure et pénètre dans le corps de pompe ; mais le volume de cet air augmentant, sa force élastique diminue et ne fait plus équilibre à la pression atmosphérique qui s'exerce sur le niveau du réservoir ; l'eau monte donc dans le tuyau jusqu'à ce que le poids de l'eau soulevée, augmenté de la force élastique de l'air de la pompe, fasse équilibre à la pression atmosphérique.

Quand le piston est arrivé en haut de sa course, la soupape inférieure se ferme par son poids ; et si on abaisse le piston, l'air comprimé au-dessous de lui acquiert une force élastique supérieure à la pression atmosphérique, ouvre la soupape supérieure et s'échappe.

En soulevant de nouveau le piston, l'air du tuyau d'aspiration passe encore dans le corps de pompe et diminue de force élastique ; l'eau s'élève davantage dans le tuyau, et après un nombre suffisant de coups de piston elle pénètre dans le corps de pompe : la pompe est alors *amorcée*. A partir de ce moment, quand on abaisse le piston l'eau qui est dans le corps de pompe soulève la soupape supérieure et passe au-dessus du piston ; quand on le soulève, l'eau qui est au-dessus, et qui ferme cette soupape par son poids, est entraînée, tandis que le corps de pompe se remplit de nouveau puisqu'il n'y a plus d'air sous le piston. Il s'écoule donc, à chaque montée du piston, un volume d'eau égal à la capacité du corps de pompe.

Puisque c'est la pression atmosphérique qui fait monter le liquide dans le tuyau d'aspiration, pour que la pompe puisse s'amorcer, il faut que la distance du niveau dans le réservoir à la base du corps de pompe soit inférieure à la hauteur du liquide qui fait équilibre à la pression atmosphérique, soit 10^m,33 pour l'eau. Dans la pratique, le tuyau d'aspiration ne peut même avoir plus de 8^m au-dessus du réservoir, à cause de l'espace nuisible, des rentrées d'air, des frottements, et du dégagement des gaz dissous dans l'eau.

Si la pompe est bien construite, une fois qu'elle a été amorcée elle reste pleine d'eau quand elle cesse de fonctionner, et donne ensuite de l'eau au premier coup de piston.

88. Pompe aspirante élévatoire. — Si on veut élever l'eau à plus de 8ᵐ, on remplace le tuyau de déversement par un *tuyau d'ascension* qui monte verticalement jusqu'à la hauteur que l'on doit atteindre (*fig.* 102). La fermeture du corps de pompe autour de la tige du piston étant hermétique, quand le piston monte il élève l'eau dans le tuyau d'ascension qui se remplit peu à peu ; l'eau s'écoule alors à chaque montée du piston comme dans la pompe précédente.

La hauteur à laquelle on peut élever l'eau n'est limitée que par la résistance de l'appareil et l'effort à faire pour soulever le piston, sur lequel s'exerce une pression égale au poids d'une colonne d'eau ayant pour base le piston et pour hauteur sa distance à l'orifice de déversement.

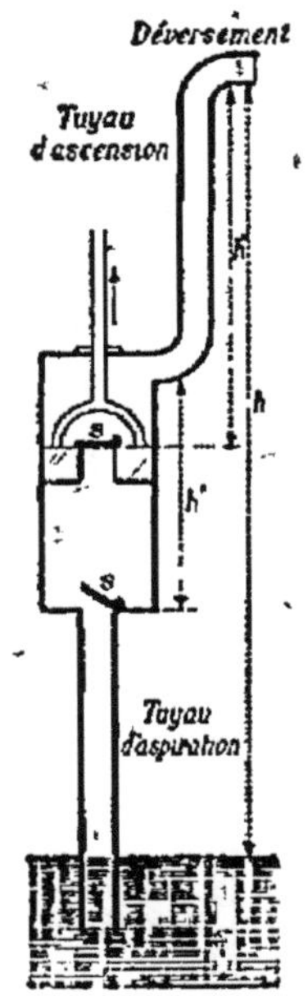

Fig. 102. — Pompe aspirante élévatoire (figure théorique).

89. Pompe foulante. — Dans la pompe foulante, le corps de pompe plonge directement dans le réservoir, avec lequel il communique par un orifice que ferme une soupape *s* (*fig.* 103) s'ouvrant de bas en haut ; le piston est plein, et le tuyau d'ascension, qui part du bas du corps de pompe, présente à sa partie inférieure une soupape *s'* s'ouvrant de dedans en dehors. Quand on soulève le piston, la pression atmosphérique ferme la soupape *s'*, la poussée du liquide ouvre la soupape *s*, et le corps de pompe se remplit ; quand on abaisse le piston, la soupape *s* se ferme par son poids et par la pression de l'eau qui est au-dessus ; cette eau, comprimée, ouvre la soupape *s'* et monte dans le tuyau d'ascension. En soulevant de nouveau le piston, la pression de l'eau qui est dans le tuyau ferme la soupape *s'*, et le corps de pompe se remplit ; en abaissant le piston, l'eau qui est en dessous de lui ferme la soupape *s*, et monte encore dans le tuyau, qui se remplit peu à peu jusqu'à l'orifice d'écoulement. La hauteur à laquelle on peut refouler l'eau n'est donc limitée que par l'effort à faire pour abaisser le piston, et la résistance de l'appareil.

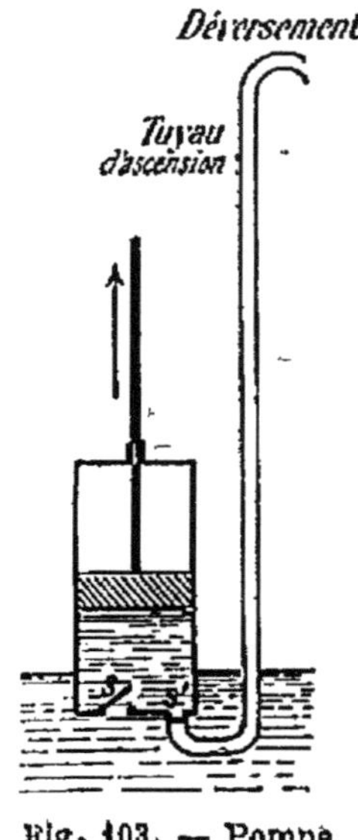

Fig. 103. — Pompe foulante (figure théorique).

90. Pompe aspirante et foulante. — Si au lieu de faire plonger le cylindre d'une pompe foulante dans le réservoir, on adapte à l'orifice un tuyau d'aspiration (*fig.* 104)

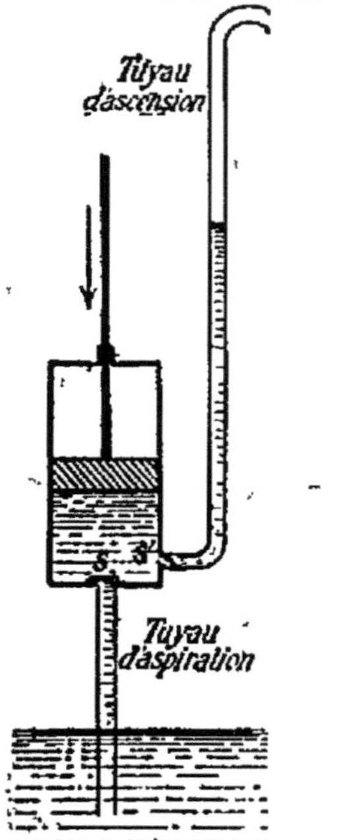

Fig. 104. — Pompe aspirante et foulante (figure théorique).

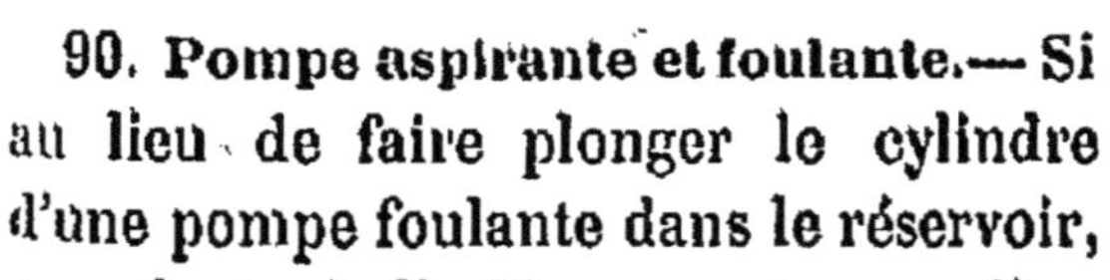

on obtient une pompe aspirante et foulante, qui fonctionne alternativement comme les deux systèmes ; elle permet donc d'élever l'eau à **7** ou **8**ᵐ par aspiration, et de la refouler ensuite à une hauteur plus grande.

91. Pompe à incendie. — La pompe à incendie (*fig.* 105) se compose de deux pompes foulantes, dont les pistons sont reliés à un balancier, de telle sorte que l'un descende quand l'autre monte. Ces pompes puisent l'eau dans une caisse commune ou *bâche* que l'on maintient pleine d'eau ;

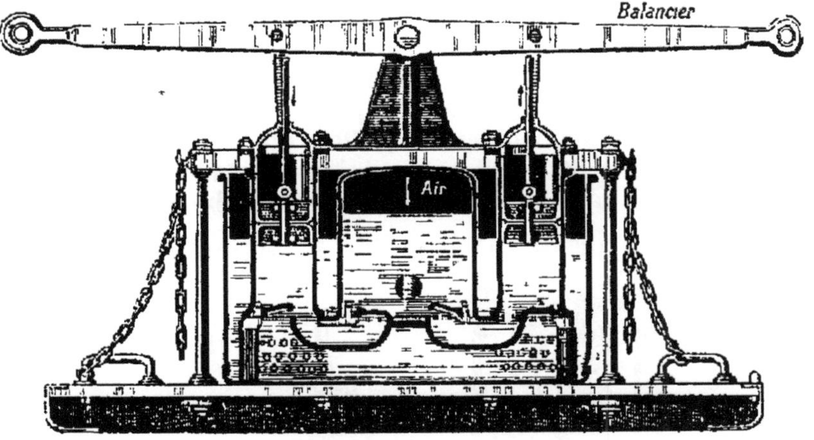

Fig. 105. — Pompe à incendie.

elles la refoulent dans un réservoir, appelé *réservoir d'air*, qui présente à sa partie inférieure un orifice auquel est fixé un tuyau de cuir terminé par une garniture de cuivre à robinet ou *lance*. L'air qui remplit le réservoir est comprimé par l'eau qui y pénètre, et la fait jaillir avec d'autant plus de force que la manœuvre des pistons est plus rapide ; de plus, le jet est continu, car pendant que l'une des pompes se remplit, l'autre envoie de l'eau dans le réservoir, et, au moment où le mouvement des pistons change de sens, la force élastique de l'air comprimé continue à faire jaillir l'eau par la lance.

Presse hydraulique.

92. Principe. — La presse hydraulique est un appareil qui permet de produire des pressions considérables à l'aide d'un effort relativement faible. C'est une application et en même temps une vérification expérimentale du principe de Pascal (31).

Elle a été imaginée par Pascal, mais elle n'aurait pu fonctionner à cause de la difficulté d'obtenir une fermeture suffisante des cylindres par les pistons, sans produire des frottements trop considérables ; elle a été construite pour la première fois en 1796 par un ingénieur anglais, Bramah, qui l'a rendue pratique par l'emploi du cuir embouti.

La presse hydraulique (*fig.* 106) se compose essentielle-

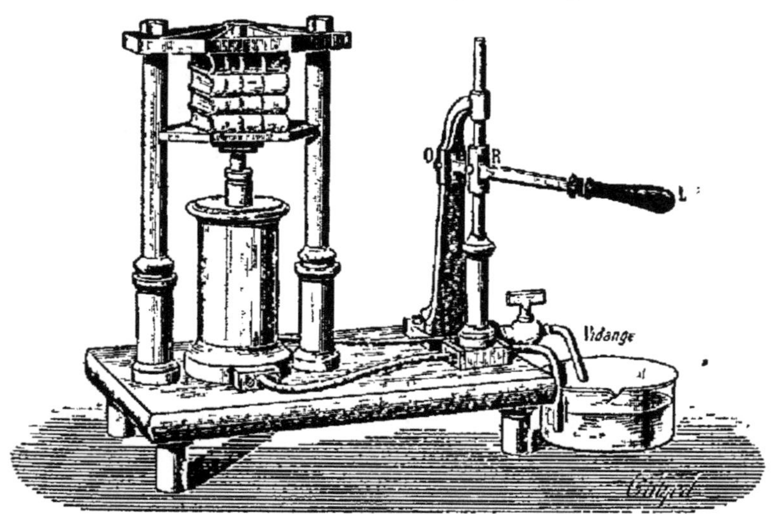

Fig. 106. — Presse hydraulique.

ment de deux corps de pompe cylindriques, communiquant par un tube placé à la partie inférieure ; ils renferment de l'eau, sur laquelle reposent des pistons pleins L'un des corps de pompe, a, par exemple, une section 100 fois plus grande que l'autre ; d'après le principe de Pascal, si l'on exerce une pression de 5^{kg} sur le petit piston, le grand piston sera soulevé avec une force 100 fois plus grande ou de 500^{kg} ; mais le volume d'eau qui est passé du petit corps de pompe dans le grand se répartissant sur une surface 100 fois plus grande, sa hauteur sera 100 fois moindre, et si le petit piston descend de 1^m, le grand monte seulement de 1^{em} ; *on perd donc en chemin parcouru ce qu'on gagne en force*, conformément à un principe général de mécanique.

93. Description et fonctionnement: — Le grand piston porte un plateau sur lequel on place les corps à comprimer et qui les presse contre un plateau fixe, solidement maintenu par des colonnes de fer.

Pour pouvoir soulever suffisamment le grand piston, sans donner une grande longueur au petit corps de pompe, on adapte à la partie inférieure de ce corps de pompe un tuyau qui plonge dans un réservoir d'eau et qui est fermé par une soupape s'ouvrant de bas en haut ; une autre soupape, s'ouvrant de dedans en dehors est placée à l'orifice du tuyau qui va au grand corps de pompe ; le petit cylindre fonctionne donc comme une pompe aspirante et foulante. Quand on abaisse le piston, l'eau qui est en dessous passe dans le grand corps de pompe ; quand on le soulève, la soupape de communication entre les deux cylindres se ferme, et le grand piston reste soulevé tandis que le petit corps de pompe se remplit ; on peut donc, avec un nombre de coups de piston, suffisant, soulever autant qu'on le veut le grand piston, et exercer sur le corps placé sur le plateau des pressions très considérables.

Le petit piston est abaissé au moyen d'un levier OL, mobile autour du point O, qui permet d'exercer sur le piston, en R, une pression très forte avec un effort bien moindre exercé en L, par suite du principe des leviers (21).

Pour empêcher l'eau du grand corps de pompe de s'échapper autour du piston quand on la comprime, on place dans une gorge creusée à la partie supérieure du cylindre un *cuir embouti* (*fig*. 107) ; c'est un anneau de cuir épais, imbibé d'huile, dont les bords sont rabattus de façon à

Fig. 107. — Cuir embouti.

former une sorte de gouttière circulaire renversée ; la pression de l'eau qui pénètre dans cette gouttière applique un des bords du cuir contre le corps de pompe, l'autre contre le piston, et les fuites sont d'autant plus difficiles que l'eau est plus comprimée.

Une soupape de sûreté, placée sur le tube qui réunit les deux corps de pompe, empêche la pression d'atteindre une valeur capable d'amener la rupture de l'appareil, ou d'altérer le corps pressé ; et un robinet permet de faire écouler l'eau du grand corps de pompe, pour décomprimer le corps et pouvoir l'enlever.

94. Usages. — La presse hydraulique est très employée dans l'industrie, quand on a besoin d'exercer des pressions considérables sur des objets sans déplacer beaucoup ces objets ; on s'en sert pour extraire l'huile des graines oléagineuses, l'acide oléique des acides gras ; pour fouler les draps ; pour presser les pièces d'étoffes, faire des balles de coton, de foin, de façon à rendre ces substances moins encombrantes et plus transportables ; pour essayer la résistance des chaudières à vapeur, des bouteilles à champagne ; pour faire les tuyaux de plomb, le vermicelle, pour enfoncer des pilotis, faire monter les ascenseurs, soulever les navires au-dessus de l'eau pour les réparer, etc.

Siphons.

95. Théorie du siphon. — Les siphons sont des appareils destinés à transvaser un liquide d'un niveau à un niveau inférieur, sans déplacer le vase qui le contient.

Le siphon ordinaire est un tube recourbé à branches inégales (*fig.* 108), dont la petite branche plonge dans le liquide à transvaser, la grande branche s'ouvrant à l'air libre ou dans le vase inférieur.

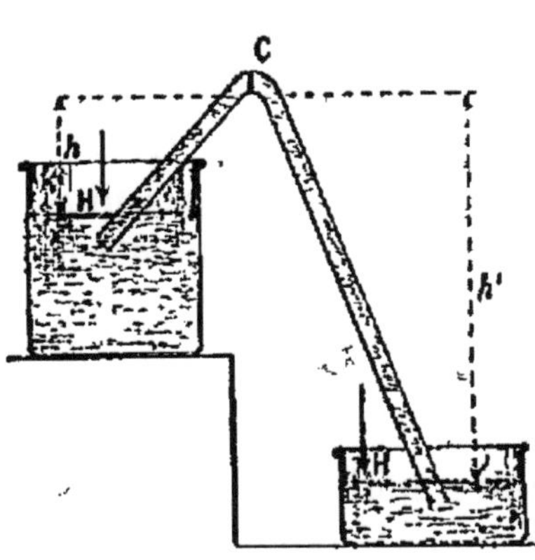

Fig. 108. — Siphon.

Supposons que le siphon soit *amorcé*, c'est-à-dire rempli du liquide, et que ce liquide soit en équilibre ; nous pouvons alors appliquer au calcul des pressions dans le liquide les principes de l'hydrostatique. Soient H la hauteur de la colonne du liquide à transvaser qui ferait équilibre à la pression atmosphérique ; h, la distance verticale du niveau dans le vase supérieur au sommet C du tube, et h' la distance du même point C au niveau dans le vase inférieur, ou à l'orifice de la grande branche si elle s'ouvre dans l'air ; si nous considérons une tranche liquide très mince en C, la pression qui s'exerce sur le niveau supérieur du liquide, à l'intérieur du tube, devant être égale à la pression atmosphérique qui s'exerce à l'extérieur sur le même niveau, la pression en C, du côté de la petite branche, doit être égale à la pression atmosphérique diminuée du poids de la colonne de liquide de hauteur h, c'est-à-dire au poids d'une colonne du liquide de hauteur $H-h$; de même la pression en C, du côté de la grande branche, est égale au poids d'une colonne du liquide de hauteur $H-h'$. Si h' est plus grand que h, les deux pressions ne sont pas égales, $H-h$ est plus grand que $H-h'$, et par suite la tranche C *ne peut pas être en équilibre ;* les deux pressions étant directement opposées, leur résultante est dirigée dans le sens de la plus grande, et égale à leur différence, qui est le poids d'une colonne du liquide ayant pour base la surface C et pour hauteur $(H-h)-(H-h')$ ou $h'-h$. La tranche C descend donc dans la grande branche; mais le vide tend alors à se faire derrière elle, et la pression atmosphérique qui s'exerce sur le liquide du vase supérieur le fait monter dans la petite branche, de sorte que l'écoulement continue tant que la petite branche plonge dans le liquide et que le niveau est plus bas du côté de la grande branche que de la petite.

Pour que l'écoulement se produise, il faut donc : 1° que le siphon soit amorcé, c'est-à-dire que le niveau du liquide soit plus bas dans la grande branche que dans le vase où plonge la petite branche; 2° qu'il y ait réellement une pression en C, ce qui n'a lieu que si la hauteur h est inférieure à H ; pour le mercure, par exemple, le siphon ayant été rempli de liquide, si la distance du niveau supérieur du liquide au sommet du tube est plus grande que 76^{cm}, le mercure se divise en C et descend dans les deux branches jusqu'à 76^{cm} au-dessus des niveaux correspondants, en laissant le vide barométrique au-dessus de lui ; le siphon ne fonctionne donc pas.

96. Manières d'amorcer le siphon. — Quand le liquide à transvaser n'est pas dangereux, pour amorcer le siphon on le remplit du liquide avant de le retourner dans les deux vases, ou bien on plonge la petite branche dans le liquide et on aspire avec la bouche à l'extrémité de la grande branche.

Si le liquide ne peut être introduit dans la bouche sans danger, on soude à la grande branche un tube latéral (*fig.* 109) par lequel on aspire l'air, la petite branche plongeant dans le liquide et la grande étant fermée avec le doigt ; on a le temps de retirer la bouche avant que le liquide ait rempli le renflement que porte le tube latéral.

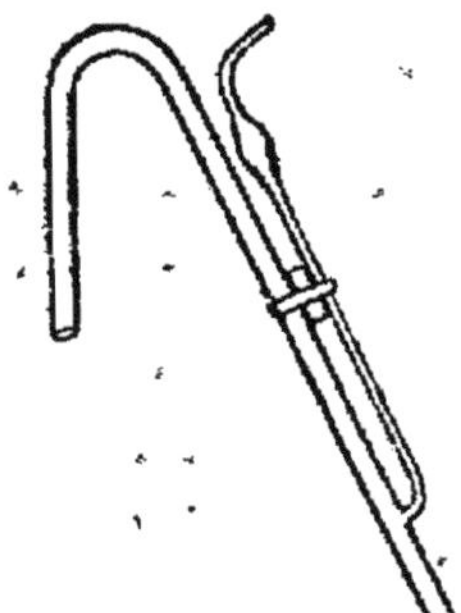

Fig. 109. — Siphon pour liquide vénéneux.

Si le liquide est corrosif, au lieu de fermer la grande branche avec le doigt on la munit d'un robinet à sa partie inférieure.

Quand le siphon plonge dans un vase fermé et doit servir de façon intermittente, par exemple pour tirer facilement un liquide d'une tourie, on place dans le bouchon un second tube (*fig.* 110) qui ne plonge pas dans le liquide ; en insufflant de l'air par ce tube, on augmente la pression dans le vase et on fait monter le liquide dans le siphon qui s'amorce ; en aspirant l'air par le tube, si la grande branche

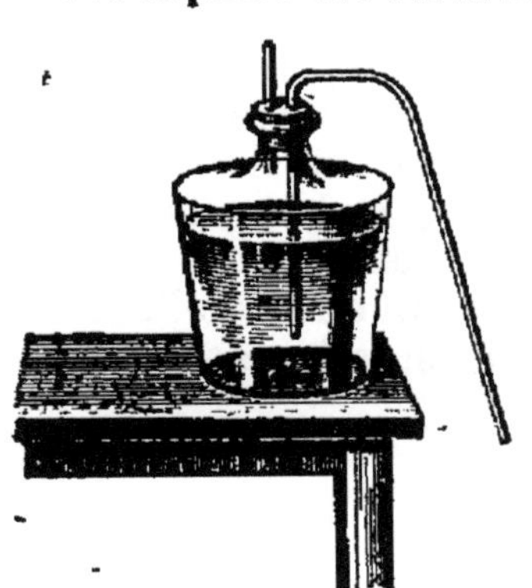

Fig. 110. — Siphon à demeure.

du siphon ne plonge pas dans le liquide du vase inférieur, l'air extérieur rentre par le siphon en faisant remonter le liquide qui le remplissait dans le vase fermé, et l'écoulement cesse.

97. Usages. — Les siphons sont très employés pour transvaser les vins, les acides, et surtout les liquides dans lesquels se forment des dépôts, que l'on peut ainsi tirer sans les troubler.

On utilise encore le principe des siphons pour maintenir constant le niveau de l'eau dans les réservoirs qui alimentent les canaux, pour détourner les cours d'eau, etc.

98. Sources intermittentes. — La théorie du siphon explique le phénomène des sources intermittentes : si l'eau qui s'infiltre dans le sol s'accumule dans une cavité souterraine ne communiquant avec l'extérieur que par une fissure recourbée ABC formant siphon (*fig.* 111), tant que l'eau n'atteint pas le niveau B de la courbure du siphon, il n'y a pas d'écoulement ; quand ce

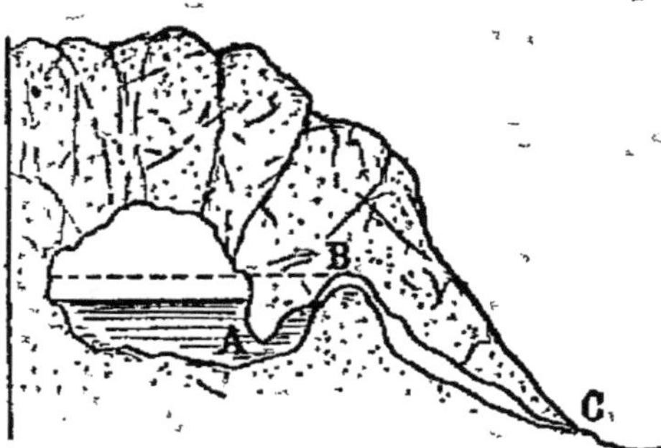

Fig. 111. — Source intermittente.

niveau est atteint, le siphon se trouve amorcé, et l'eau s'écoule en C jusqu'à ce que l'orifice A de la fissure soit découvert ; là source cesse alors de couler jusqu'à ce que le niveau soit revenu en B ; elle fournit donc de l'eau pendant un temps déterminé et à des intervalles sensiblement réguliers.

RÉSUMÉ DU CHAPITRE XII

Les *pompes* servent à élever l'eau ou un liquide quelconque.

La *pompe aspirante* se compose d'un corps de pompe muni d'un tuyau d'aspiration fermé par une soupape ou clapet, et d'un tuyau d'écoulement à sa partie supérieure ; dans le corps de pompe se ment un piston muni d'une soupape ; quand le piston monte, l'air du tuyau d'aspiration passe en partie dans le corps de pompe, et l'eau monte dans ce tuyau ; quand le piston descend, l'air du corps de pompe est chassé par le tuyau d'écoulement ; après un certain nombre de coups de piston, l'eau arrive dans le corps de pompe, la pompe est amorcée ; alors, à chaque montée du piston, l'eau remplit le corps de pompe, et celle qui était passée au-dessus du piston pendant sa descente sort par le tuyau d'écoulement. C'est la pression de l'atmosphère sur le niveau du réservoir qui fait monter l'eau dans le tuyau d'aspiration, et la hauteur de ce tuyau ne peut dépasser $10^m,33$ en théorie, 8^m dans la pratique.

Dans la *pompe aspirante élévatoire*, le tuyau d'écoulement est remplacé par un tuyau d'ascension qui élève l'eau à une plus grande hauteur.

Dans la *pompe foulante*, le corps de pompe plonge dans le réservoir, le piston est plein, et le tuyau d'ascension part du bas du corps de pompe. La *pompe aspirante et foulante* est une pompe foulante munie d'un tuyau d'aspiration. *La pompe à incendie* est formée de deux pompes foulantes qui envoient l'eau dans un réservoir commun, dont l'air comprimé fait jaillir l'eau avec force par un orifice inférieur.

La *presse hydraulique* permet de produire des pressions considérables avec un effort relativement faible ; c'est une application du principe de Pascal. Elle se compose de deux corps de pompe dont l'un a une section beaucoup plus grande que l'autre, et dans lesquels se meuvent des pistons pleins. Le petit corps de pompe fonctionne comme une pompe aspirante et foulante, et envoie de l'eau dans le grand, dont le piston, en se soulevant, comprime les corps qui le surmontent contre un plateau fixe très résistant. Un cuir embouti placé autour du grand piston empêche les fuites de l'eau comprimée. La presse hydraulique sert à comprimer les graines oléagineuses, les acides gras, à faire les balles de coton, de foin, les tuyaux de plomb, etc.

Les *siphons* servent à transvaser les liquides d'un niveau à un niveau inférieur ; ce sont des tubes recourbés à branches inégales, dont la petite branche plonge dans le liquide à transvaser ; quand le siphon est amorcé, le liquide s'écoule par la grande branche, tant que le niveau du vase où plonge la petite branche est plus élevé que celui du vase où plonge la grande, ou que son orifice si elle s'ouvre dans l'air.

CHAPITRE XIII

AÉROSTATS

99. Extension du principe d'Archimède aux gaz. — Les gaz étant fluides et pesants comme les liquides, exercent comme eux des pressions sur les corps qui y sont plongés ; et la valeur de l'ensemble de ces pressions est conforme au principe d'Archimède : Tout corps plongé dans un gaz éprouve une poussée verticale, de bas en haut, égale au poids du gaz qu'il déplace.

On peut vérifier l'existence de cette poussée à l'aide du *baroscope :* c'est un petit fléau de balance qui porte à ses

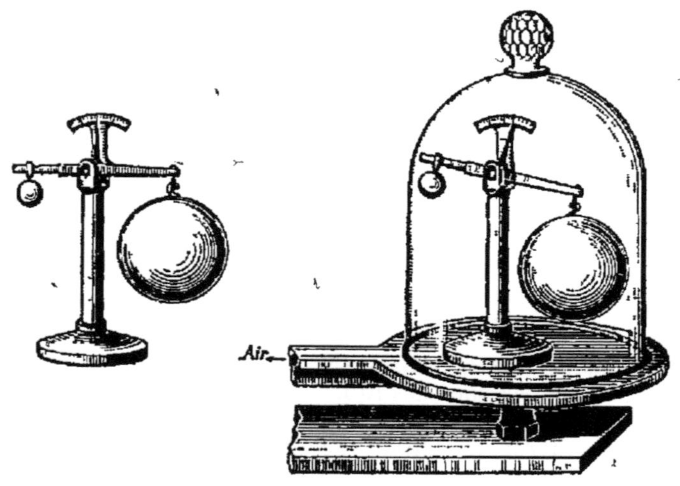

Fig. 112. — Baroscope.

deux extrémités deux corps de volume très différent, mais se faisant équilibre dans l'air, par exemple d'un côté une grosse sphère creuse en laiton, et de l'autre une petite sphère pleine ou une masse de plomb (*fig.* 112). On place l'appareil sous le récipient de la machine pneumatique, et dès qu'on fait le vide on voit le fléau pencher du côté de la grosse sphère ; cette sphère est donc en réalité plus lourde que la petite, et si les deux sphères se faisaient équilibre dans l'air, c'est que la plus grosse subissait une poussée plus forte qui compensait l'excès de poids,

Les corps plongés dans l'atmosphère sont donc soumis à deux forces verticales et de sens contraires : leur poids et la poussée de l'air ; par suite, quand on pèse un corps dans l'air, on n'observe que la différence entre ces deux forces, et pour les pesées de très grande précision, il faut tenir compte de la poussée exercée par l'air ; mais cette poussée étant généralement très faible relativement au poids réel, dans la pratique on confond ce poids avec le poids apparent. -

Il résulte encore de l'application du principe d'Archimède aux gaz qu'un corps plongé dans l'atmosphère peut tomber, rester en équilibre, ou s'élever, suivant que son poids est supérieur, égal, ou inférieur au poids de l'air qu'il déplace : c'est pourquoi la fumée, les gaz légers, les aérostats semblent faire exception aux lois de la pesanteur.

100. Aérostats. — Les aérostats sont des appareils qui s'élèvent dans l'air ou s'y tiennent en équilibre. Ils ont été inventés par les frères Montgolfier, d'où le nom de *montgolfières* donné aux premiers aérostats.

I. Montgolfières. — Les montgolfières étaient des enveloppes sphériques, en toile doublée de papier, présentant à leur partie inférieure une large ouverture circulaire sous laquelle on allumait de la paille ; l'air chaud et la fumée montaient dans l'appareil, le gonflaient ; et comme l'air chaud est plus léger que l'air froid, la poussée devenait supérieure au poids de la montgolfière qui pouvait s'élever à plus de 1 000ᵐ.

La première expérience publique fut faite le 5 juin 1783.

Mais la montgolfière se refroidissait rapidement et descendait bientôt ; pour en maintenir l'air chaud, il fallait entretenir du feu dans une sorte de réchaud suspendu en dessous de l'ouverture inférieure, ce qui provoquait souvent l'inflammation de l'enveloppe, et rendait les ascensions très dangereuses.

II. Ballons. — Dès 1783, le physicien Charles remplaça l'air chaud par l'hydrogène qui est beaucoup plus léger ; mais ce gaz traverse facilement les membranes, ce qui oblige à employer des enveloppes imperméables ou *ballons*, dont le nom a été appliqué à l'aérostat tout entier.

Aujourd'hui, pour les ascensions ordinaires, on gonfle les ballons avec du gaz d'éclairage, qui est plus dense que l'hydrogène, mais moins coûteux, et qu'on peut se procurer bien plus facilement ; on n'emploie guère l'hydrogène que lorsqu'on veut s'élever très haut, ou faire des ascensions de plus longue durée.

101. Description d'un ballon. — Dans un aérostat ordinaire, le *ballon* est sphérique *(fig.* 113), formé d'un tissu de coton ou de soie rendu imperméable par du caoutchouc ou par un vernis spécial à base d'huile de lin. Ce ballon présente à sa partie inférieure une sorte de tube cylindrique, ou *manche d'appendice*, en même tissu, par lequel ou introduit le gaz ; ce tube reste ouvert pour permettre au gaz de s'échapper, au lieu de déchirer l'enveloppe, quand son volume tend à augmenter par suite de la diminution de pression de l'air extérieur ou d'une élé-

vation de température. Une *soupape*, placée à la partie
supérieure du ballon et qui s'ouvre de dehors en dedans,

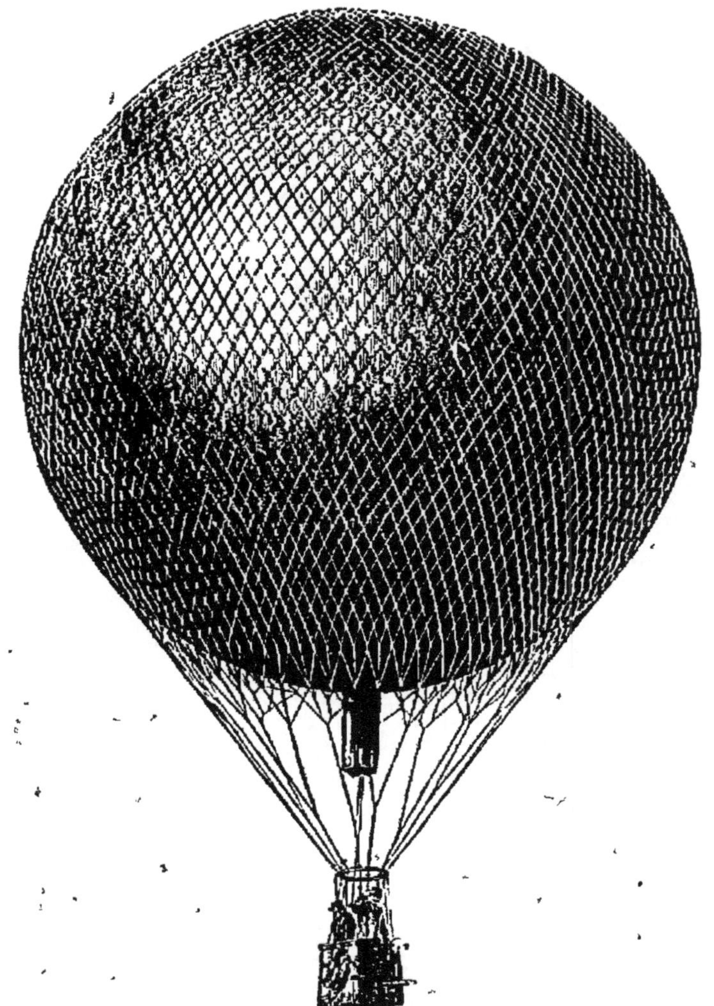

Fig. 113. — Ballon ordinaire.

peut être manœuvrée, à l'aide d'une corde qui descend
dans la nacelle, pour laisser échapper du gaz et diminuer
le volume du ballon, et par suite la poussée, quand on
veut descendre.

La *nacelle* (*fig. 114*), dans laquelle se placent les aéronautes, est un panier d'osier, fixé au ballon par l'inter-

Fig. 114. — Nacelle et ses accessoires.

médiaire d'un cercle en bois dur et d'un *filet* qui enveloppe le ballon, de façon à répartir également la charge.
Les aéronautes emportent avec eux, outre les appareils nécessaires aux observations scientifiques si

l'on veut en faire, une *boussole* et un *baromètre*, qui permettent de reconnaître la marche et la direction de l'aérostat ; car le ballon étant entraîné par le vent, on n'en perçoit pas le déplacement, et, quand on a atteint une certaine hauteur, on ne peut constater si l'on monte ou si l'on descend que par les variations de la hauteur barométrique ; du *lest*, formé de sacs de sable que l'on vide lentement, de manière à ne pas causer d'accidents sur le sol et à diminuer peu à peu le poids de l'aérostat, quand on veut monter ou arrêter la descente du ballon ; un *guide-rope*, rouleau de corde d'une cinquantaine de mètres de longueur, qu'on déroule au moment de l'atterrissage, pour modérer la descente du ballon et sa vitesse horizontale ; et une *ancre*, pour arrêter le ballon et l'amener jusqu'au sol.

102. Force ascensionnelle. — On appelle *force ascensionnelle* d'un aérostat la force avec laquelle il tend à s'élever, c'est-à-dire la différence entre la poussée et le poids total de l'appareil : enveloppe, gaz, filet, nacelle et son contenu. Cette force doit, en général, être très faible, 4 à 5^{kg} au départ, pour éviter une montée trop brusque, à moins qu'on n'ait à lutter contre un vent violent ou à éviter des obstacles élevés.

A mesure que le ballon s'élève, la pression extérieure diminuant, le gaz se dilate et sort en partie par l'appendice ; mais la densité de l'air diminuant en même temps que sa pression, la poussée devient moindre, et il arrive un moment où la force ascensionnelle est nulle : le ballon reste alors en équilibre dans l'atmosphère, ou bien il est entraîné horizontalement par les courants aériens qu'il rencontre. Mais l'équilibre ne dure guère : les pertes de gaz, le refroidissement, le dépôt de vapeur d'eau sur le ballon, diminuent le volume de l'aérostat ou augmentent son poids, et les aéronautes sont forcés de jeter du lest, s'ils ne veulent pas descendre. C'est à cause de l'impossibilité d'emporter une provision considérable de lest, et de la nécessité d'en jeter fréquemment pour éviter la descente, que les ascensions aérostatiques ne peuvent être de longue durée.

103. Utilité des ascensions aérostatiques. — Dès l'invention des montgolfières, on eut l'idée de s'en servir pour transporter des voyageurs, et pour étudier les hautes régions de l'atmosphère; les premiers aéronautes furent Pilâtre de Rozier et le marquis d'Arlandes, qui partirent du bois de Boulogne dans la nacelle d'une montgolfière, le 21 novembre 1783, et descendirent de l'autre côté de Paris après s'être élevés à environ 1000^m. Mais ces ascensions étaient très dangereuses, et en juin 1785, Pilâtre de Rozier et Romain, ayant essayé de traverser la Manche en montgolfière, leur appareil prit feu en l'air, et ils se brisèrent sur les rochers de la côte, près de Boulogne-sur-Mer.

Depuis, de nombreuses ascensions en ballon ont été faites, soit dans les fêtes publiques, soit pour sortir d'une ville assiégée, ou dans un but scientifique. Elles ont amené des découvertes intéressantes sur les phénomènes météorologiques et les hautes régions de l'atmosphère. On a reconnu, par exemple, que la composition de l'air est la même dans les régions élevées qu'au voisinage du sol; que l'action magnétique de la terre diminue rapidement quand on s'en éloigne; que l'air est très sec à partir d'une certaine hauteur, et que sa température s'abaisse à mesure qu'on s'élève, mais de quantités très variables suivant les circonstances : ainsi Gay Lussac, en 1804, observa un froid de 9° au-dessous de zéro à une hauteur de 7 000^m, tandis que Barral et Bixio, en 1850, éprouvèrent à la même hauteur une température de 39° au-dessous de zéro.

Le froid intense des hautes régions de l'atmosphère n'est pas la seule cause des dangers que courent les aéronautes dans les ascensions ; à mesure qu'on s'élève, par suite de la diminution rapide de la pression de l'air, et surtout de l'insuffisance d'oxygène qui en résulte, des troubles surviennent dans la respiration et la circulation ; les tissus se gonflent sous l'action de la pression intérieure, des hémorragies se produisent, puis une paralysie progressive qui peut être suivie d'évanouissement et de mort. On combat ces effets en respirant de l'air très chargé d'oxygène, qu'on emporte dans des ballonnets. Dans l'ascension du ballon *le Zénith*, qui s'éleva à 8600^m, en 1875, les aéronautes, MM. Sivel, Crocé-Spinelli et Tissandier furent engourdis par le froid et par l'effet de la raréfaction de l'air, avant d'avoir pu faire usage de l'oxygène dont ils étaient munis ; ils s'évanouirent et quand le ballon retomba à terre, le dernier seul put être rappelé à la vie.

Depuis cette catastrophe, on se sert pour l'étude des régions très élevées de *ballons-sondes*, qui emportent, au lieu d'aéronautes, des appareils enregistreurs fonctionnant automatiquement, et qui redescendent, grâce à un mouvement d'horlogerie agissant sur la soupape, quand ils ont atteint une hauteur déterminée.

104. Direction des aérostats. — Le lest et la soupape des ballons ordinaires ne permettent aux aéronautes que de ralentir ou d'accélérer le mouvement d'ascension ou de descente du ballon. On a beaucoup étudié la possibilité de donner aux aérostats une direction horizontale déterminée, quelles que soient la force et la direction du vent ; ce problème n'est pas encore complètement résolu, la difficulté principale étant de trouver un moteur qui soit à la fois assez léger et assez puissant pour donner à l'appareil une vitesse supérieure à celle du vent. Cependant l'aérostat dirigeable construit par MM. Renard et Krebs à l'établissement aérostatique militaire de Chalais, près de Meudon, paraît donner de bons résultats par les temps calmes, puisque, en 1884, il est revenu 5 fois sur 7 voyages à son point de départ.

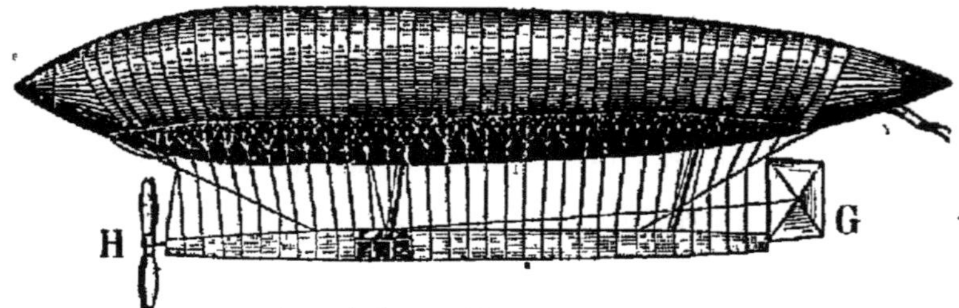

Fig. 115. — Aérostat dirigeable de MM. Renard et Krebs.

Cet aérostat (*fig.* 115) a une forme allongée rappelant celle d'un poisson ; la nacelle, suspendue par un filet, a la forme d'un long canot ; elle présente au milieu une place pour les aéronautes, à l'arrière un gouvernail G en soie tendue sur un cadre, pour régler la direction ; elle porte à l'avant une hélice H destinée à prendre appui sur l'air, et un moteur électrique actionné par des piles légères, qui met l'hélice en mouvement.

RÉSUMÉ DU CHAPITRE XIII

Le principe d'Archimède s'applique aux gaz : *Tout corps plongé dans un gaz éprouve une poussée verticale de bas en haut égale au poids du gaz qu'il déplace.* On le vérifie à l'aide du baroscope. Les corps plongés dans l'atmosphère sont donc soumis à deux forces de sens contraire, et ils peuvent s'élever si la poussée est supérieure à leur poids.

Les *aérostats* sont des appareils qui s'élèvent dans l'air et s'y tiennent en équilibre. Les *montgolfières* étaient en toile doublée de papier, et gonflés par de l'air chaud. Les *ballons* sont en tissu de soie et gonflés par de l'hydrogène ou du gaz d'éclairage ; la nacelle qui porte les aéronautes et tous les accessoires : lest, baromètre, ancre..., est suspendue au ballon par un filet. L'appendice par lequel on introduit le gaz lui permet de s'échapper quand la pression extérieure diminue. La force ascensionnelle est la différence entre la poussée et le poids total de l'appareil ; elle diminue à mesure qu'on s'élève ; quand elle est devenue nulle, le ballon reste en équilibre jusqu'à ce que son poids augmente ou que son volume diminue. Si l'on veut monter, on jette du lest ; pour descendre, on ouvre une soupape placée à la partie supérieure du ballon.

Les ascensions aérostatiques ont montré que l'air garde la même composition, mais devient plus léger, plus sec et plus froid à mesure qu'on s'élève ; l'insuffisance d'oxygène, qui résulte de la diminution de force élastique et de densité de l'air dans les hautes régions, est très dangereuse pour les aéronautes.

On ne peut donner aux ballons ordinaires que des mouvements d'ascension ou de descente ; on a cherché à leur donner une direction horizontale déterminée, malgré les courants atmosphériques qui les entraînent, en les faisant de forme allongée et en les mettant en mouvement à l'aide d'une hélice (aérostat de MM. Renard et Krebs) ; mais le problème n'est pas encore complètement résolu.

CHALEUR

CHAPITRE I

DILATATION DES CORPS. THERMOMÈTRE

105. Définitions. — On donne le nom de *chaleur* à la cause qui produit sur nous les impressions de chaud et de froid. La chaleur en agissant sur les corps provoque des phénomènes particuliers, qui consistent surtout en varia·tions de volume et en changements d'état : par exemple, du soufre chauffé augmente de volume, il se *dilate*, puis il passe de l'état solide à l'état liquide, et si on continue à chauffer, il peut passer à l'état gazeux. La chaleur peut encore provoquer des phénomènes chimiques : décompositions ou combinaisons, que l'on étudie plus spécialement en chimie.

On a cru pendant longtemps que la chaleur était un fluide matériel, impondérable, le *calorique*, qui pouvait passer d'un corps à un autre : quand un corps se refroidissait au contact d'un autre, on disait qu'il lui cédait de son calorique. Aujourd'hui on admet que la chaleur résulte d'un mouvement vibratoire des molécules : plus le mouvement est rapide, plus le corps est chaud ; quand, par exemple, une balle de fusil rencontre une cible en fer qui l'arrête brus·quement, elle s'échauffe fortement par suite de la transfor·mation du mouvement de translation de la balle en mouve·ment moléculaire.

Dilatations.

106. Dilatation des solides. — La plupart des corps se dilatent quand on les chauffe ; la dilatation des solides est trop faible pour qu'on l'observe directement ; on la rend plus sensible à l'aide du *pyromètre à cadran* (*fig. 116*), qui est formé d'une tige métallique horizontale fixée à

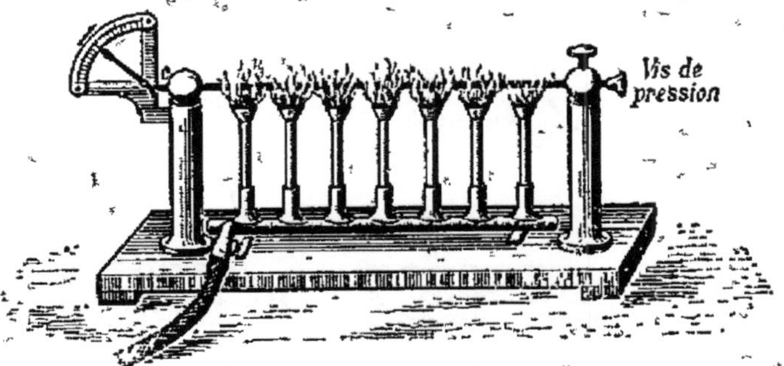

Fig. 116. — Pyromètre à cadran.

une de ses extrémités par une vis de pression ; l'autre extrémité c peut glisser librement dans une borne, et s'appuie contre la petite branche d'un levier coudé. Lorsqu'on chauffe la tige par une grille à gaz, la tige en s'allongeant pousse le levier, dont la grande branche se déplace sur un cadran gradué ; et si la grande branche est 10 fois plus longue que la petite, son déplacement est 10 fois plus grand que l'allongement de la tige ; on peut donc en déduire cet allongement. Quand on cesse de chauffer, le levier revient à sa première position, la tige a donc repris sa longueur primitive, elle s'est contractée en se refroidissant.

En employant successivement des tiges de métaux différents, on constate que, dans les mêmes conditions, la dilatation varie avec la nature du corps chauffé ; ainsi, le zinc se dilate environ trois fois, et le cuivre jaune deux fois plus que le fer.

Le pyromètre à cadran ne montre que l'allongement ou *dilatation linéaire* de la tige ; pour vérifier la dilatation des corps dans tous les sens, ou *dilatation cubique*, on emploie l'*anneau de S' Gravesande* (*fig.* 117) qui se compose d'un anneau de cuivre dans lequel passe à frot-

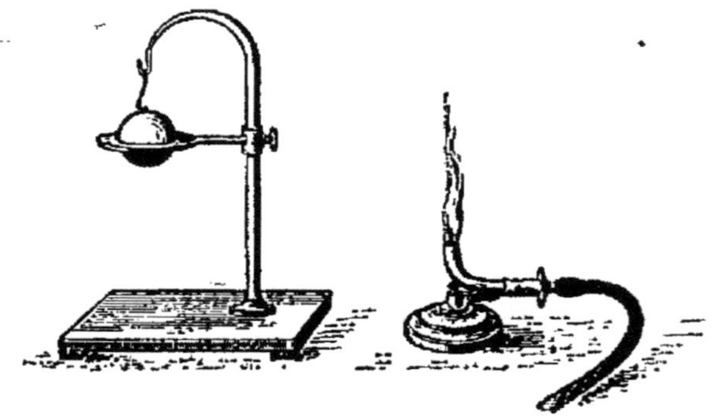

Fig. 117. — Anneau de S' Gravesande.

tement doux une sphère du même métal ; on chauffe la sphère seule, et on constate qu'elle ne peut plus traverser l'anneau, quelque position qu'on lui donne ; donc elle s'est dilatée dans toutes les directions. Quand on laisse refroidir la sphère, elle passe de nouveau dans l'anneau, elle revient donc à son volume primitif.

Si on chauffe à la fois la sphère et l'anneau, la sphère peut toujours traverser l'anneau, d'où l'on conclut qu'*un corps solide creux se dilate exactement comme un corps plein de même nature et de même dimension.*

Il y a quelques exceptions à la loi générale de dilatation : les unes sont réelles, ainsi l'iodure d'argent, le diamant, se contractent quand on les chauffe ; les autres ne sont qu'apparentes et tiennent à des changements de nature, à des phénomènes chimiques accompagnant le phénomène calorifique : par exemple le bois, le carton, l'argile se contractent quand on les chauffe parce qu'ils perdent de l'eau.

107. Applications. — Les corps solides étant très peu compressibles, il faudrait exercer sur eux des pressions très considérables pour les empêcher de se dilater quand on les chauffe ; et par conséquent la dilatation ou la contraction des solides sous l'influence de la chaleur et du refroidissement peuvent produire des forces énormes. qu'on utilise fréquemment dans l'industrie. Pour cercler une roue de voiture, par exemple, on chauffe presque au rouge un cercle de fer d'un diamètre un peu inférieur à celui de la roue ; le cercle se dilate et peut alors être placé autour de la roue, dont il resserre fortement toutes les parties en se refroidissant. De même, pour fixer ensemble deux feuilles de tôle, dans la construction des chaudières à vapeur, des réservoirs, etc., on les serre au moyen de rivets chauffés au rouge, qui en se refroidissant appliquent fortement les feuilles l'une sur l'autre.

On a pu, tant est grande la force de contraction des solides, s'en servir pour redresser les murs d'une galerie du Conservatoire des Arts et Métiers, qui tendaient à s'écarter sous le poids de la voûte qu'ils portaient : des barres de fer horizontales, qui traversaient ces murs, étaient portées au rouge ; on serrait autant que possible contre les murs les écrous qui terminaient les barres au dehors, et ces barres, en se refroidissant, rapprochaient peu à peu les murs.

On doit tenir compte de la dilatation dans la construction des ponts métalliques, dans la pose des conduites d'eau et de gaz ; les rails des chemins de fer doivent laisser entre eux, à leurs extrémités, un espace suffisant pour que leur variation de longueur ne les fasse ni se courber l'été, ni s'arracher de leurs supports l'hiver ; de même, les tuyaux des poêles doivent être engagés l'un dans l'autre, et non fixés ensemble, les feuilles de zinc employées pour recouvrir les toits ne doivent être clouées que par un de leurs côtés, les barreaux de grilles doivent être libres au moins à une de leurs extrémités, etc.

La rupture des vases de verre ou de porcelaine chauffés trop brusquement est due encore à la dilatation : ces substances conduisant mal la chaleur, les parties soumises à l'action directe de la chaleur se dilatent plus que les parties voisines, d'où une séparation entre ces parties.

108. Dilatation des liquides. — Pour mettre en évidence la dilatation des liquides, on remplit complètement d'alcool coloré, par exemple, un ballon dont le bouchon est traversé par un tube de verre étroit (*fig.* 118), de façon à obtenir un déplacement sensible du niveau, même pour une faible variation de volume. On note la hauteur à laquelle le liquide s'élève dans le tube, et on plonge le ballon dans l'eau chaude ; on voit d'abord le niveau baisser, parce que le ballon, s'échauffant avant le liquide augmente de capacité ; puis, le liquide monte beaucoup plus haut que le niveau primitif,

Fig. 118. — Dilatation des liquides.

ce qui prouve qu'il se dilate plus que l'enveloppe : les liquides se dilatent en moyenne 7 à 8 fois plus que les solides. Si on laisse refroidir le ballon, le liquide revient à son premier niveau.

Comme on ne peut chauffer un liquide sans échauffer en même temps le vase qui le contient, et dont la capacité augmente, le volume dont le liquide paraît s'être élevé au-dessus du niveau primitif, n'est que sa *dilatation apparente*, et la *dilatation réelle* est égale à la dilatation apparente augmentée de la dilatation de l'enveloppe.

En remplaçant l'alcool par d'autres liquides, on constate que, dans les mêmes conditions, la dilatation varie avec la nature du liquide ; ainsi, l'alcool se dilate environ 6 fois $\frac{1}{2}$ plus que le mercure, et 12 fois plus que l'eau.

L'eau fait exception à la loi générale : nous verrons plus loin que lorsqu'on l'échauffe du point de fusion de la glace jusqu'à l'ébullition, son volume diminue d'abord, puis augmente ensuite.

Les liquides étant presque incompressibles, leur force de dilatation est énorme, et peut produire des effets mécaniques considérables : par exemple, de l'eau, chauffée fortement dans un vase de fonte exactement rempli et hermétiquement fermé, brise les parois du vase, parce que le volume de l'eau augmente plus vite que la capacité du vase de fonte.

109. Dilatation des gaz. — On se sert, pour montrer la dilatation des gaz, d'un ballon dans le bouchon duquel passe un tube très étroit, recourbé horizontalement, et contenant une petite colonne de mercure ou de liquide coloré, qui sépare l'air ou le gaz du ballon de l'air extérieur (*fig* 119). Il suffit de chauffer le ballon avec la main pour voir le liquide s'éloigner du bouchon : les gaz se dilatent donc beaucoup, environ 150 fois plus, en moyenne, que les solides.

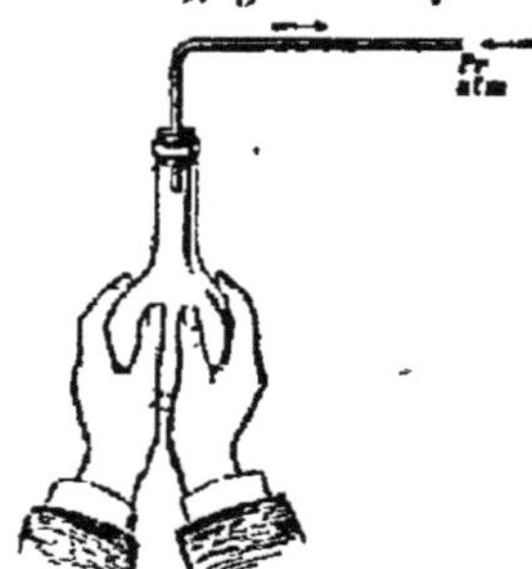

Fig. 119. — Dilatation des gaz sous pression constante.

Si au lieu du tube horizontal, on fait passer dans le bouchon un tube recourbé en S (*fig.* 120) contenant du mercure au même niveau dans les deux branches, quand on chauffe le ballon, on voit le mercure baisser dans la petite branche et monter dans la grande ; la force élastique du gaz du ballon, qui était d'abord égale à la pression atmosphérique, a donc augmenté de la colonne h du mercure soulevé ; ce qui montre qu'un gaz chauffé peut augmenter à la fois de volume et de force élastique. C'est pourquoi, dans l'énoncé de la loi de Mariotte, on suppose toujours que la température est invariable.

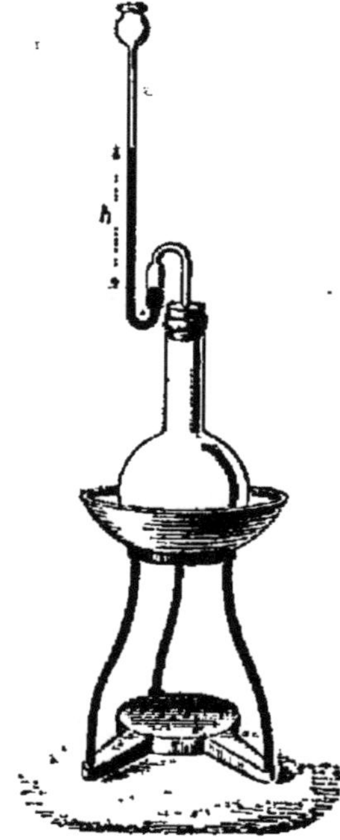

Fig. 120. — Augmentation de force élastique des gaz par la chaleur.

La formation du *vent* est une conséquence de la dilatation des gaz par la chaleur : quand une région A du sol s'échauffe plus fortement qu'une région voisine B, les couches d'air en contact avec A s'échauffant deviennent moins denses et s'élèvent ; elles sont alors remplacées par de l'air plus froid venant de B, et il se forme un courant froid allant de B vers A au voisinage du sol, tandis que l'air chaud, après s'être élevé à une certaine hauteur, s'étale dans les hautes régions de l'atmosphère et y forme un courant dirigé en sens contraire du courant inférieur.

Thermomètre.

110. Température. Définition. — Il nous est très difficile d'apprécier exactement, d'après nos sensations, l'état calorifique d'un corps : les indications du toucher sont limitées, le contact d'un corps très chaud ou très froid nous donnant seulement une impression de douleur ; et de plus, nos impressions dépendent d'un grand nombre de circonstances, en particulier de l'état préalable de nos organes ; par exemple, si nous plongeons la main droite dans de l'eau très chaude, et la gauche dans de l'eau très froide, et que nous les mettions ensuite toutes deux dans un même vase contenant de l'eau à la température ordinaire, la main droite aura une impression de froid, et la gauche une impression de chaleur.

On s'appuie alors, pour reconnaître si un corps est plus ou moins chaud, sur les modifications physiques, et principalement sur les changements de volume produits par la chaleur.

On appelle température d'un corps une grandeur qui caractérise l'état calorifique de ce corps par ses variations de volume. Tant que le volume d'un corps ne varie pas, c'est qu'il ne gagne ni ne perd de chaleur, on dit que sa température reste *constante* ; quand son volume augmente, c'est que le corps s'échauffe, on dit que sa température *s'élève* ; quand son volume diminue, sa température *s'abaisse*.

Si on met en contact deux corps A et B inégalement chauds, l'expérience montre que le plus chaud se refroidit, tandis que l'autre s'échauffe ; donc si le volume de A diminue et que celui de B augmente, c'est que A fournit de la chaleur à B, qu'il était à une température *plus élevée* que celle de B. Au bout de quelque temps, l'équilibre s'établit, le volume des corps reste stationnaire, on dit alors que A et B sont *à la même température.*

Il ne faut pas confondre la température d'un corps avec la quantité de chaleur de ce corps : une petite balle de fer, portée au rouge, et plongée dans un grand vase d'eau à la température ordinaire, cède de la chaleur à l'eau, bien qu'elle en renferme beaucoup moins que cette eau ; de même, si l'on met en communication deux vases renfermant un liquide, le liquide passe du vase où le niveau est le plus élevé dans l'autre vase, et non de celui qui renferme le plus de liquide dans celui qui en renferme le moins ; la température est donc comparable à un niveau calorifique des corps.

111. Thermomètre., Définition. — Il n'est pas toujours possible de mettre deux corps en contact direct, pour comparer leur température ; on peut alors se servir d'un troisième corps qui, mis successivement en contact avec les deux autres, pourra, par ses variations de volume, faire connaître si les deux corps étaient ou non à la même température ; ce corps est appelé un *thermomètre.* Donc : un thermomètre est un instrument qui sert à déterminer, par ses variations de volume, la température des corps avec lesquels il est mis en contact ; il doit avoir une masse assez faible, pour se mettre rapidement en équilibre de température avec les corps sans modifier sensiblement cette température.

Puisque les variations de volume du thermomètre sont

dues aux variations de température, on peut convenir de mesurer les températures par les variations de volume, et il faut alors choisir arbitrairement un corps thermométrique et une unité de mesure

112. Choix du corps thermométrique. — Pour qu'une substance puisse servir à la construction d'un thermomètre, il faut que ses variations de volume soient appréciables pour de faibles changements de température, et que, placée dans les mêmes conditions, elle reprenne exactement le même volume, de façon que ses indications soient comparables entre elles.

Les solides se dilatent peu, et quand ils sont soumis à de fréquents changements de température, leur structure change et ils ne reprennent plus le même volume pour une même température ; de plus, des échantillons différents d'un même corps ne sont pas toujours identiques et ne se dilatent pas de la même manière. On ne peut donc employer les solides comme corps thermométriques que pour des observations peu rigoureuses.

Les liquides se dilatent davantage, et pour une même température prennent toujours le même volume, quand ils sont purs ; mais ils doivent être enfermés dans une enveloppe solide, et la dilatation apparente d'un même liquide pour une même température pourra varier avec la nature de l'enveloppe. Des thermomètres faits avec des liquides différents ne donnent pas non plus les mêmes indications, parce que les liquides ne se dilatent pas tous suivant la même loi.

Les gaz se dilatent régulièrement et sensiblement tous de la même quantité dans les mêmes conditions ; ils ont une dilatation assez grande pour qu'on n'ait pas à tenir compte des variations de volume de l'enveloppe ; ils sont donc comparables et très sensibles : ce sont les meilleurs corps thermométriques. Mais leur volume dépend aussi de la pression, ce qui oblige à tenir compte des variations barométriques et rend les observations longues et délicates. On n'emploie donc les thermomètres à gaz que pour les recherches scientifiques ; pour les observations courantes on se sert de thermomètres à liquides.

Parmi les liquides, on emploie surtout le mercure et l'alcool. Le *mercure* est le seul liquide qui se dilate régulièrement ; il peut être obtenu facilement pur ; il se met très vite en équilibre de température avec les corps en modifiant très peu leur température ; il ne se congèle qu'à une température assez basse, et ne bout qu'à une température très élevée ; mais il a l'inconvénient de se dilater peu.

L'*alcool* se dilate beaucoup plus, mais non de façon régulière ; il est difficilement pur, à cause de son affinité pour l'eau ; on l'emploie pour les observations qui n'ont pas besoin de précision, et surtout pour les températures inférieures au point de solidification du mercure, parce qu'il reste liquide par les plus grands froids qu'on ait observés dans la nature.

113. Choix de l'unité de température. — Pour déterminer la température d'un corps par les variations de volume, on a dû chercher deux températures fixes, faciles à reproduire, et qui puissent servir de points de repère. On a constaté qu'un corps placé dans la glace fondante prend toujours le même volume : par exemple, si on entoure de glace en fusion le ballon qui a servi à montrer la dilatation des liquides, le liquide reste au même niveau tant qu'il y a de la glace non fondue. De même, si on plonge ce ballon dans la vapeur d'eau bouillante, la pression atmosphérique étant de 76^{cm}, le niveau du liquide est bien plus élevé que lorsque le ballon était dans la glace, mais il est toujours le même ; donc les températures correspondant à ces deux changements d'état sont constantes. On convient de prendre pour *zéro* de l'échelle des températures *la température de la glace fondante*, et pour *degré 100* celle *de la vapeur d'eau bouillante* sous la pression de 76^{cm}, et cette échelle est dite *centigrade*.

Mais les liquides ne se dilatant pas tous suivant la même loi, on est convenu de se servir du mercure pour définir le degré ; et par suite le degré centigrade est la variation de température nécessaire pour faire varier le volume du mercure de la centième partie de la dilatation apparente que subit ce corps en passant de la température de la glace fondante à celle de la vapeur d'eau bouillante sous la pression de 76^{cm}.

On indique généralement les degrés par un petit zéro placé en exposant : 0°,20°,...

114. Différentes échelles thermométriques. — L'échelle centigrade, qu'on emploie seule dans les observations scientifiques, est aussi la plus usitée en France dans la pratique journalière. On se sert encore quelquefois de *l'échelle Réaumur*, qui en diffère en ce que la température de la vapeur d'eau bouillante est marquée 80° ; et on emploie souvent en Angleterre et dans les pays du Nord, *l'échelle Fahrenheit*, dont le zéro correspond à une température inférieure à celle de la glace fondante ; celle-ci est marquée 32, et la température de la vapeur d'eau bouillante 212.

Il est facile de transformer des indications en degrés Fahrenheit ou Réaumur en indications centigrades, ou inversement : 80° Réaumur valant 100° centigrades, 1° R. vaut $\frac{100}{80}$ ou $\frac{5}{4}$ de degré centig., et 28° R., par exemple, valent $\frac{5}{4} \times 28$ ou 35° centigrades.

Dans l'échelle Fahrenheit, la glace fondante correspondant au degré 32, il y a $212 - 32 = 180$ degrés entre les divisions qui correspondent à 100° centigrades ; donc 1° F. vaut $\frac{100}{180} = \frac{5}{9}$ de degré centig., et une température de 59° F., par exemple, étant à $59 - 32 = 27°$ au-dessus du zéro centigrade équivaut à $\frac{5}{9} \times 27 = 15°$ centigrades...

115. Thermomètre à mercure. Construction. — Pour construire un thermomètre à mercure, on soude à un réservoir cylindrique en verre une tige du même verre creusée d'un canal capillaire de calibre aussi régulier que possible, et terminée par une ampoule à pointe effilée (*fig.* 121). On chauffe légèrement l'ampoule, et on en plonge la pointe dans du mercure pur et sec; l'ampoule se refroidissant, la force élastique de l'air qu'elle contient diminue, et la pression atmosphérique fait monter le mercure dans l'ampoule. Quand l'ampoule renferme assez de liquide pour remplir le réservoir et le tube, on retourne l'appareil : une partie du mercure descend dans le réservoir, mais

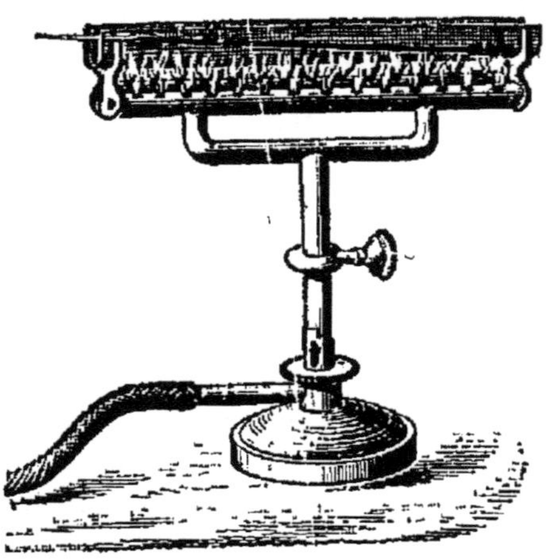

Fig. 121.
Tube pour thermomètre à mercure.

Fig. 122. — Rampe à gaz pour la construction du thermomètre.

comme le tube est trop étroit pour laisser en même temps sortir l'air du réservoir, cet air comprimé arrête bientôt la descente du mercure. On place alors l'instrument légèrement incliné sur une toile métallique chauffée par une rampe à gaz (*fig.* 122); l'air augmente de force élastique et sort au travers du mercure de l'ampoule; on laisse refroidir : une nouvelle quantité de mercure passe dans le réservoir. On chauffe de nouveau jusqu'à 360°, température d'ébullition du mercure : les vapeurs de mercure entraînent l'air et les traces de vapeur d'eau que pouvait contenir le tube; on redresse l'appareil et on le laisse refroidir, le réservoir et le tube se remplissent alors complètement.

Pour régler la quantité de mercure qui doit rester dans l'appareil, on le porte à la température la plus haute qu'on veut lui faire indiquer, et on chauffe l'extrémité du tube à la lampe pour le fermer et détacher l'ampoule. Quand on cesse de chauffer, le mercure descend dans le tube en laissant le vide au-dessus de lui; et la capacité du réservoir doit être telle qu'à la température la plus basse que doit marquer le thermomètre, le niveau du mercure ne rentre pas dans le réservoir.

116. Graduation. — Détermination du zéro. — Pour graduer le thermomètre, il faut marquer sur la tige les deux points fixes. On met de la glace pure, pilée et mouillée d'eau distillée, dans un vase présentant une ouverture à la partie inférieure pour que l'eau provenant de la fusion puisse s'écouler (*fig.* 123). On y plonge le thermomètre, qu'on soulève de temps en temps pour noter le niveau du mercure; quand ce niveau reste stationnaire, c'est que le thermomètre est à la température de la glace fondante; on marque le niveau par un trait, qui sera le zéro de la graduation.

Détermination du point 100. — On place ensuite le thermomètre dans une étuve à vapeur d'eau (*fig.* 124),

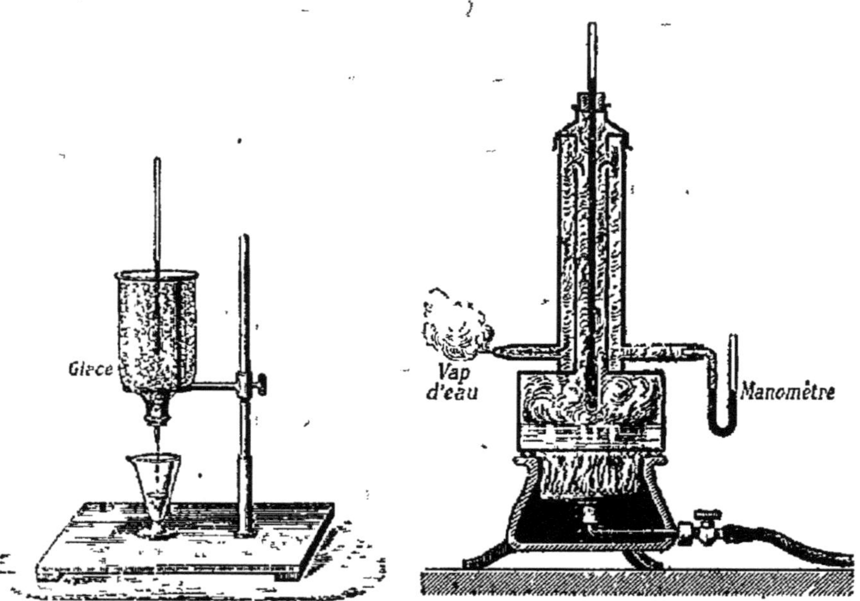

Fig. 123. — Détermination du zéro.   Fig. 124. — Détermination du point 100.

composée d'une chaudière cylindrique en cuivre, contenant de l'eau, surmontée de deux cylindres concentriques dont l'intérieur seul communique directement avec la chaudière. On chauffe l'appareil jusqu'à ce que l'eau entre en ébullition : la vapeur d'eau produite passe, après avoir entouré le thermomètre, dans le cylindre extérieur où elle circule avant de s'échapper dans l'atmosphère par une tubulure latérale ; elle protège ainsi le cylindre intérieur contre le refroidissement par l'air extérieur.

Le réservoir du thermomètre ne doit pas plonger dans l'eau, dont la température d'ébullition peut varier suivant la nature du vase et des substances dissoutes dans l'eau (148), tandis que la température de la vapeur produite ne dépend que de la pression ; un petit manomètre commu-

'niquant avec le cylindre extérieur permet de s'assurer si la force élastique de la vapeur est égale à la pression atmosphérique. On note le niveau du mercure dans le thermomètre, et quand il reste invariable on le marque par un trait qui indiquera le degré 100.

La pression atmosphérique n'étant pas toujours de 76^{cm}, la température de la vapeur d'eau bouillante n'est pas toujours exactement 100°; on a remarqué qu'au voisinage de 100° cette température varie de 1° pour une variation de pression de 27^{mm} de mercure; donc si la pression atmosphérique est de 778^{mm}, par exemple, au moment de l'expérience, au lieu de marquer 100° au niveau du mercure, on doit inscrire $100 + \frac{18}{27}$ ou $100° \frac{2}{3}$: si la pression était de 742^{mm}, on marquerait $100° - \frac{18}{27}$ ou $99° \frac{1}{3}$, et l'on tiendrait compte de ces différences dans la construction de l'échelle.

Construction de l'échelle. — L'intervalle entre les deux traits fixes représentant 100°, si le tube est bien calibré il suffit de diviser cet intervalle en 100 parties égales pour avoir les degrés. On continue ces divisions sur toute la longueur de la tige, et on distingue les *degrés au-dessous de zéro* des autres en faisant précéder du signe moins le nombre qui les exprime : si, par exemple, le niveau du mercure dans un thermomètre mis en contact avec un corps s'arrête à 18 divisions au-dessous du zéro, on dit que la température de ce corps est de —18°. Il est inutile de continuer la graduation en dessous de —40°, le mercure se solidifiant à cette température.

Dans les thermomètres de précision, la graduation est gravée sur la tige même (*fig.* 125), et

Fig. 125.
Thermomètre à mercure.

chaque degré est parfois divisé en plusieurs parties égales ; dans les thermomètres d'appartement, la graduation est le plus souvent tracée sur la plaque à laquelle l'appareil est fixé.

Plusieurs thermomètres à mercure en contact avec un même corps indiquent sensiblement le même degré jusqu'à 100° ; audelà de cette température, ils ne sont plus comparables, parce qu'on n'observe que la différence entre la dilatation du mercure et celle de l'enveloppe, qui peut varier suivant la nature du verre.

117. Thermomètre à alcool. — Construction. — L'alcool se dilatant plus que le mercure, la construction du thermomètre à alcool est plus facile que celle du thermomètre à mercure, parce que le canal creusé dans la tige peut être plus large. On soude à cette tige, au lieu d'une ampoule, un entonnoir cylindrique (*fig.* 126), dans lequel on verse de l'alcool pur coloré en rouge par de l'orseille ; on chauffe légèrement le réservoir pour en chasser une partie de l'air, qui est remplacée par de l'alcool quand on laisse refroidir ; on chauffe de nouveau jusqu'à l'ébullition de l'alcool : les vapeurs d'alcool entraînent l'air, et quand on cesse de chauffer, ces vapeurs se condensant, l'alcool remplit tout l'appareil.

Fig. 126.
Tube pour thermomètre à alcool.

Comme la vapeur d'alcool est légère, elle se mélange facilement à l'air, qu'elle ne chasse pas complètement, et dont il reste généralement une bulle en haut du réservoir ; pour chasser cette bulle, on attache solidement à l'extrémité de la tige une ficelle à l'aide de laquelle on fait tourner le thermomètre comme une fronde : l'alcool tend à s'éloigner le plus possible du centre du mouvement, et remplit complètement le réservoir, en chassant l'air qui sort par l'entonnoir.

On porte ensuite le thermomètre à la plus haute température qu'il doit indiquer, on détache l'entonnoir, et on ferme la tige au chalumeau à gaz, mais en y laissant un peu d'air pour retarder le point d'ébullition de l'alcool.

Graduation. — On détermine le zéro dans la glace fondante comme pour le thermomètre à mercure ; mais l'alcool bouillant à 78°, la force élastique de sa vapeur pourrait faire casser l'appareil si on le plongeait dans l'étuve à vapeur d'eau, et le thermomètre à alcool ne peut indiquer de température supérieure à 78°. On le gradue alors par comparaison avec un bon thermomètre à mercure : on plonge les deux thermomètres dans un même liquide, et quand les niveaux restent stationnaires, on marque en face du niveau, sur le thermomètre à alcool, le degré indiqué par le thermomètre à mercure, soit 35° par exemple. On divise ensuite l'intervalle entre le zéro et ce deuxième point de repère en 35 parties égales, et on continue ces divisions sur toute la tige ; le plus souvent on les marque sur la planchette qui porte le thermomètre (*fig. 127*).

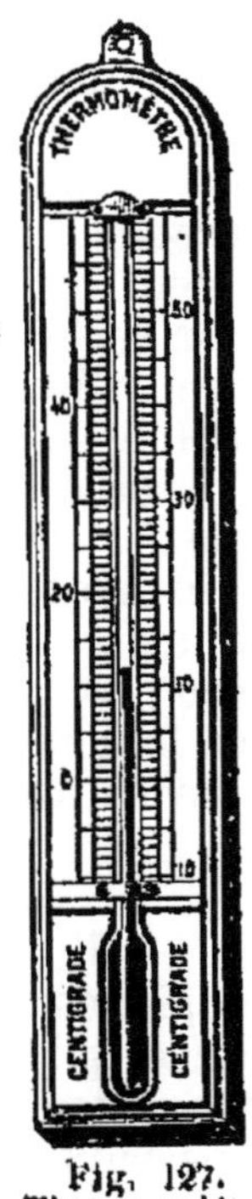

Fig. 127.
Thermomètre
à alcool.

Des thermomètres à alcool différents, dans les mêmes conditions, n'indiquent pas tous la même température, l'alcool n'ayant pas toujours le même degré d'hydratation. Ils ne concordent avec les thermomètres à mercure qu'aux deux températures qui ont servi de points de repère, ce qui montre que l'alcool ne se dilate pas suivant la même loi que le mercure.

Si l'on voulait obtenir un thermomètre à alcool, comparable au thermomètre à mercure, il faudrait déterminer directement, par comparaison avec un thermomètre à mercure, un grand nombre de points de repère, de 5 en 5 degrés par exemple, et diviser les intervalles entre deux traits successifs en 5 parties égales.

118. Déplacement du zéro. — Quand on plonge un thermomètre dans la glace fondante un certain temps après sa graduation, on constate que le niveau du mercure ne descend plus au zéro ; la différence peut atteindre 2 degrés, toujours au-dessus du zéro. Ce déplacement du zéro est dû à ce que le verre, refroidi brusquement après avoir été porté à une haute température, subit une sorte de trempe et ne revient plus que très lentement à son volume primitif. Ce phénomène est beaucoup moins sensible avec les enveloppes thermométriques en verre dur, à base de chaux, préalablement recuit, qu'avec celles de cristal ; aussi ce verre est-il le plus souvent employé maintenant.

Il suffit d'ailleurs, si on veut avoir des indications exactes, de vérifier de temps en temps la position du zéro : si, par exemple, le thermomètre marque 1° dans la glace fondante, on diminue de 1° toutes les indications fournies par ce thermomètre.

119. Thermomètres à maxima et à minima. — Il est souvent nécessaire, dans les observations météorologiques, de connaître la plus haute et la plus basse température qui se soient produites, en un lieu donné, dans un espace de temps déterminé ; on emploie alors des thermomètres spéciaux qui gardent l'indication de la température maxima ou de la température minima à laquelle ils ont été portés. Parmi les plus simples, on peut citer le thermomètre à maxima de Negretti, et le thermomètre à minima de Rutherford.

Le *thermomètre à maxima* (*fig.* 128) est un thermomètre à mercure dont la tige est légèrement courbée à sa partie inférieure, et dont le canal est presque fermé par une pointe de verre, soudée dans le réservoir qu'elle traverse. Le thermomètre étant horizontal, si la température s'élève le mercure se dilate et passe entre les parois du réservoir et la pointe de verre ; si la température s'abaisse, la pointe empêche le mercure de rentrer dans le réservoir ; si elle s'élève de nouveau, plus que dans le premier cas, le mercure qui sort du réservoir pousse devant lui celui qui était resté dans le tube ; par suite l'extrémité de la colonne de mercure qui est le plus loin du réservoir indique toujours la température la plus haute qu'ait marqué l'appareil depuis qu'il est en place.

Quand on veut préparer le thermomètre pour une nouvelle observation, on le redresse, et par de légers chocs on fait redescendre le mercure dans le réservoir, puis on le replace horizontalement.

Le *thermomètre à minima de Rutherford* est un thermomètre à alcool dans la tige duquel se trouve un petit index d'émail (*fig.* 129) ; l'appareil étant horizontal, si la température s'élève l'alcool se dilate et passe entre les parois du canal et l'index ; si la température s'abaisse, l'alcool se contracte, et comme il mouille l'index, l'extrémité de la colonne liquide adhère à l'index qu'elle entraîne avec elle ; donc l'extrémité de l'index qui est le plus loin du réservoir indique la plus basse température à laquelle le thermomètre soit descendu.

Pour remettre l'appareil en expérience, on le retourne, le réservoir en haut, de façon à faire descendre l'index jusqu'au niveau de l'alcool, puis on suspend de nouveau le thermomètre horizontalement.

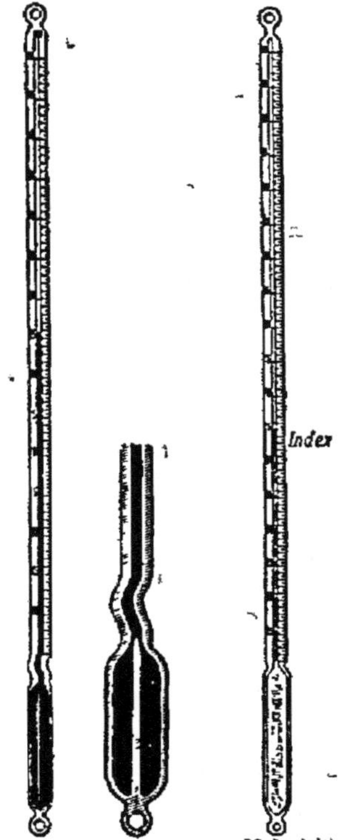

Fig. 128.
Thermomètre
à maxima
de Negretti.

Fig. 129.
Thermomètre à minima de Rutherford.

120. Détermination des températures élevées. — Pour les températures plus élevées que 300°, point d'ébullition du mercure, on ne peut plus se servir du thermomètre à mercure ; dans l'industrie on emploie des *pyromètres* très variables suivant l'usage auquel ils sont destinés, et généralement peu précis ; pour les observations scientifiques, on se sert des *thermomètres à gaz* dont l'emploi nécessite des opérations longues et délicates.

121. Coefficients de dilatation. — Solides. — On a vu, par l'expérience du pyromètre à cadran (106), qu'une barre métallique s'allonge d'autant plus qu'on la chauffe davantage, et de quantités variables suivant la nature de la barre. En étudiant avec plus de précision la dilatation des solides, on a trouvé que l'allongement d'une même barre est sensiblement proportionnel à l'élévation de température, et que, pour un même corps, il est proportionnel à la longueur de la barre chauffée ; donc, pour un même corps, *l'allongement de l'unité de longueur pour une élévation de température de* 1° *est une quantité constante*, qu'on appelle le *coefficient de dilatation linéaire* de ce corps.

Ce coefficient varie avec la nature du corps : il est, pour l'argent, 0,0000191, pour le cuivre rouge, 0,0000172, pour le fer, 0,0000118, pour le verre, 0,0000092.

Le coefficient de dilatation n'est constant qu'entre certaines limites de température ; audelà de 100° il augmente en général à mesure que la température s'élève.

Il est facile, connaissant la longueur d'un corps à 0° et son coefficient de dilatation, de trouver sa longueur à une température donnée ; par exemple, une barre de fer ayant 2^m à 0° et chauffée à 150° s'allongera de

$$0,0000118 \times 2 \times 150 = 0^m,00354,$$

et par suite, sa longueur à 150° sera

$$2^m + 0^m,00354 \qquad \text{ou} \qquad 2^m,00354.$$

Les solides se dilatent dans tous les sens ; on peut donc déterminer pour chacun un *coefficient de dilatation superficielle* et un *coefficient de dilatation cubique*, représentant l'augmentation de l'unité de surface ou de l'unité de volume pour une élévation de température de 1° ; on trouve que le coefficient de dilatation superficielle est sensiblement le double, et le coefficient de dilatation cubique le triple du coefficient de dilatation linéaire, pour les corps qui se dilatent de la même façon dans tous les sens.

La masse d'un corps restant constante tandis que son volume change avec la température, sa densité varie : elle diminue quand la température s'élève, et augmente quand la température s'abaisse ; les coefficients de dilatation permettent de calculer ces variations de densité.

Liquides. — Pour les liquides, on a vu (108) qu'il faut distinguer la dilatation absolue de la dilatation apparente, qu'on observe le plus souvent, dans les thermomètres par exemple. Il y a donc pour chaque liquide un *coefficient de dilatation absolue*, qui est l'augmentation de volume de l'unité de volume du liquide pour une élévation de température de 1°, et un *coefficient de dilatation apparente*, qui est sensiblement égal au coefficient de dilatation absolue diminué du coefficient de dilatation cubique de l'enveloppe, et qui varie par conséquent avec la nature de l'enveloppe.

Mais la dilatation d'un liquide de 0 à 10°, par exemple, n'est généralement pas la même que de 30 à 40° ou de 70 à 80°, elle augmente avec la température ; par suite, on ne peut indiquer que des *coefficients moyens de dilatation* entre deux températures déterminées

Pour le mercure, le coefficient de dilatation est sensiblement constant entre 0 et 100°, il est égal à $\frac{1}{5550}$; son coefficient de dilatation apparente dans le verre est de $\frac{1}{6480}$; tandis que celui de l'alcool est d'environ $\frac{1}{850}$; la capacité du degré dans le thermomètre à alcool est donc $\frac{1}{850}$ de celle du réservoir jusqu'au zéro, tandis que dans le thermomètre à mercure, elle n'en est que la 6480° partie.

Les coefficients de dilatation des liquides permettent de calculer le volume et la densité d'un liquide à une température donnée, et de *réduire à 0° les hauteurs barométriques*. La pression atmosphérique étant mesurée par le poids de la colonne de mercure soulevée dans le baromètre varie non seulement avec la hauteur barométrique, mais avec la densité du mercure et par suite avec la température ; connaissant le coefficient de dilatation du mercure, on peut ramener à ce qu'elles seraient à 0° les hauteurs observées à une température quelconque, et les rendre ainsi comparables. On tient compte aussi, dans ces corrections barométriques, de la dilatation de la règle de métal sur laquelle on lit généralement la hauteur du mercure.

Gaz. — Les gaz se dilatent proportionnellement à l'élévation de température, comme les solides et beaucoup plus qu'eux ; mais leur volume peut dépendre aussi de leur pression ; il faut donc, pour mesurer leur *coefficient de dilatation*

maintenir la pression constante, et l'on trouve que ce coefficient est sensiblement *le même pour tous les gaz*, entre 0 et 100°, quelle que soit la pression ; il est égal à 0,00367 ou sensiblement $\frac{1}{273}$.

Si, au contraire, on maintient constant le volume d'un gaz pendant qu'on fait varier sa température, on trouve que sa force élastique augmente proportionnellement à l'élévation de température et à la force élastique initiale ; il y a donc pour les gaz un *coefficient d'augmentation de force élastique* à volume constant ; il est sensiblement le même pour tous les gaz, et égal aussi à $\frac{1}{273}$; c'est-à-dire qu'un gaz dont la force élastique à 0° est de 76^{cm} aura, si on le porte à 50° en maintenant son volume constant, une force élastique égale à

$$76^{\text{cm}} + \frac{1 \times 50 \times 76}{273} \text{ ou } 76^{\text{cm}} \left(1 + \frac{50}{273}\right).$$

Le plus souvent les gaz changent à la fois de volume et de pression quand on les chauffe ; il faut donc tenir compte de la température et de la pression dans la détermination de la densité absolue d'un gaz, ou de la masse d'un volume donné d'un gaz de densité connue.

122. Maximum de densité de l'eau. — Si on élève peu à peu la température de l'eau à partir de 0°, on constate qu'elle se contracte jusqu'à 4°, puis se dilate ensuite. Pour le vérifier, on se sert de *l'appareil de Hope*, qui se compose d'une éprouvette à pied portant un manchon métallique dans sa partie moyenne (*fig.* 130). La paroi latérale de l'éprouvette est percée d'un trou à sa partie inférieure, et d'un autre à sa partie supérieure, pour laisser

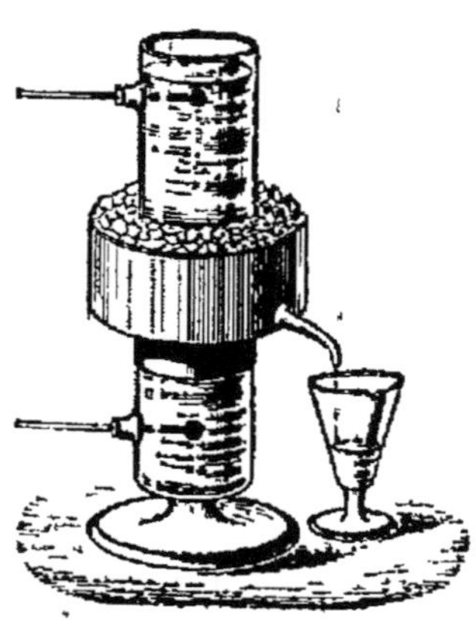

Fig. 130. — Appareil de Hope.

passer les tiges de deux thermomètres dont le réservoir est dans l'éprouvette. On remplit l'éprouvette d'eau à la température ordinaire, les deux thermomètres marquent 15° par exemple ; on met de la glace pilée dans le manchon, et l'on voit le thermomètre inférieur baisser rapidement, tandis que le thermomètre supérieur reste stationnaire ; donc à mesure que l'eau se refroidit, elle devient plus dense, ce qui prouve que son volume diminue. Quand le thermomètre inférieur est à 4°, il reste stationnaire à son tour, pendant que le thermomètre supérieur descend à 4°, puis à 0° : donc quand l'eau passe de 4° à 0°, sa densité diminue, et par suite elle se dilate.

Il en résulte que c'est à 4° qu'une masse d'eau déterminée occupe le plus petit volume, et a son *maximum de densité*. Au voisinage de cette température, la densité de l'eau varie très peu ; c'est pour cela qu'on a mesuré le poids de l'eau à 4° pour la détermination du gramme, une petite erreur dans la mesure de la température n'ayant alors qu'une influence très faible sur le poids.

L'existence du maximum de densité de l'eau a des conséquences importantes dans la nature : pendant l'hiver, l'eau des lacs et des rivières, à mesure qu'elle se refroidit, tombe au fond ; mais quand elle atteint 4°, si le refroidissement continue, elle devient plus légère et reste à la surface, qui peut se congeler et protéger les couches profondes dont la température reste à 4°. Si l'eau se dilatait suivant la loi générale, la congélation commencerait par le fond, et la masse d'eau se prendrait tout entière, emprisonnant les animaux aquatiques dont la vie ne serait plus possible.

De même, quand l'eau se réchauffe, c'est par les couches superficielles, et dans les lacs profonds, à partir d'une certaine profondeur, l'eau reste toujours à la température de 4°.

Il n'en est pas de même pour la mer, parce que l'eau salée présente bien un maximum de densité, mais qui se produit à — 3°,7, c'est-à-dire à une température inférieure au point de congélation de cette eau.

RÉSUMÉ DU CHAPITRE I

La *chaleur* est la cause de nos impressions de chaud et de froid. En agissant sur les corps, elle produit des variations de volume, des changements d'état et des phénomènes chimiques.

La plupart des corps *se dilatent* quand on les chauffe. Pour les solides, la dilatation est faible ; on la montre par le *pyromètre* à cadran et l'*anneau de S' Gravesand*. La force avec laquelle ils se dilatent est très grande: on l'utilise dans le cerclage des roues, le rivetage des pièces métalliques ; on en tient compte dans la construction des ponts métalliques, des toitures de zinc, dans la pose des rails, des tuyaux de conduite, etc.

Les liquides se dilatent plus que les solides ; mais comme on ne peut les chauffer sans échauffer aussi le vase qui les renferme, on n'observe que leur dilatation apparente : pour avoir leur dilatation réelle, il faut y ajouter la dilatation de l'enveloppe.

Les gaz se dilatent beaucoup, mais la chaleur peut faire varier à la fois leur volume et leur force élastique. C'est la dilatation inégale de l'air au contact de régions du sol inégalement échauffées qui détermine la production du vent.

La *température* d'un corps caractérise son état calorifique par ses variations de volume; on dit qu'elle est constante, qu'elle s'élève ou qu'elle s'abaisse suivant que le volume du corps reste constant, augmente ou diminue. Deux corps sont à la même température quand, mis en contact, ils ne changent pas de volume.

Le *thermomètre* sert à déterminer, par ses variations de volume, la température des corps. On emploie surtout, comme substances thermométriques le *mercure* pour les déterminations exactes et les températures élevées, et l'*alcool* pour les thermomètres ordinaires et les températures très basses.

On a pris comme températures fixes, pour la mesure des températures, la température de la glace fondante qu'on appelle 0, et celle de la vapeur d'eau bouillante sous la pression de 76^{cm} qu'on appelle 100 (échelle centigrade).

Les thermomètres sont formés d'un réservoir en verre, surmonté d'une tige cylindrique, bien calibrée. Pour les graduer, on les plonge dans la glace fondante, qui donne le zéro; on détermine le point 100 dans une étuve à vapeur d'eau pour les thermomètres à mercure; pour les thermomètres à alcool, on marque un second point fixe inférieur à 78°, par comparaison avec un thermomètre à mercure. Les degrés sont tracés sur la tige du thermomètre ou sur la plaque qui porte l'appareil.

On construit des thermomètres *à maxima* et *à minima*, qui enregistrent la température la plus haute ou la température la plus basse observées en un lieu dans un espace de temps déterminé.

L'eau ne se dilate pas régulièrement : quand on la chauffe de 0° à 4° elle se contracte; au delà de 4° elle se dilate; par suite, elle présente à 4° un maximum de densité; on le vérifie avec l'appareil de Hope.

CHAPITRE II

CHALEURS SPÉCIFIQUES — FUSION ET SOLIDIFICATION

---

123. Principes de calorimétrie. — Nous avons vu qu'il y a lieu de distinguer la température d'un corps, et la quantité de chaleur nécessaire pour amener le corps à cette température. Cette quantité de chaleur est une grandeur que l'on peut mesurer, sans qu'il soit nécessaire pour cela de connaître exactement la cause des phénomènes calorifiques et quelle que soit l'hypothèse admise sur la nature de la chaleur. En effet, si on brûle du carbone, de telle façon que toute la chaleur dégagée soit employée à fondre de la glace, par exemple, on trouve que 1^{gr} de carbone produit toujours la fusion d'un même poids de glace; et si on brûle 2, 3, 4^{gr} de carbone, on voit que les poids de glace fondus sont 2, 3, 4 fois plus grands. Donc, les quantités de chaleur dégagées sont proportionnelles aux poids de carbone brûlés, et les quantités absorbées, proportionnelles aux poids de glace qui fondent. Par suite, on peut mesurer les quantités de chaleur dégagées ou absorbées dans les phénomènes calorifiques, en les comparant à une quantité de chaleur choisie comme unité; cette mesure s'appelle la *calorimétrie*, et l'unité adoptée est la *calorie*.

La calorie est la quantité de chaleur qu'il faut fournir à un gramme d'eau pour élever sa température de $0°$ à $1°$.

Si on mélange rapidement, et de façon à n'avoir à tenir compte ni de l'échauffement du vase qui les contient ni d'aucune autre cause de variation de température, 100^{gr} d'eau à $0°$ et 100^{gr} d'eau à $10°$, on obtient 200^{gr} d'eau à $5°$. En répétant l'expérience avec des masses égales d'eau à d'autres températures, on trouve toujours que la température finale est la *moyenne* des températures primitives, tant que la température la plus élevée ne dépasse pas $50°$; on en conclut qu'une masse d'eau dont la température s'abaisse d'un certain nombre de degrés, dégage autant de chaleur qu'elle en absorbe pour élever sa température du même nombre de degrés. Donc 1^{gr} d'eau dégage une calorie quand sa température s'abaisse de $1°$; et, par exemple, 60^{gr} d'eau passant de $40°$ à $15°$ dégagent $60 \times (40-15) = 1500$ calories.

124. Chaleur spécifique. — Si l'on met 1^{gr} de fer à $0°$ dans 1^{gr} d'eau à $50°$, quand les deux corps sont en équilibre de température, cette température est de $45°$ environ; la quantité de chaleur abandonnée par l'eau en passant de $50°$ à $45°$, soit 5^{cal}, a donc servi à faire passer le fer de 0 à $45°$. Si on mélange 1^{gr} d'eau à $0°$ avec 1^{gr} d'essence de térébenthine à $50°$, la température finale du mélange est $14°,9$; l'essence de térébenthine, quand sa température s'abaisse de $50 - 14,9$ ou $35°,1$ dégage donc une quantité de chaleur égale à celle que la même masse d'eau absorbe pour passer de 0° à 14°,9 et par suite il lui faudrait 14^{cal},9 pour élever sa température de 35°,1.

De ces expériences, on peut conclure que des masses égales de corps différents emploient des quantités de chaleur différentes pour élever leur température du même nombre de degrés; et on appelle chaleur spécifique d'un corps la quantité de chaleur qu'il faut fournir à 1^{gr} de ce corps pour élever sa température de 1°. La chaleur spécifique du fer est donc $\dfrac{5}{45} = 0^{cal},11$, et celle de l'essence de térében-thine $\dfrac{14,9}{35,1} = 0^{cal},425$.

Cette méthode des mélanges est l'un des procédés les plus employés pour la détermination des chaleurs spécifiques : on place une masse déterminée M du corps dont on cherche la chaleur spécifique x, et qui est à une température connue t, dans une masse aussi déterminée M' d'eau à la température t', et on note la température t'', toujours intermédiaire entre t et t', au moment où elle est constante. Le corps, en passant de t à t''° a perdu, si t est plus grand que t', $x \times M \times (t - t'')^{cal}$, et l'eau a gagné $M' \times (t'' - t')^{cal}$; comme ces quantités sont égales, on en tire

$$x = \frac{M'(t'' - t')}{M(t - t'')}.$$

Dans la pratique, le calcul est bien moins simple, parce qu'il faut tenir compte de la chaleur prise par le vase qui contient l'eau, et de celle qu'il perd par rayonnement et par conductibilité, pendant que les deux corps se mettent en équilibre de température.

On constate que, de tous les corps sauf l'hydrogène, c'est l'eau qui a la plus grande chaleur spécifique ; cette chaleur est, d'après sa définition même, égale à 1 calorie.

Pour les autres corps, la chaleur spécifique est très variable suivant la nature du corps ; ainsi pour le mercure, elle n'est que 0,033, ce qui explique pourquoi le thermomètre à mercure ne change pas sensiblement la température des corps avec lesquels on le met en contact.

Elle dépend en outre, pour un même corps, de *l'état physique* : la chaleur spécifique est généralement plus grande à l'état liquide qu'à l'état solide ; celle de l'eau étant 1, la chaleur spécifique de la glace n'est que $0^{cal},5$; *l'état moléculaire :* le diamant, le graphite, et le charbon de bois, par exemple, n'ont pas la même chaleur spécifique, bien que tous trois soient du carbone ; de la *température :* la chaleur spécifique augmente avec la température, surtout pour les liquides ; pour les solides elle varie peu entre 0° et 100°.

Chaleurs spécifiques de quelques corps :

Eau	1	Cuivre	0,095
Glace	0,5	Argent	0,057
Soufre ordinaire . . .	0,202	Alcool absolu. . .	0,579
Charbon de bois . . .	0,241	Benzine.	0,399
Diamant.	0,147	Mercure.	0,033
Verre ordinaire . . .	0,198	Air	0,237
Fer	0,114	Hydrogène. . . .	3,409

Fusion et solidification.

125. Changements d'état des corps. — Tous les corps peuvent se présenter sous les trois états, solide, liquide et gazeux ; si quelques-uns ne sont connus que sous un ou deux états, comme l'hydrogène qu'on n'a pas encore solidifié, la chaux, la silice qu'on n'a pu volatiliser, c'est que les moyens dont nous disposons ne sont pas encore suffisants. Le plus souvent, les changements d'état se font sous l'influence de la chaleur, les solides tendant à devenir liquides, puis gazeux, à mesure que leur température s'élève.

126. Fusion. — La fusion est le passage d'un corps de l'état solide à l'état liquide sous l'action de la chaleur.

Tous les corps simples solides et la plupart des composés fondent quand on les porte à une température suffisamment élevée ; mais un certain nombre de composés, tels que la craie chauffée à l'air libre, et beaucoup de matières organiques, le bois, le coton, le papier, se décomposent avant de fondre.

Le passage de l'état solide à l'état liquide peut se faire graduellement, comme pour le fer, le verre, les résines, les graisses, qui se ramollissent et deviennent pâteux ; on ne peut dire exactement, dans les cas de fusion *pâteuse*, à quel moment les corps sont devenus liquides. Le plus souvent les corps passent brusquement de l'état solide à l'état liquide : tel est le cas de la glace, du phosphore, de l'étain.

127. Lois de la fusion. — Pour étudier les lois de la fusion *brusque*, il suffit de mettre un thermomètre en contact avec le corps que l'on veut fondre, et de chauffer graduellement. On constate ainsi que la fusion est soumise aux deux lois suivantes :

1re Loi : Un même corps, sous une pression constante, commence toujours à fondre à une même température, qu'on appelle son *point de fusion*.

Il faut des variations de pression très considérables pour modifier sensiblement le point de fusion d'un corps ; dans les conditions ordinaires la température de fusion est donc un des caractères qui peuvent servir à reconnaître la nature d'un corps ou à en vérifier la pureté.

La fusibilité est très variable suivant la nature des corps, comme on le voit par le tableau suivant, qui donne les points de fusion de quelques corps sous la pression atmosphérique :

Oxygène en dessous de.	200°	Étain.	235°
Alcool .	130°	Plomb .	326°
Mercure .	39°,5	Argent .	954°
Glace .	0°	Cuivre .	1054°
Beurre.	32°	Or .	1075°
Phosphore .	44°,2	Fonte grise.	1220°
Acide stéarique .	70°	Platine.	1775°
Soufre .	114°,5	Chaux .	3000°

2ᵉ Loi : La température d'un corps reste constante pendant tout le temps que dure la fusion.

Quelle que soit l'intensité du foyer sur lequel on chauffe un corps, sa température ne change plus à partir du moment où il a commencé à fondre, et la rapidité seule de la fusion est plus ou moins grande. C'est à cause de cette constance de température pendant la fusion qu'on se sert de là glace fondante pour marquer le zéro de l'échelle thermométrique.

128. Chaleur de fusion. — On peut vérifier la deuxième loi de la fusion en plaçant sur un même foyer deux vases semblables, contenant, l'un de l'eau à 0°, l'autre le même poids de glace à 0° ; les deux vases reçoivent des quantités égales de chaleur, et l'on voit le thermomètre plongé dans l'eau monter graduellement, tandis que celui qui est dans la glace reste stationnaire ; quand la glace est entièrement fondue, et transformée en *eau à* 0°, l'eau du premier vase est à 80°. On admet que la chaleur fournie à la glace, et qui la fait fondre sans changer sa température, est employée à produire le travail moléculaire qui détermine la transformation du solide en liquide.

On appelle chaleur de fusion d'un corps la quantité de chaleur qu'il faut fournir à 1ᵍʳ de ce corps pour le faire passer de l'état solide à l'état liquide sans changer sa température. Elle est pour la glace de 80^{cal}, puisqu'il faut autant de chaleur à 1^{gr} de glace pour fondre qu'à 1^{gr} d'eau pour passer de 0° à 80°.

On a déterminé, par des méthodes analogues à celles qu'on emploie pour la détermination des chaleurs spécifiques, la chaleur de fusion de la plupart des corps ; on trouve qu'elle varie beaucoup avec la nature des corps ; elle est pour le zinc, 28^{cal},1, pour l'argent 21^{cal},7, pour le phosphore 4^{cal},8, pour le mercure 2^{cal},8, etc. C'est la glace qui a la plus grande chaleur de fusion, ce qui explique pourquoi la neige et la glace fondent si lentement, et pourquoi les glaciers régularisent la température : la glace en fondant, l'été, emprunte à l'atmosphère une grande quantité de chaleur et par suite abaisse la température de l'air.

129. Solidification. Lois. — La solidification est le passage d'un corps de l'état liquide à l'état solide par refroidissement.

Lorsqu'on refroidit un liquide, il se contracte, puis il peut se solidifier, soit brusquement, soit en passant par tous les états intermédiaires si c'est un corps qui subit la fusion pâteuse. Quand la solidification est brusque, on voit que le corps arrivé à son point de fusion commence à se solidifier ; alors la température reste stationnaire, quelle que soit l'intensité du refroidissement, et ce n'est qu'après la solidification complète que la température baisse de nouveau. La solidification brusque se fait donc suivant deux lois analogues à celles de la fusion :

1re Loi : **Un même corps se solidifie toujours à une température déterminée qui est la même que le point de fusion.**

2ᵉ Loi : Tant que dure la solidification, la température reste constante.

Puisque la température du corps ne change pas, bien qu'on le refroidisse, c'est que le corps en passant de l'état liquide à l'état solide dégage de la chaleur, par suite de la transformation du travail moléculaire correspondant à la solidification. On trouve que cette *chaleur de solidification* est précisément égale à la chaleur que le corps avait absorbée pendant sa fusion. La solidification n'est pas instantanée, parce que la chaleur qui se dégage quand une partie du corps devient solide doit être enlevée par les corps environnants pour que le reste du liquide puisse se solidifier.

En général, les corps qui subissent la fusion brusque prennent, en se solidifiant lentement, des formes géomé-

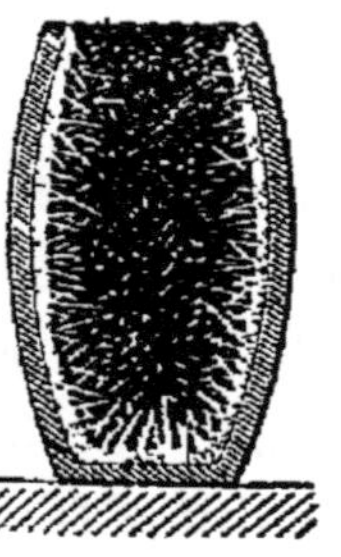

triques régulières appelées *cristaux* qui sont caractéristiques pour chaque corps, et l'on donne à ce mode de solidification le nom de *cristallisation par voie sèche* : la plupart des métaux ont une structure cristalline; le soufre (*fig.* 131), le bismuth, la neige, la glace offrent de beaux exemples de cristaux.

Fig. 131.— Cristallisation du soufre par fusion.

Au contraire, les corps qui passent par l'état pâteux forment, en se solidifiant, des masses compactes, non cristallisées, comme le verre, les résines.

130. Changements de volume accompagnant les changements d'état. — Presque tous les corps varient brusquement de volume en changeant d'état. En général, un solide augmente de volume en fondant ; il en résulte qu'un corps est moins dense à l'état liquide qu'à l'état solide, et que pendant la fusion les parties encore solides restent au fond du vase.

Au moment de la solidification, le phénomène inverse se produit, et les corps se contractent ; c'est pourquoi le soufre, le phosphore, la cire sortent facilement des moules dans lesquels ou les coule pour les solidifier.

Quelques corps, comme l'eau, la fonte de fer, le bismuth, diminuent de volume, au contraire, en devenant liquides, et se dilatent en se solidifiant : pour le bismuth la dilatation est telle qu'il brise au moment où il devient solide les tubes de verre dans lesquels on le coule ; et la fonte de fer se moule très bien parce qu'elle pénètre dans toutes les cavités du moule, grâce à l'augmentation de volume qui accompagne sa solidification.

Cette exception est surtout importante pour l'eau : la dilatation qui se produit au moment de la congélation est très grande, et la densité de la glace est seulement 0,92 ; la glace flotte donc sur l'eau, et comme elle conduit mal la chaleur, elle peut former par les grands froids, sur les lacs et les rivières, une couche solide qui protège le reste de l'eau contre le refroidissement et qui empêche la masse de se congeler entièrement ; elle permet ainsi aux plantes et aux animaux aquatiques de résister au refroidissement de l'atmosphère.

La force de dilatation de l'eau, au moment de la solidification, peut produire des effets considérables ; on le montre en mettant dans un mélange de glace et de sel, qui abaisse la température au-dessous de 0, un flacon plein d'eau hermétiquement bouché ; le flacon se brise avec un bruit sec, au moment où l'eau qu'il contient se congèle. On peut de même déterminer la rupture d'un canon de fusil, d'un obus, exactement remplis d'eau et fermés par des bouchons à vis. Ces expériences expliquent la rupture des carafes, des tuyaux de conduite d'eau, l'hiver, quand l'eau s'y congèle. Les pierres *gélives* sont des pierres poreuses qui s'imprègnent d'eau de pluie, et se désagrègent pendant les gelées par suite de la congélation de cette eau ; on doit éviter de les employer pour les constructions. Les gelées du printemps sont plus nuisibles pour les végétaux que les gelées plus fortes de l'hiver, parce que la sève déjà montée dans les vaisseaux les déchire quand elle se congèle.

131. Influence de la pression sur le point de fusion. — La température de fusion ou de solidification d'un corps n'est pas absolument constante · elle peut être modifiée par la pression extérieure, si cette pression est très forte. Dans le cas général, les corps se dilatant quand ils passent à l'état liquide, la pression est un obstacle à la fusion et peut la retarder, tandis qu'elle abaisse le point de solidification ; ainsi la paraffine qui fond à $46°,3$ à l'air libre ne fond qu'à $49°,9$ sous la pression de 100 atmosphères.

Au contraire, pour les substances qui diminuent de volume en fondant, la pression favorise la fusion et retarde la solidification : en exerçant sur de la glace une pression de plus de 1000 atmosphères, on est arrivé à la rendre liquide à $15°$ au-dessous de zéro.

132. Regel de la glace. — L'influence de la pression sur le point de fusion explique le phénomène du *regel* de la glace ; quand on presse fortement deux morceaux de glace l'un contre l'autre, ils se soudent, parce que la pression détermine un commencement de fusion des points en contact, et l'eau provenant de cette fusion, qui est à une température un peu inférieure à 0°, se congèle de nouveau en arrivant dans les interstices où elle ne subit plus de pression.

On peut montrer le regel en plaçant sur un bloc de glace un fil de fer portant à ses extrémités des poids assez lourds (*fig.* 132) ; par suite de la pression du fil, la glace fond au-dessous de lui ; l'eau produite passe au-dessus du fil où, n'étant plus pressée, elle se regèle ; de sorte que le bloc se ressoude à mesure que le fil le traverse, et reste entier au-dessus de lui.

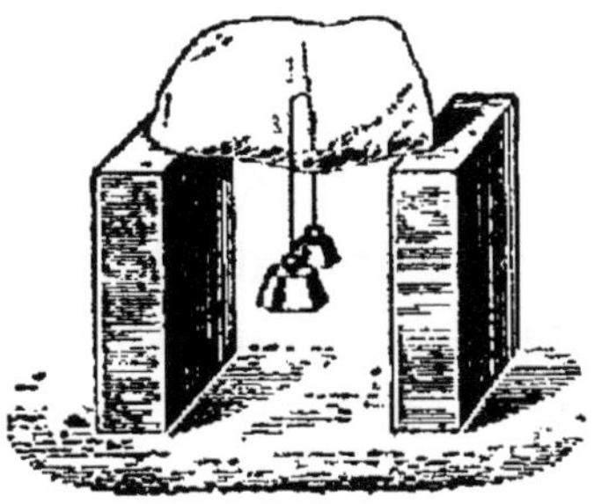

Fig. 132.— Expérience de regel.

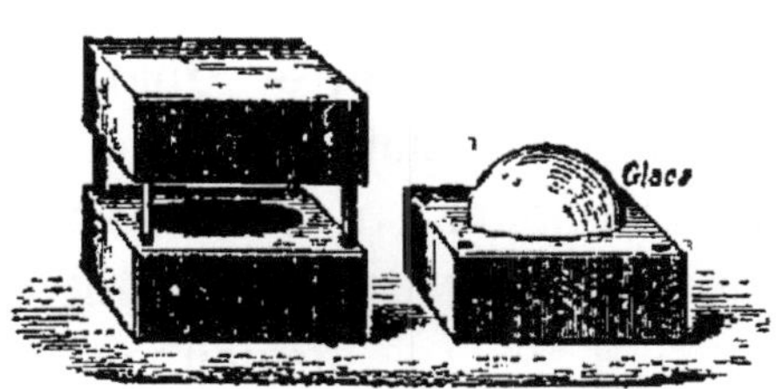

Fig. 133. — Moulage de la glace.

On le montre encore par l'expérience de Tyndall : on entasse de la glace pilée entre deux blocs de buis creusés chacun d'une cavité hémisphérique (*fig.* 133) et on exerce sur le tout une forte pression ; la glace se casse en morceaux plus petits, qui se soudent par le regel, dans leurs intervalles, de l'eau provenant de la fusion des points saillants ; et en comprimant et décomprimant alternativement, on obtient une sphère de glace compacte et transparente. La glace, qui est cassante et dure, peut donc être moulée par pression.

Ces expériences ont conduit Tyndall à expliquer la *formation* et la *marche des glaciers* : la neige, qui tombe sur les cimes des montagnes, descend le long des pentes et s'accumule dans les hautes vallées ; elle se transforme d'abord en *névé* granuleux, qui s'agglomère peu à peu par suite d'une fusion partielle due à la pression des couches supérieures et suivie de regel dans les interstices ; la glace formée devient donc de plus en plus compacte et transparente. En même temps le glacier, toujours poussé par les couches accumulées dans les parties supérieures de la vallée, se moule, par fusion et regel successifs, sur le fond et les parois de la vallée, et avance ainsi peu à peu vers les régions plus basses, comme le ferait un corps pâteux.

133. Surfusion. — Quand on refroidit lentement un liquide en le maintenant dans un état de calme absolu, on peut l'amener à une température notablement inférieure à son point de solidification sans qu'il devienne solide, contrairement à la première loi de la solidification ; on dit alors qu'il y a *surfusion*. Par exemple, si on place dans un mélange réfrigérant (137) un tube de verre contenant de l'eau et vide d'air, auquel est soudée la tige d'un thermomètre dont le réservoir plonge dans l'eau du tube (*fig.* 134), on constate que le thermomètre descend à 10° au-dessous de zéro sans que l'eau se congèle. Mais si l'on agite brusquement le tube, l'eau se solidifie instantanément, et le thermomètre peut remonter à 0°, par suite de la chaleur dégagée par la congélation.

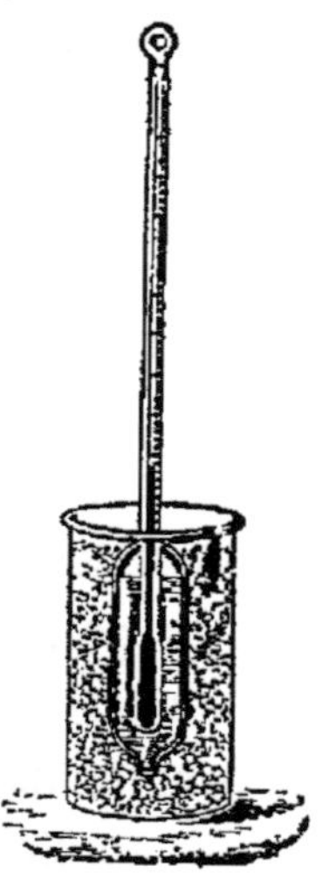
Fig. 134. — Expérience de surfusion de l'eau.

On observe encore la surfusion en plaçant l'eau dans

des tubes capillaires, ce qui permet de comprendre qu'un grand nombre de végétaux résistent à une température inférieure à zéro : la sève, enfermée dans des vaisseaux capillaires, reste surfondue.

Le soufre, le phosphore peuvent aussi rester facilement en surfusion : on fait passer, dans le bouchon d'un grand ballon plein d'eau, un thermomètre et deux tubes contenant du phosphore recouvert d'un peu d'eau (*fig.* 135); on chauffe le tout à une température supérieure à 44°, point de

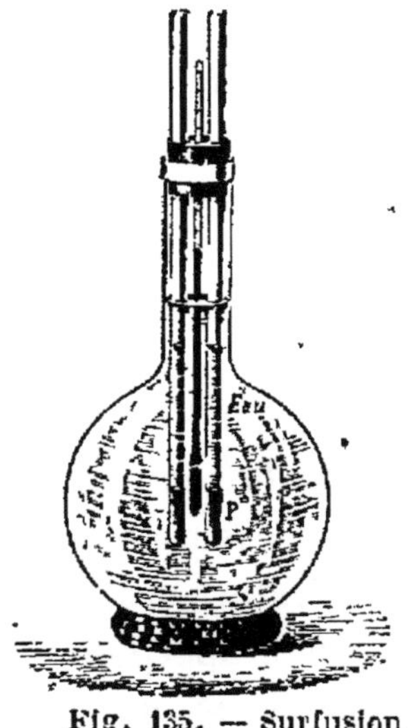

Fig. 135. — Surfusion du phosphore.

fusion du phosphore; quand tout le phosphore est fondu, on laisse refroidir lentement le ballon, et l'on constate que le phosphore est encore liquide quand le thermomètre ne marque plus que 30°. Si on agite fortement les tubes, le phosphore peut se solidifier ; mais on détermine toujours la solidification instantanée du phosphore en projetant dans l'un des tubes une parcelle de phosphore solide; il suffit même de toucher le phosphore surfondu avec une baguette de verre qu'on a frotté sur du phosphore pour que la solidification se produise, au contact des parcelles invisibles qui adhéraient au verre, et si brusquement que la baguette n'a pas le temps de pénétrer dans le liquide. Dans tous les cas, la température remonte sensiblement à 44° au moment de la solidification.

Si dans le second tube on introduit au lieu de phosphore ordinaire du phosphore rouge, la solidification n'a pas lieu. Il faut donc pour faire cesser la surfusion, que le corps solide mis en contact avec le liquide surfondu soit non seulement de même nature, mais encore de même forme cristalline que le solide qui se produit.

134. Dissolution. — La dissolution est le passage d'un corps de l'état solide à l'état liquide sous l'influence d'un liquide convenable appelé dissolvant : ainsi, le sucre, le sel peuvent fondre non seulement quand on les chauffe, mais quand on les met dans l'eau ; le soufre, le phosphore deviennent liquides dans le sulfure de carbone, l'iode dans l'alcool ; et les corps dissous se diffusent dans la masse du dissolvant.

La dissolution est donc une sorte de fusion, mais elle en diffère en ce qu'elle se produit à toute température ; cependant la chaleur favorise aussi la dissolution ; et, en général, la quantité d'un corps qui se dissout dans une quantité déterminée d'un dissolv t augmente avec la température : ainsi, 100^{gr} d'eau dissolvent à 0° 32^{gr},5, et à 100°, 179^{gr} de salpêtre. Cette influence de la température varie suivant les corps ; le sel marin, par exemple, est à peine plus soluble à chaud qu'à la température ordinaire.

La quantité de substance dissoute est proportionnelle à la quantité du dissolvant ; elle dépend encore de la nature des corps en présence : ainsi, le sucre se dissout dans le tiers de son poids d'eau froide, ou dans 80 fois son poids d'alcool bouillant.

La dissolution s'accompagne, comme la fusion, d'une absorption de chaleur due au passage du corps de l'état solide à l'état liquide, et à la dispersion dans le dissolvant du liquide produit : quand on mélange, par exemple, parties égales d'eau à 15° et d'azotate d'ammonium, la température de la dissolution peut s'abaisser à 10° au-dessous de zéro.

Souvent la dissolution est accompagnée d'une combinaison entre les deux corps, et cette combinaison peut se faire avec dégagement de chaleur ; on n'observe alors que la différence entre la chaleur absorbée par la dissolution et la chaleur dégagée par la combinaison ; et par suite, on constate un abaissement ou une élévation de température, suivant la nature et la quantité des corps en présence. Par exemple, quand on mélange 4 parties de glace et 1 partie d'acide sulfurique, la quantité de chaleur absorbée par la dissolution de la glace est bien plus grande que celle que dégage la combinaison de l'acide avec l'eau formée, et un thermomètre plongé dans la masse peut descendre à 20° au-dessous de zéro ; au contraire, avec 4 parties d'acide et 1 partie de glace, la quantité de chaleur dégagée par la combinaison est beaucoup plus grande que celle qui est absorbée par la fusion, et la température peut s'élever à près de 100°.

135. Solidification des corps dissous. — Quand un liquide a dissous d'un solide tout ce qu'il peut en dissoudre à la température de l'expérience, on dit que la solution est *saturée* : ainsi quand 100ᵍʳ d'eau à 100° ont dissous 179ᵍʳ de salpêtre, la solution est saturée, et si l'on ajoute du salpêtre il reste à l'état solide. Si on refroidit une solution saturée, ou qu'on l'évapore, ce qui diminue la quantité du dissolvant, une partie du corps dissous repasse à l'état solide, en affectant généralement la forme de cristaux ; ce mode de solidification est appelé *cristallisation par voie humide*, par opposition à la cristallisation par voie sèche qui se produit, comme on l'a vu (129), par refroidissement des corps fondus.

La cristallisation par voie humide est souvent employée

pour séparer ou purifier des corps : ainsi, dans l'extraction du sel de l'eau de mer, la solubilité de ce corps variant peu avec la température, on évapore l'eau de mer pour amener la cristallisation ; dans la préparation de l'azotate de potassium, beaucoup plus soluble à chaud qu'à froid, on laisse refroidir une solution saturée à chaud pour faire cristalliser le corps.

136. Sursaturation. — De même qu'un liquide peut être surfondu, une solution saturée à chaud peut être refroidie, sans que le corps dissous en excès cristallise ; on dit alors qu'elle est *sursaturée*. On obtient aisément des dissolutions sursaturées d'hyposulfite de sodium, d'acétate de sodium, d'azotate de calcium, en laissant refroidir lentement, dans le ballon où on les a préparées et qu'on a fermé par un petit cornet de papier (*fig.* 136), des solutions de ces corps saturées à chaud.

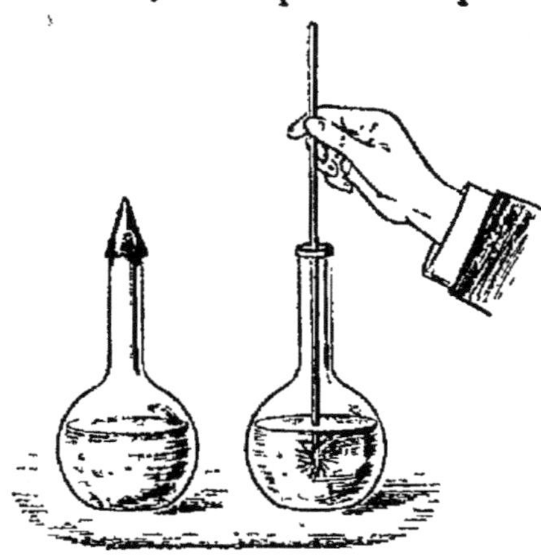

Fig. 136. — Sursaturation.

La sursaturation cesse, comme la surfusion, par une agitation brusque de la dissolution, et toujours par l'introduction d'une parcelle solide de même nature et de même forme que le corps dissous ; la cristallisation est instantanée, et s'accompagne d'un dégagement de chaleur qui peut faire remonter la masse à la température de saturation, et qui est généralement assez sensible pour qu'on la constate en touchant le ballon.

Il arrive souvent qu'en retirant le cornet de papier qui fermait le ballon, la cristallisation se produise ; c'est qu'il y avait dans l'air des parcelles du sel dissous, qui sont arrivées au contact du liquide ; ce cas se présente souvent avec le sulfate de sodium ; tandis qu'avec l'azotate de calcium, qui est déliquescent et dont il ne peut exister de parcelles solides dans l'air, on peut étaler la dissolution sursaturée sur une lame de verre sans que la cristallisation se fasse.

137. Mélanges réfrigérants. — L'absorption de chaleur qui se produit quand un corps solide fond ou se dissout peut être utilisée pour produire artificiellement des températures très basses ; on emploie pour cela des *mélanges réfrigérants* formés de substances très variables, mais dont une au moins est solide. On place généralement le corps à refroidir dans un récipient en métal qu'on plonge dans le mélange, et celui-ci emprunte au récipient et au corps la chaleur nécessaire à son changement d'état.

Il y a toujours une limite à l'abaissement de température que l'on peut obtenir, c'est le point de solidification de la dissolution formée, parce que la chaleur dégagée par cette solidification fait remonter la température du mélange.

Les mélanges réfrigérants les plus employés sont les suivants :

Le mélange de parties égales d'eau et d'azotate d'ammonium, qui abaisse la température de 26° ;

Le mélange de 2 parties de glace pilée et 1 partie de sel marin qui agit à la fois par la fusion de la glace et par la dissolution du sel dans l'eau provenant de la fusion ; il peut abaisser la température à — 21° ;

Le mélange de 4 parties de chlorure de calcium avec

3 parties de neige ou de glace, avec lequel on peut obtenir un froid de — 48° qui permet de congeler le mercure ;

Le mélange d'anhydride carbonique solide et d'éther qui produit un froid de — 100°.

Les mélanges réfrigérants sont utilisés pour fabriquer les glaces, les sorbets, les boissons frappées, et dans les laboratoires pour liquéfier certains gaz, tels que l'anhydride sulfureux, le peroxyde d'azote.

RÉSUMÉ DU CHAPITRE II

La *calorimétrie* est la mesure des quantités de chaleur dégagées ou absorbées dans les phénomènes calorifiques. L'unité de chaleur est la *calorie*, quantité de chaleur qu'il faut fournir à 1gr d'eau pour élever sa température de 0° à 1°.

La *chaleur spécifique* d'un corps est la quantité de chaleur qu'il faut fournir à 1gr de ce corps pour élever sa température de 1° ; elle varie avec la nature du corps, son état physique, son état moléculaire, et avec la température. C'est l'eau qui a la plus grande chaleur spécifique.

La *fusion* est le passage d'un corps solide à l'état liquide sous l'action de la chaleur. Elle peut être pâteuse, le corps passant graduellement d'un état à l'autre, ou brusque. La fusion brusque se fait suivant deux lois : 1° Un même corps commence toujours à fondre à la même température, qui est son point de fusion ; 2° La température du corps reste constante tant que dure la fusion.

La chaleur de fusion d'un corps est la quantité de chaleur qu'il faut fournir à 1gr de ce corps pour le faire passer de l'état solide à l'état liquide sans changer sa température. Elle est de 80cal pour l'eau.

La *solidification* est le passage d'un corps de l'état liquide à l'état solide par refroidissement ; elle se fait graduellement ou brusquement ; la solidification brusque est soumise à deux lois : 1° Un même corps se solidifie toujours à la même température, qui est aussi son point de fusion ; 2° Tant que dure la solidification la température reste constante.

En se solidifiant, un corps dégage autant de chaleur qu'il en avait absorbé pour fondre. Les corps qui se solidifient brusquement cristallisent ; ceux qui passent par l'état pâteux restent vitreux.

En général, les corps solides augmentent de volume en fondant ; l'eau, la fonte, le bismuth, au contraire, diminuent de volume et sont plus denses à l'état liquide qu'à l'état solide. La force avec laquelle l'eau se dilate en se congelant peut briser les vases dans lesquels elle est contenue, les conduites d'eau, les pierres gélives.

Une augmentation de pression retarde la fusion des corps qui augmentent de volume en fondant, et favorise la fusion de la glace ; cette influence de la pression explique le phénomène du regel, le moulage de la glace, et la marche des glaciers.

Un liquide maintenu dans l'immobilité peut être *surfondu*, c'est-à-dire rester liquide au-dessous de son point de solidification. La surfusion cesse par l'agitation ou par l'introduction dans le liquide d'une parcelle de même nature et de même forme que le solide qui devrait se produire.

La *dissolution* est le passage d'un solide à l'état liquide sous l'influence d'un liquide dissolvant. Elle se produit à toute température ; la quantité de solide qui se dissout dans un poids donné du dissolvant dépend de la nature des deux corps, et augmente en général avec la température. La dissolution se fait avec une absorption de chaleur, qui peut être masquée par un dégagement de chaleur si une combinaison accompagne la dissolution.

Quand on refroidit ou qu'on évapore une dissolution saturée, une partie du corps dissous se dépose en cristallisant (*cristallisation par voie humide*). Il peut arriver que le dépôt ne se fasse pas, il y a *sursaturation* ; la sursaturation cesse par l'agitation ou par l'introduction d'une parcelle solide semblable à celles qui doivent se déposer.

L'absorption de chaleur qui accompagne la dissolution peut servir à faire des *mélanges réfrigérants*, qui produisent des abaissements de température variables suivant la nature des corps en présence.

CHAPITRE III

VAPORISATION

Étude des vapeurs saturantes.

138. Vaporisation. — On donne le nom de vaporisation au passage d'un corps de l'état solide ou liquide à l'état gazeux ; et on appelle *vapeurs* les gaz produits par des corps qui sont solides ou liquides à la température ordinaire. Le plus souvent les corps passent par l'état liquide avant de se vaporiser ; pourtant un certain nombre de solides comme l'iode, le camphre, les matières odorantes, la glace, passent directement à l'état de vapeurs. On appelle corps *volatils* les corps qui émettent des vapeurs à la température ordinaire.

Les vapeurs sont généralement transparentes et incolores comme les gaz, donc invisibles. Quand on laisse de l'eau dans un vase ouvert, le volume de cette eau diminue peu à peu parce qu'elle se transforme en vapeur, bien qu'on n'observe rien au-dessus du vase ; la vaporisation se produit donc à toute température comme la dissolution. Si on élève progressivement la température de l'eau, il arrive un moment où des bulles gazeuses se forment dans la masse, et il se fait au-dessus du vase une sorte de nuage qu'on appelle improprement de la *vapeur*, car il est dû au contraire à ce qu'une partie de la vapeur repasse à l'état liquide, au contact de l'air froid.

La vaporisation peut donc se faire de deux manières : par la production lente de vapeur à la surface, comme dans le premier cas, on l'appelle alors *évaporation ;* ou par la production de bulles dans la masse du liquide, comme pour l'eau chauffée, et on dit qu'il y a *ébullition*. Dans les deux cas, les lois suivant lesquelles se fait la vaporisation sont une conséquence des propriétés générales des vapeurs, propriétés que l'on peut étudier plus facilement en isolant la vapeur, c'est-à-dire en la produisant dans le vide.

139. Formation des vapeurs dans le vide. — Pour étudier la formation des vapeurs dans le vide, on prend un tube de Torricelli retourné sur une cuve à mercure, et à l'aide d'une pipette recourbée on y introduit quelques gouttes d'un liquide volatil, de l'éther par exemple (*fig.* 137). L'éther monte dans le tube à cause de sa faible densité, et en arrivant à la surface du mercure il

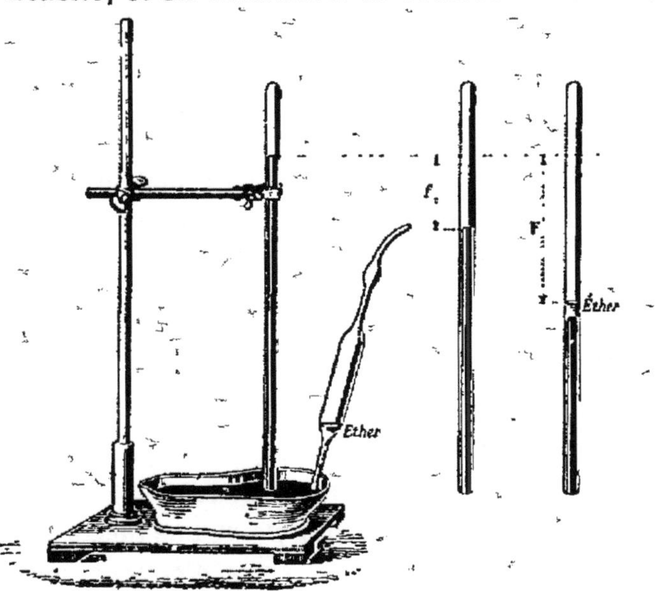

Fig. 137. — Formation des vapeurs dans le vide.

disparaît *instantanément* tandis que le mercure baisse d'une hauteur *f* par exemple ; la vapeur exerce donc une pression sur le mercure : elle a, comme les gaz, une force élastique, et cette force est mesurée par la différence *f* entre la hauteur barométrique et la hauteur du mercure dans le tube à vapeur d'éther.

Si l'on introduit de nouveau quelques gouttes d'éther dans le tube, il monte encore, disparaît instantanément et le mercure baisse davantage : la force élastique de la vapeur a donc augmenté ; mais si l'on continue à introduire de l'éther, il arrive un moment où il reste à l'état liquide au-dessus du mercure, et à partir de ce moment quelle que soit la quantité d'éther ajoutée, le niveau du mercure ne baisse plus, la couche liquide seule augmente à mesure que l'éther arrive ; on en conclut que l'espace situé au-dessus du mercure renferme autant de vapeur qu'il en peut contenir dans les conditions de l'expérience, on dit que cet espace est *saturé* et que la vapeur est *saturante*. Comme on ne peut plus augmenter la force élastique de cette vapeur, qui est mesurée par la différence F entre la hauteur barométrique et celle du mercure dans le tube, on dit que la vapeur a atteint sa *force élastique maxima*.

140. Propriétés des vapeurs saturantes. — En répétant l'expérience on constate que la dépression F du mercure, quand l'espace est saturé d'éther, est toujours la même si la température reste constante ; donc :

1º *A la même température, pour une même vapeur la force élastique maxima est toujours la même.*

Si on retourne sur une même cuvette plusieurs tubes de Torricelli, et que, laissant l'un d'eux comme tube-témoin, on introduise dans les autres des liquides différents, par exemple de l'eau, de l'alcool et de l'éther, jusqu'à ce que les vapeurs formées soient saturantes (*fig.* 138), on voit que le mercure baisse iné-

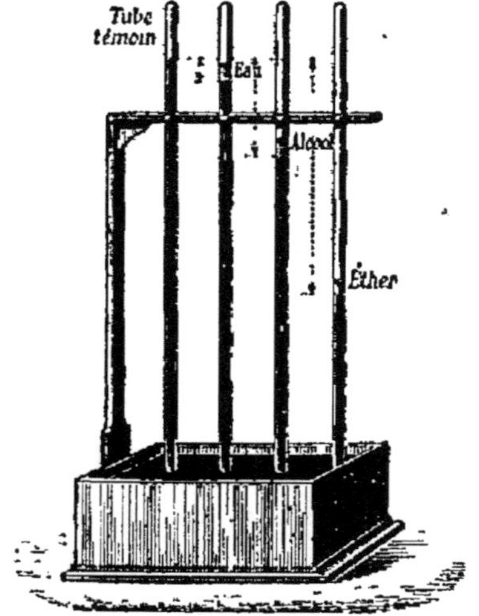

Fig. 138. — Forces élastiques maxima de liquides différents.

galement dans les divers tubes : la force élastique de

l'éther est plus grande que celle de l'alcool, qui est elle-même plus grande que celle de l'eau, ce qu'on exprime en disant que l'alcool est plus volatil que l'eau et l'éther plus volatil que les deux autres liquides. De cette expérience, on conclut que :

2º *A la même température, la force élastique maxima d'une vapeur saturante dépend de la nature de cette vapeur.*

Si l'on fait varier la température des vapeurs, en promenant la flamme d'un bec Bunsen le long des tubes, on voit le mercure baisser rapidement en même temps que la quantité de liquide qui le surmonte diminue, une partie du liquide passant à l'état de vapeur. Donc :

3º *La force élastique maxima d'une vapeur saturante augmente à mesure que la température s'élève.*

Si l'on porte sur la cuvette profonde un tube barométrique dans lequel on a introduit assez d'éther pour qu'il en reste un excès liquide (*fig.* 139), on constate que le niveau du mercure ne change pas quand on enfonce ou qu'on soulève le tube de façon à faire varier le volume occupé par la vapeur ; seulement la quantité de liquide diminue quand on soulève le tube, et augmente quand on l'enfonce.

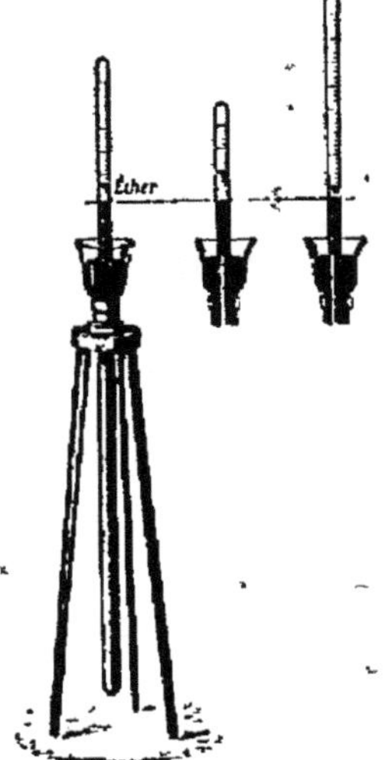

Fig. 139. — La force élastique d'une vapeur est indépendante du volume de la vapeur.

La force élastique de la vapeur reste donc constante, tandis que la quantité de vapeur varie proportionnellement à la capacité de l'espace qui la renferme. D'où l'on conclut que :

4° *A la même température, la force élastique maxima d'une vapeur saturante est indépendante de l'espace occupé par la vapeur.*

Si le tube est assez long pour qu'en le soulevant on arrive à faire disparaître complètement l'éther, on constate qu'à partir du moment où il n'y a plus de liquide, le niveau du mercure varie quand on soulève le tube, et par suite la force élastique de la vapeur change en même temps que son volume. En mesurant, dans plusieurs positions du tube, le volume occupé par la vapeur et sa force élasti que, on constate que la force élastique varie en raison inverse du volume, c'est-à-dire que la vapeur suit la loi de Mariotte.

Les vapeurs se présentent donc sous deux états différents: quand elles sont saturantes, à une température donnée un volume déterminé ne peut jamais contenir que la même quantité de vapeur ; quand elles ne sont pas saturantes, elles se comportent comme les gaz, suivent la loi de Mariotte et se dilatent sensiblement de la même façon que les gaz.

141. Force élastique maxima de la vapeur d'eau à différentes températures. — On a mesuré, par des procédés dans l'étude desquels on ne peut entrer ici, la force élastique maxima d'un grand nombre de vapeurs à des températures différentes ; cette mesure est surtout importante pour l'eau, à cause de son rôle dans les phénomènes météorologiques et de l'emploi de la vapeur comme force motrice.

Les résultats montrent que la force élastique augmente plus vite que la température, et qu'il n'y a pas de relation simple entre ces deux grandeurs. Dès la température de

— 30° la glace émet des vapeurs à une tension appréciable ; le tableau suivant indique la force élastique maxima correspondant à des températures comprises entre — 30° et 230°.

Températures	Forces élastiques maxima.	Températures	Forces élastiques maxima.
— 30°	0^{cm}039	40°	5^{cm}491
— 20	0 ,093	50	9 ,198
— 10	0 ,209	100	76 ,000
0	0 ,460	120	149 ,128
+ 10	0 ,916	150	358 ,123
20	1 ,739	200	1168 ,896
30	3 ,155	230	2092 ,640

Presque tous les autres liquides émettent, dès la température ordinaire, des vapeurs ayant une force élastique plus ou moins grande ; l'acide sulfurique, la glycérine ne donnent pas de vapeurs appréciables à la température ordinaire ; la force élastique de la vapeur de mercure n'est que de 0^{mm},11 à 50°, et 0^{mm},7 à 100°, on peut donc la négliger dans les observations barométriques faites à la température ordinaire.

142. Formation des vapeurs dans les gaz. — Quand on introduit un liquide volatil dans un espace contenant déjà un gaz, on constate qu'il passe encore à l'état de vapeur, mais *pas instantanément* comme dans le vide ; la vaporisation est d'autant plus lente que la force élastique du gaz est plus grande. Quand le liquide passe tout entier à l'état de vapeur, cette vapeur n'est pas saturante et se comporte comme un gaz ; quand il reste un excès de liquide, la vapeur est saturante, et *sa force élastique maxima est égale à celle qu'elle aurait dans le vide à la même température* ; donc la vaporisation suit les mêmes lois que dans le vide.

Dans les deux cas, la force élastique du mélange est la somme de la force élastique du gaz et de celle de la vapeur, considérés chacun comme occupant seul le volume du mélange.

Évaporation.

143. Évaporation. — L'évaporation est la formation lente de vapeurs à la surface libre d'un liquide. Elle a lieu à toute température, sans phénomène apparent, par exemple quand on abandonne à l'air des étoffes mouillées, des vases contenant de l'eau, de l'alcool ; mais la rapidité de l'évaporation est très variable.

Lorsque l'évaporation se produit *en vase clos*, par exemple si l'on recouvre d'une cloche une soucoupe contenant de l'eau, elle s'arrête dès que l'espace est saturé, c'est-à-dire quand la vapeur qui s'accumule dans le vase a atteint la force élastique maxima correspondant à la température de l'expérience.

A l'air libre, l'espace que peut occuper la vapeur étant illimité, la force élastique maxima ne peut être atteinte, et l'évaporation est continue. La rapidité de l'évaporation, c'est-à-dire la masse de liquide qui se transforme en vapeur dans un temps donné, dépend pour un même liquide :

1° *De l'étendue de la surface libre du liquide*, puisque c'est par la surface seule que se produit l'évaporation : si l'on répand un verre d'eau sur un plancher ou sur un linge, cette eau disparaît beaucoup plus vite que si on la laisse dans le verre ; c'est pour cette raison qu'on étend le linge mouillé, au lieu de le laisser en tas, pour le faire sécher ; qu'on met dans des vases larges et plats les dissolutions qu'on veut faire cristalliser ; qu'on amène dans des marais salants, vastes bassins de peu de profondeur, l'eau de mer dont on veut extraire le sel ;

2° *De la température*, l'évaporation est beaucoup plus

rapide en été qu'en hiver, parce que la force élastique maxima des vapeurs augmente rapidement avec la température ;

3° *De la différence entre la force élastique maxima et la force élastique qu'a déjà la vapeur dans l'atmosphère*, puisque l'atmosphère est d'autant plus loin d'être saturée que cette différence est plus grande : le linge sèche d'autant plus vite que l'air est plus sec ; dans l'air chaud très humide, c'est-à-dire peu éloigné de son point de saturation, l'évaporation de la sueur à la surface de la peau se fait mal, et il en résulte un malaise qu'on exprime en disant que le temps est lourd ;

4° *De l'agitation de l'air :* c'est une conséquence du principe précédent ; si l'air est calme, il se forme au-dessus du liquide une couche d'air saturé de vapeur, et l'évaporation s'arrête, tandis que l'agitation de l'atmosphère amène à chaque instant au-dessus du liquide de nouvelles couches d'air non chargées de vapeurs. De là, l'emploi de persiennes sur les quatre faces des séchoirs, pour permettre la circulation rapide de l'air à l'intérieur ; et l'action desséchante des vents, surtout du vent du nord qui est sec, et plus encore des vents à la fois secs et chauds comme le simoun et le siroco ;

5° *De la pression atmosphérique ;* l'évaporation est d'autant plus rapide que la pression est moindre, puisqu'elle est instantanée dans le vide ; on active donc l'évaporation d'un liquide en raréfiant l'air au-dessus de lui.

144. Froid produit par l'évaporation. — Quand on verse sur la main quelques gouttes d'un liquide très volatil, comme l'éther, l'essence de pétrole, on éprouve une impression de froid ; si on verse ce même liquide sur un tampon d'ouate entourant le réservoir d'un thermomètre, on voit le mercure baisser rapidement : la transformation d'un liquide en vapeur nécessite donc, comme le passage d'un solide à l'état liquide, l'absorption d'une certaine quantité de chaleur ; et si l'on ne fournit pas directement cette chaleur au liquide, il l'emprunte à lui-même et aux corps voisins. Le froid produit peut être assez intense pour amener la congélation de l'eau ; on le montre par une expérience due à Leslie : on place sous le récipient d'une machine pneumatique (*fig.* 140) un cristallisoir contenant de l'acide sulfurique très concentré, au-dessus duquel est posé sur un support un bouchon de liège, creusé d'une petite cavité légè-

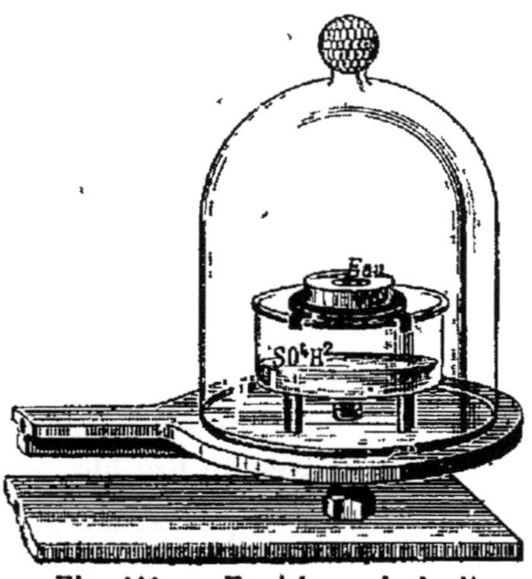

Fig. 140. — Expérience de Leslie.

rement carbonisée où l'on a mis quelques gouttes d'eau. On fait le vide, l'évaporation est très rapide et continue, parce que l'acide sulfurique absorbe la vapeur aussitôt qu'elle se produit ; comme l'eau ne mouille pas les parois carbonisées du liège, elle n'est pas en contact direct avec lui et ne peut prendre qu'à elle-même la chaleur nécessaire à sa vaporisation : elle se congèle au bout de quelques minutes.

Le froid produit par l'évaporation explique l'abaissement de température qui suit généralement la chute de la pluie en été et qui est dû à l'évaporation rapide de l'eau sur le sol. La transpiration régularise la température du corps, en absorbant de la chaleur pour la vaporisation de la sueur ; de là le danger des courants d'air quand on est en transpiration, le refroidissement qui résulte d'une évaporation trop rapide de la sueur pouvant amener des troubles graves dans l'organisme. Dans les pays chauds on emploie pour rafraîchir l'eau, des *alcarazas*, vases en terre poreuse ; l'eau placée dans le vase filtre lentement au travers des parois, et s'évapore à la surface en prenant de la chaleur à toute la masse, dont la température s'abaisse d'autant plus que l'évaporation est plus rapide.

Dans l'industrie on fabrique de la glace à l'aide de machines pneumatiques spéciales (congélateurs de E. Carré), qui reproduisent en grand l'expérience de Leslie, et refroidissent l'eau par une évaporation rapide. Dans les laboratoires on obtient des températures extrêmement basses en activant l'évaporation de liquides provenant de corps gazeux à la température ordinaire, comme le chlorure de méthyle, l'oxygène, etc.; c'est ainsi qu'on est parvenu à liquéfier tous les gaz et à en solidifier un certain nombre.

Ébullition.

145. Ébullition. — L'ébullition est la production de bulles de vapeur dans toute la masse d'un liquide, généralement sous l'influence de la chaleur.

Quand on échauffe peu à peu de l'eau dans un ballon, on voit d'abord se former dans le liquide des bulles fines qui se dégagent : ce sont les gaz qui étaient dissous dans l'eau, et dont la solubilité diminue à mesure que la température s'élève. Puis des bulles de vapeur apparaissent sur les parties chauffées de la paroi, elles diminuent en s'élevant dans le liquide parce qu'elles rencontrent des couches plus froides, et se condensent avant d'arriver à la surface en produisant un bruit particulier dû au choc de l'eau qui remplace les bulles ; on dit que l'eau *chante*. La température continuant à s'élever, les bulles de vapeur deviennent de plus en plus grosses, et bientôt elles viennent crever à la surface en déterminant un bouillonnement de toute la masse ; l'eau est alors *en ébullition* (*fig.*141).

Fig. 141. — Ébullition de l'eau.

146. Lois de l'ébullition. — On constate facilement, à l'aide d'un thermomètre plongeant dans le liquide qu'on chauffe, que l'ébullition se fait suivant deux lois analogues à celles de la fusion :

1re **Loi** : Un même liquide, placé dans les mêmes conditions, commence toujours à bouillir à la même température.

2e **Loi** : Tant que dure l'ébullition, si la pression extérieure ne change pas, la température reste constante. La chaleur fournie au liquide pendant la durée de l'ébullition est donc employée, comme dans la fusion, à produire le travail moléculaire correspondant au passage du liquide à l'état gazeux. On appelle chaleur de vaporisation d'un liquide la quantité de chaleur qu'il faut donner à 1 gr. de ce liquide pour le transformer en vapeur sans changer sa température. Pour l'eau bouillant dans les conditions ordinaires, la chaleur de vaporisation est de 537cal. Elle est beaucoup moins grande pour les autres corps : ainsi pour l'alcool du vin elle est de 208cal, et pour l'éther ordinaire de 91cal.

Pour étudier la force élastique de la vapeur d'un liquide en ébullition, on fait passer, dans le bouchon d'un ballon où l'on chauffe ce liquide, deux tubes, dont l'un sert au dégagement de la vapeur, et dont l'autre recourbé a deux branches inégales, la grande ouverte à l'extérieur, et la petite fermée (*fig.* 142) ; on a rempli la petite branche de mercure, puis on y a fait passer un peu du liquide, en ayant soin que le niveau du mercure y reste plus élevé que dans la branche ouverte ; on constate qu'au moment où commence l'ébullition il se produit de la vapeur au-dessus du liquide enfermé dans le tube, et le niveau du mercure devient le même dans les deux branches. La force élastique de cette vapeur est donc égale à la pression atmosphérique qui s'exerce sur le mercure dans la branche ouverte. On peut en déduire une autre loi de l'ébullition :

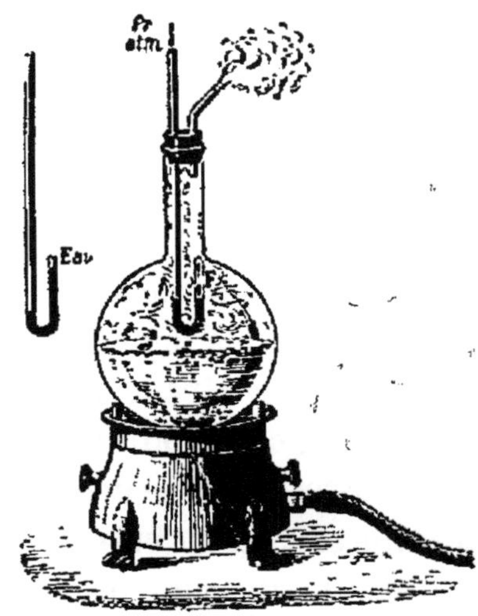

Fig. 142. — La force élastique de la vapeur d'un liquide bouillant est égale à la pression qui s'exerce sur le liquide.

3ᵉ Loi : Quand un liquide bout, la force élastique maxima de sa vapeur est égale à la pression qui s'exerce sur sa surface libre.

On appelle *point d'ébullition normal* d'un liquide la température à laquelle il entre en ébullition sous la pression de 76ᶜᵐ de mercure ; c'est donc la température à laquelle la force élastique maxima de sa vapeur est égale à la pression atmosphérique normale.

Les points d'ébullition sont très variables avec les corps, comme on le voit par le tableau suivant :

Hydrogène.	—238°	Phosphore.	290°
Anhydride carbonique.	— 78	Acide sulfurique normal.	326
Éther ordinaire.	35	Mercure.	357
Alcool absolu.	78°,3	Soufre	448
Eau.	100	Zinc.	930
Essence de térébenthine	160		

C'est celui de l'eau qui a été choisi comme point de repère (degré 100) de l'échelle thermométrique (113).

147. Influence de la pression sur le point d'ébullition. — D'après la troisième loi de l'ébullition, la température à laquelle un liquide commence à bouillir dépend surtout de la pression qui s'exerce sur le liquide ; pour qu'une bulle de vapeur produite dans la masse puisse se dégager, il faut en effet que sa force élastique soit au moins égale à la pression qu'elle supporte ; il en résulte que sous des pressions inférieures à la pression atmosphérique, un liquide bout à une température inférieure à son point d'ébullition normal, tandis que de fortes pressions retardent l'ébullition ; on peut le vérifier par diverses expériences :

I. — **Ébullition sous des pressions inférieures à 76ᶜᵐ.** — On place un vase renfermant de l'eau à 50° par exemple, sous le récipient de la machine pneumatique (*fig.* 143), et on fait le vide ; l'eau bout dès que la pression sous le récipient est devenue égale à la force élastique maxima de la vapeur à 50°, c'est-à-dire à 9ᶜᵐ,2. Si l'on cesse de pomper, la vapeur qui se dégage s'accumule sous le récipient, la pression augmente et l'ébullition cesse.

On peut encore répéter l'expérience suivante, due à
Franklin : on fait bouillir de l'eau pendant quelques
minutes dans un ballon à long col, de façon que la vapeur
en se dégageant entraine l'air du ballon; on bouche hermétiquement le ballon, et on le retourne sur un vase con-

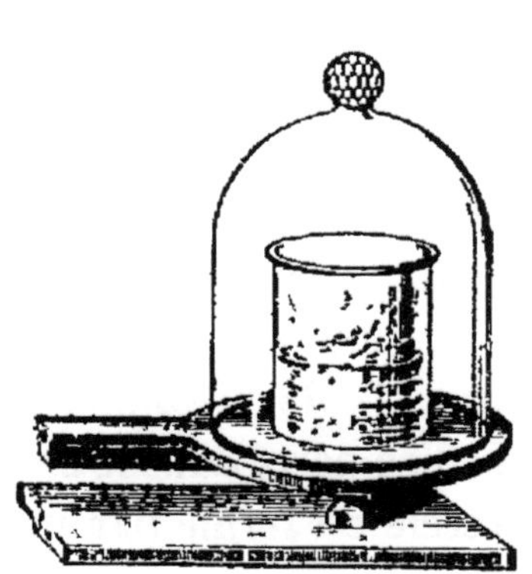

Fig. 143. — Ébullition de l'eau
dans l'air raréfié.

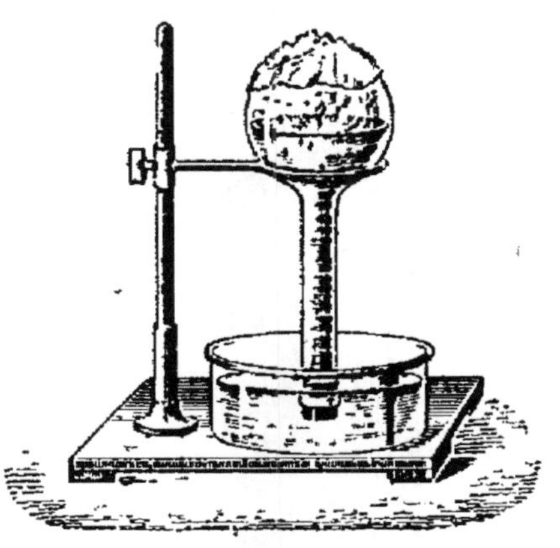

Fig. 144. — Expérience de Franklin.

tenant de l'eau pour empêcher toute rentrée d'air (*fig*. 144).
L'ébullition s'arrête; mais elle recommence quand on
refroidit à l'aide d'un linge mouillé la partie supérieure
du ballon, parce que la vapeur qui surmontait l'eau en se
refroidissant s'est condensée, d'où il résulte une diminution de pression au-dessus du liquide. La vapeur produite
s'accumulant dans le ballon, l'ébullition cesse bientôt;
elle peut être provoquée de nouveau par un nouveau
refroidissement de la partie supérieure du ballon.

Quand on s'élève sur une montagne ou en ballon, la
pression atmosphérique diminuant, on constate que l'eau
bout à une température inférieure à 100°; à 92° sur le
Saint-Gothard, à 84°,5 au sommet du Mont-Blanc; on peut
donc, connaissant la force élastique maxima de la vapeur
d'eau aux différentes températures, de la température

d'ébullition de l'eau en un lieu donné déduire la pression atmosphérique et par suite l'altitude de ce lieu.

11. — Ébullition sous des pressions supérieures à 76ᶜᵐ. — On montre le retard apporté à l'ébullition par l'augmentation de pression sur le liquide au moyen de la marmite de Papin (*fig.* 145). C'est une chaudière en bronze à parois très épaisses, qui contient de l'eau, et dont le couvercle est serré fortement par une vis de pression ; un orifice percé dans le couvercle est fermé par une soupape qu'un levier presse plus ou moins suivant la position d'une masse mobile sur ce levier ; on règle la pression

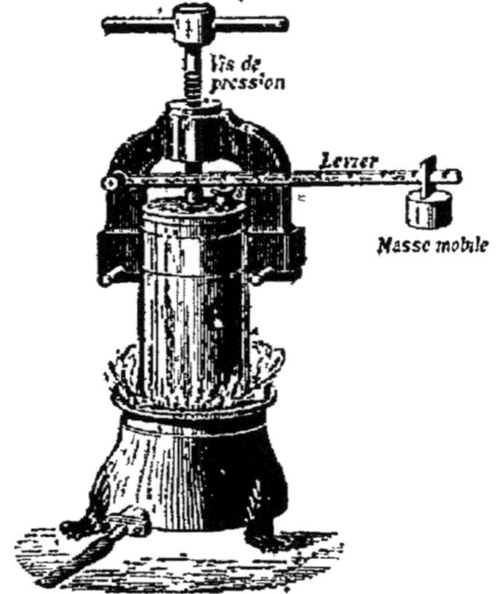

Fig. 145. — Marmite de Papin.

de telle sorte que la vapeur puisse soulever la soupape et s'échapper avant que sa force élastique devienne plus grande que la résistance des parois : c'est donc une soupape de sûreté. Dans le couvercle est soudé un tube métallique qui descend dans le liquide · on y place un thermomètre, pour évaluer la température sans que la pression puisse influer sur le réservoir. On chauffe l'appareil : l'eau émet de la vapeur qui, ne pouvant se dégager, acquiert une force élastique plus ou moins grande, suivant la charge de la soupape, et la température dépasse 100° sans que l'ébullition se produise, car le thermomètre au lieu de rester stationnaire monte graduellement ; si, par exemple, la pression exercée sur la soupape est de 2^{k_g} par centimètre carré, la température peut atteindre 120°. Si on soulève alors le levier, la soupape s'ouvre, la vapeur s'échappe, et l'eau n'étant plus soumise qu'à la pression atmosphérique l'ébullition se produit brusquement et le thermomètre descend rapidement à 100°.

On emploie souvent dans l'industrie des appareils appelés *autoclaves*, qui sont des modifications de la marmite de Papin, pour porter des liquides à une température supérieure à leur point d'ébullition, pour faire agir l'eau sur des substances qu'elle n'attaque pas à 100°, dans la saponification des corps gras, la transformation des os en gélatine, la fabrication du papier, des conserves alimentaires, les germes n'étant détruits sûrement qu'à 120°, etc.

148. Autres causes influant sur le point d'ébullition. — D'autres causes peuvent encore faire varier le point d'ébullition d'un liquide :

I. — Profondeur du liquide. — Pour qu'une bulle de vapeur puisse se produire en A, par exemple (*fig.* 146) et se dégager, il faut que sa force élastique soit au moins égale à la pression qu'elle supporte, c'est-à-dire à la pression atmosphérique augmentée du poids de la colonne liquide de hauteur h qui surmonte la bulle.

Fig. 146. — Influence de la profondeur du liquide sur l'ébullition.

Cette pression n'est pas négligeable dans le cas du mercure, qui est très dense; c'est pourquoi on incline les tubes barométriques ou thermométriques quand on y fait bouillir le mercure.

II. — Substances dissoutes. — Quand un liquide tient

en dissolution des substances étrangères, son point d'ébullition varie ; il peut être avancé ou retardé suivant que le corps dissous est plus volatil ou moins volatil que le liquide : ainsi les mélanges d'eau et d'alcool entrent en ébullition avant 100°, tandis que l'eau chargée de sels bout à une température supérieure à 100°, l'eau de mer à 103°,7, l'eau saturée de sel marin à 108°,4, l'eau saturée de chlorure de calcium à 179°,5.

On utilise cette propriété pour obtenir des températures constantes : on chauffe les corps au bain-marie dans des solutions salines dont on détermine les proportions de façon que leur point d'ébullition corresponde à la température voulue.

III. — Présence d'air ou de gaz dans le liquide. — Si l'on chauffe de l'eau dans un vase où elle a déjà bouilli longtemps, de telle sorte que les gaz dissous et les bulles adhérentes aux parois aient été chassés, on constate qu'il faut élever la température à plus de 100° pour que l'eau entre en ébullition ; la même chose se produit quand on chauffe l'eau dans un ballon de verre préalablement lavé à l'acide sulfurique, pour que les parois soient bien mouillées par l'eau et qu'il n'y reste pas de bulles d'air adhérentes : la température peut atteindre 135° sans que l'eau entre en ébullition. La présence de bulles gazeuses dans le liquide influe donc sur le point d'ébullition. Quand on observe attentivement l'ébullition dans un vase de verre, on voit en effet que les bulles de vapeur ne se forment pas indifféremment sur toute la paroi du vase, mais qu'elles partent toujours de points où se trouvaient des bulles d'air. On peut le montrer nettement par l'expérience de M. Gernez : si dans un ballon lavé à l'acide sulfurique on chauffe de l'eau et qu'on y introduise une tige de verre terminée par une sorte de petite cloche contenant de l'air (*fig.* 147), l'ébullition se produit à la température normale, mais toutes les bulles de vapeur partent de la cloche.

On peut donc regarder l'ébullition comme une évaporation qui se produit dans les bulles gazeuses fixées aux parois du vase comme dans une atmosphère interne ; la force élastique de la vapeur qui s'accumule dans ces bulles augmente à mesure que la température s'élève, et lorsqu'elle est suffisante pour vaincre la pression

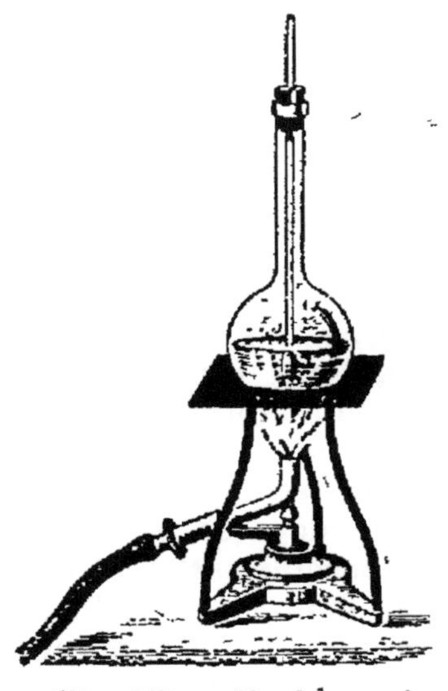

Fig. 147. — Expérience de M. Gernez.

qui s'exerce au-dessus d'elles, les bulles se dégagent, en entraînant assez peu de gaz pour que l'ébullition puisse continuer longtemps. S'il n'y a pas d'atmosphère interne, la vaporisation se fait à une température beaucoup plus élevée que le point normal d'ébullition, par grosses bulles qui soulèvent brusquement le liquide et produisent une sorte d'explosion.

De là, l'influence de la *nature du vase* sur l'ébullition qui est d'autant plus rapide que les parois sont plus rugueuses, parce qu'elles retiennent plus d'air à leur surface.

D'ailleurs, quelles que soient les causes qui modifient la température d'ébullition d'un liquide, la vapeur qui se dégage est toujours à la température pour laquelle sa force élastique maxima est égale à la pression qui s'exerce sur le liquide ; par conséquent, si l'eau bout à l'air libre sa vapeur est à 100° quand la pression atmosphérique est 76^{cm} ; c'est pourquoi, dans la graduation du thermomètre, il faut avoir soin de faire plonger le réservoir dans la vapeur et non dans l'eau de l'étuve.

149. Caléfaction. — Quand on verse un peu d'eau sur une plaque métallique chauffée au rouge, le liquide au lieu de s'étaler se sépare en petites gouttes sphériques, qui roulent à la surface de la plaque et disparaissent peu à peu sans entrer en ébullition. Si les gouttes arrivent sur une partie moins chaude, elles s'étalent et se réduisent rapidement en vapeurs par une ébullition brusque. On a donné à ces phénomènes le nom de *caléfaction*. On peut constater, en introduisant le réservoir d'un petit thermomètre dans une goutte d'eau caléfiée, que sa température ne dépasse pas 98°, et quel que soit le liquide caléfié *sa température est inférieure à son point normal d'ébullition :* ainsi de l'anhydride sulfureux liquide, versé dans une capsule de platine chauffée au rouge blanc, reste à une température un peu inférieure à son point d'ébullition qui est de — 8°, et si l'on y introduit quelques gouttes d'eau, cette eau se congèle instantanément ; on obtient donc un petit morceau de glace en retournant brusquement la capsule.

Si l'on plonge un fil de platine dans une goutte d'eau calé-

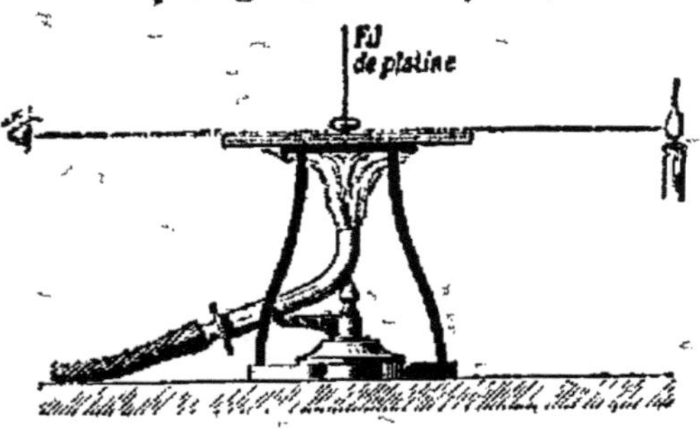

Fig. 148. — Caléfaction.

fiée, pour la maintenir au repos, on remarque qu'on peut apercevoir entre la goutte et la plaque la flamme d'une bougie placée dans la direction de la plaque (*fig.* 148) ; donc *il n'y a pas contact entre la plaque chaude et le liquide caléfié ;* si au lieu d'une plaque on chauffe fortement une toile métallique, un liquide versé sur cette toile et caléfié ne la traverse pas.

D'après ces remarques, on peut expliquer la caléfaction en admettant que le liquide est maintenu à quelque distance de la surface chaude par la vapeur qu'il émet au voisinage de cette surface ; et la rapidité de l'évaporation, en même temps qu'elle produit le mouvement des globules, abaisse leur température, puisque ces globules n'étant pas en contact avec la surface chaude ne peuvent en recevoir de chaleur que par rayonnement. Si la température de la surface chauffée s'abaisse, l'évaporation est moins rapide, et la force élastique de la vapeur n'est bientôt plus suffisante pour soutenir le globule qui arrive au contact du corps chaud et entre brusquement en ébullition.

On attribue à la caléfaction les explosions de chaudières à vapeur qui se produisent parfois quand on cesse de chauffer : si les parois d'une chaudière sont couvertes d'incrustations calcaires fendillées ou détachées par endroits, ou que la quantité d'eau soit insuffisante, certaines parties des parois peuvent être portées au rouge, et l'eau introduite dans la chaudière se caléfie et ne les touche pas ; mais si la température s'abaisse, l'eau vient à leur contact, l'ébullition se produit brusquement, et le dégagement subit d'une grande quantité de vapeur peut déterminer une explosion.

RÉSUMÉ DU CHAPITRE III

La *vaporisation* est le passage d'un solide ou d'un liquide à l'état de gaz, qu'on appelle vapeur ; elle se fait par évaporation ou par ébullition.

Dans le vide, la vaporisation est instantanée ; si on introduit un liquide volatil dans la chambre d'un baromètre, il disparaît et déprime le mercure ; quand le liquide introduit ne se vaporise plus, l'espace est saturé, et la *vapeur saturante* a sa *force élastique maxima*. La force élastique maxima est toujours la même, à la même température, pour une vapeur donnée ; elle varie avec la nature des corps, et elle augmente avec la température ; elle est indépendante de l'espace occupé par la vapeur.

Quand une vapeur n'est pas saturante, elle se comporte comme un gaz et suit la loi de Mariotte.

Dans les gaz, la vaporisation n'est pas instantanée ; mais quand la force élastique maxima est atteinte, elle est la même que dans le vide à la même température.

L'*évaporation* est la formation lente de vapeurs à la surface d'un liquide. En vase clos, elle s'arrête quand l'espace occupé par la vapeur est saturé. A l'air libre, elle est continue, et sa rapidité dépend de l'étendue de la surface libre du liquide, de la température, de la différence entre la force élastique maxima et la force élastique de la vapeur dans l'air, de l'agitation de l'air, de la pression atmosphérique.

L'évaporation s'accompagne toujours d'un abaissement de température, parce que le liquide pour passer à l'état gazeux emprunte de la chaleur à lui-même ou aux corps voisins. Le froid produit par l'évaporation est utilisé pour rafraîchir les boissons, faire de la glace, et pour obtenir des températures très basses.

L'*ébullition* est la production rapide de bulles de vapeur dans toute la masse d'un liquide. Elle se produit toujours à la même température, pour un même liquide dans les mêmes conditions ; et tant que dure l'ébullition, la température reste constante. La chaleur de vaporisation d'un corps est la quantité de chaleur nécessaire à 1ᵍʳ de ce corps pour passer à l'état de vapeur sans changer de température.

Quand un liquide bout, la force élastique maxima de sa vapeur est égale à la pression qui s'exerce sur sa surface. La température d'ébullition dépend donc de la pression que supporte le liquide ; on le vérifie en faisant bouillir de l'eau sous le récipient de la machine pneumatique, par l'expérience de Franklin, par la marmite de Papin.

Le point d'ébullition dépend encore de la profondeur du liquide, des substances dissoutes, de la présence d'air ou de gaz dans le liquide, de la nature des parois du vase.

Au contact de parois très fortement chauffées, un liquide, au lieu de bouillir, prend la forme de globules et reste à une température inférieure à son point d'ébullition, à cause de la production intense de vapeur qui empêche le contact du liquide avec la paroi : il y a *caléfaction*.

CHAPITRE IV

LIQUÉFACTION DES VAPEURS ET DES GAZ

150. Liquéfaction des vapeurs. — On appelle liquéfaction ou condensation d'un corps le passage de ce corps de l'état gazeux à l'état liquide. Nous avons vu qu'une vapeur ne peut, pour une température donnée, dépasser une force élastique déterminée ; il suffit donc, pour la liquéfier, de la *refroidir* ou de la *comprimer* : par exemple, si l'on a dans un récipient de 1ᵐᶜ de la vapeur d'eau ayant une force élastique de 10ᵐᵐ à la température de 15°, en réduisant aux $\frac{2}{3}$ du volume primitif le volume de la vapeur, sa force élastique deviendrait $10 \times \frac{3}{2} = 15^{mm}$; mais la force élastique maxima de la vapeur à 15° est 12ᵐᵐ,7, une partie de la vapeur passera donc à l'état liquide. Il en sera de même si au lieu de réduire le volume de la vapeur on abaisse sa température à 5° par exemple, la force élastique maxima correspondante étant de 6ᵐᵐ,5, inférieure à la force élastique de la vapeur. C'est pour cela que l'hiver l'air qui sort des poumons forme une sorte de brouillard en arrivant dans l'air froid, et que les vitres des appartements chauffés se couvrent de buée quand il fait froid au dehors.

La liquéfaction s'accompagne d'un *dégagement de chaleur*, dû à la transformation du travail moléculaire correspondant au changement d'état, et qui est justement égal à la quantité de chaleur absorbée par le corps pendant sa vaporisation. De là l'élévation de température de l'atmosphère qui accompagne généralement, l'hiver, la formation des nuages et la chute de la pluie.

151. Applications. — Le principe de la condensation des vapeurs par refroidissement est très employé dans l'industrie et en chimie dans la préparation d'un grand nombre de corps : acide azotique, sulfure de carbone, éther, peroxyde d'azote, etc., dont les vapeurs sont condensées soit par l'eau froide, soit dans des mélanges réfrigérants.

On l'emploie encore pour séparer, par *distillation*, un liquide des substances solides ou volatiles qu'il peut tenir en dissolution. Pour avoir de l'eau pure, par exemple, on

la chauffe soit dans une cornue communiquant par une
allonge avec un ballon entouré d'eau froide (*fig.* 149), soit

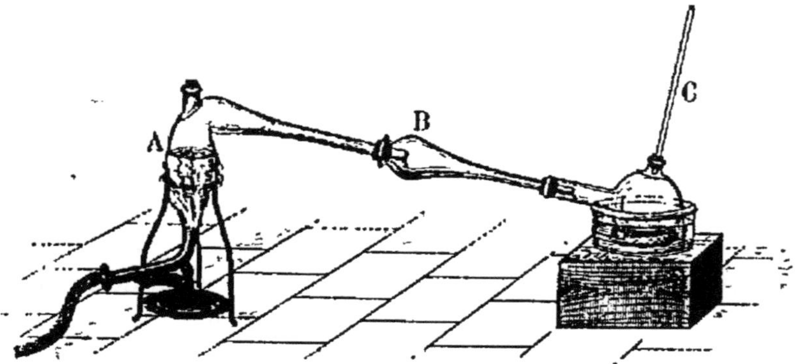

Fig. 149. — Distillation de l'eau.

dans un *alambic* (*fig.* 150) composé d'une chaudière en
cuivre surmontée d'un chapiteau qui communique avec un

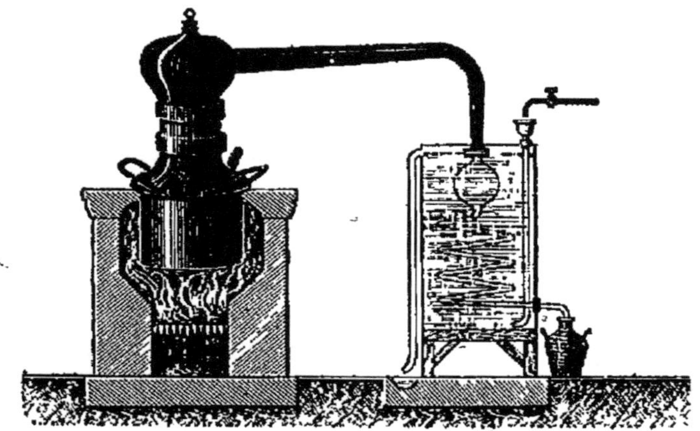

Fig. 150. — Alambic.

serpentin, tube enroulé en spirale plongé dans un vase
plein d'eau froide ; les substances qui étaient dissoutes
dans l'eau restent dans la cornue ou la chaudière, et là
vapeur se condense dans le ballon ou le serpentin en donnant de l'eau pure. La chaleur dégagée par la condensation

de la vapeur échauffe rapidement l'eau qui entoure le ballon ou le serpentin ; ce qui oblige à renouveler cette eau par un tube latéral amenant un courant d'eau froide à la partie inférieure du réfrigérant.

Pour séparer des liquides inégalement volatils comme dans la rectification des liquides alcooliques, on chauffe progressivement le mélange, et l'on fait passer les vapeurs qui se dégagent dans une série de réfrigérants maintenus à des températures déterminées, qui amènent la condensation séparée des différents liquides.

152. Liquéfaction des gaz. — Les vapeurs, quand elles ne sont pas saturantes, se comportant comme les gaz, on

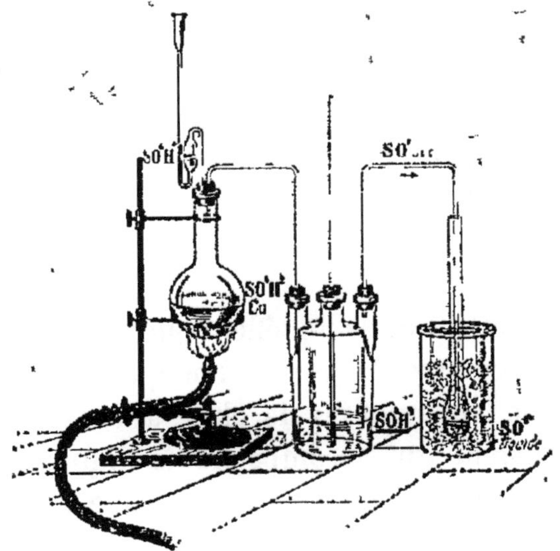

Fig. 151. — Liquéfaction de l'anhydride sulfureux.

a été conduit à supposer que les procédés qui amènent la liquéfaction des vapeurs pourraient servir à liquéfier les gaz ; et l'on a réussi en effet à faire passer tous les gaz à l'état liquide, soit par refroidissement, soit par compression, soit en employant les deux moyens à la fois. L'anhydride sulfureux, par exemple, se liquéfie quand on fait arriver un courant du gaz pur et sec dans un matras entouré d'un mélange de glace pilée et de sel (*fig.* 151), qui abaisse la température au-dessous de   — 8°.

Le chlore, l'ammoniaque, l'acide sulfhydrique peuvent. être liquéfiés dans un *tube de Faraday* (*fig.* 152) ; c'est un tube de verre en forme de V renversé que l'on ferme à la lampe après avoir introduit dans l'une des branches un

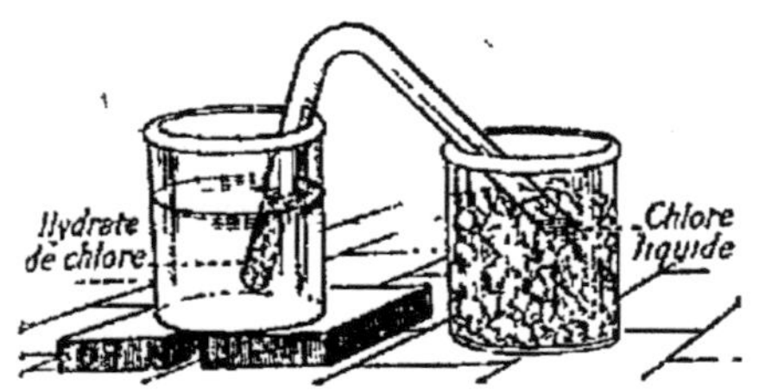

Fig. 152. — Liquéfaction du chlore.

corps capable de dégager une certaine quantité du gaz à liquéfier ; on chauffe cette branche pendant qu'on plonge l'autre dans la glace ; le gaz qui se produit, ne pouvant se dégager, atteint une force élastique supérieure à la force élastique maxima correspondant à la température de la branche refroidie, et se condense dans cette branche.

Pour les gaz qui ne se liquéfient que sous des pressions plus fortes, comme le gaz carbonique, on emploie des réservoirs de fer, entourés de glace à cause du dégagement de chaleur qui accompagne la liquéfaction, et à l'aide de pompes spéciales on y comprime le gaz jusqu'à une pression de 30 à 40 atmosphères.

153. Température critique. — Si l'on remplit aux 3/4 d'anhydride carbonique liquide un tube de verre épais (*fig.* 153) et qu'après l'avoir fermé à la lampe on le plonge dans de l'eau qu'on chauffe peu à peu, on constate que la dilatation du liquide devient très considérable, puis qu'à 31° la surface libre du liquide disparaît et le tube paraît rempli tout entier de gaz. Ce phénomène est dû à ce que la densité du liquide diminuant par suite de sa dilatation, qui peut devenir supérieure à celle des gaz, tandis que la densité du gaz, qui s'accumule dans le tube à mesure que la température s'élève,

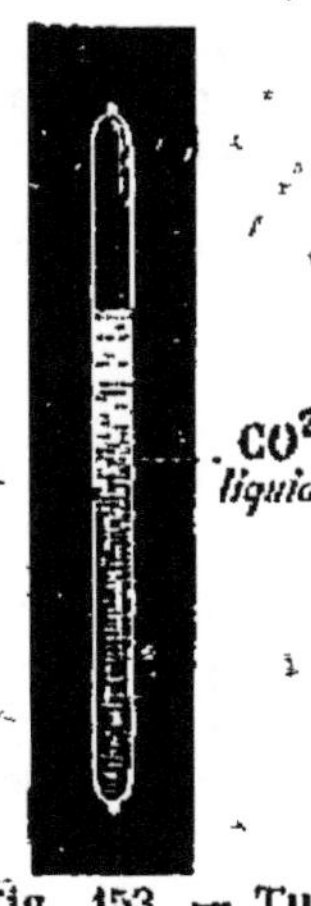

Fig. 153. — Tube à anhydride carbonique.

augmente, il arrive un moment où ces deux densités deviennent égales ; le liquide et le gaz se mélangent alors sans qu'on puisse les distinguer et il semble que le corps ne puisse plus exister à l'état liquide. La même chose s'observe, à des températures différentes, pour tous les gaz ; et l'on appelle *température critique d'un corps, la température au-dessus de laquelle ce corps ne peut exister qu'à l'état gazeux, quelle que soit la pression exercée sur lui.* Par suite, un corps à l'état gazeux peut être regardé comme un *gaz* quand il est au-dessus de sa température critique, et comme une *vapeur* quand il est au-dessous.

Il faut donc, pour pouvoir liquéfier un gaz, l'amener d'abord à une température inférieure à sa température critique ; et c'est parce qu'on n'avait pas pu les refroidir suffisamment que l'oxygène, l'hydrogène, l'azote, le bioxyde d'azote, l'oxyde de carbone et le formène n'avaient pu être liquéfiés, quelle que soit la pression exercée sur eux, ce qui leur avait fait donner le nom de gaz permanents. Tous ces gaz ont été liquéfiés aujourd'hui, en employant, en même temps que de fortes pressions, les froids de plus en plus intenses qu'on obtient en faisant évaporer rapidement des liquides volatils à des températures très basses.

On se sert aussi du froid produit par la *détente* ; quand le gaz est fortement comprimé, et que la chaleur produite par cette compression a été absorbée, on supprime brusquement la pression ; le gaz se dilate rapidement et sa température s'abaisse considérablement, parce qu'il prend à lui-même la chaleur nécessaire à sa dilatation. C'est sur ce principe qu'est fondée la préparation, devenue depuis peu industrielle et très importante de l'air liquide (procédé de M. Linde) : l'air comprimé à 200 atmosphères dans un cylindre, traverse un serpentin en fer refroidi par un mélange de glace et de chlorure de calcium, puis se détend à 16 atmosphères dans un autre serpentin ; il est ensuite ramené dans le cylindre où il est de nouveau comprimé à 200 atmosphères, et après une nouvelle détente à 16 atmosphères, les 5/100 environ de l'air passent à l'état liquide.

Pour l'oxygène, dont la température critique est de — 113°, la liquéfaction á lieu à — 130° sous une pression de 237 atmosphères, et l'évaporation, dans le vide, du liquide obtenu peut abaisser la température à — 200° environ ; l'hydrogène se liquéfie à — 140° sous une pression de 650 atmosphères.

RÉSUMÉ DU CHAPITRE IV

La *liquéfaction* ou *condensation* est le passage d'un corps de l'état gazeux à l'état liquide. Pour condenser une vapeur, on la refroidit ou on la comprime, de façon à rendre sa force élastique supérieure à la force élastique maxima correspondant à la température de la vapeur.

La condensation s'accompagne d'un dégagement de chaleur égal à l'absorption qui s'était produite pendant la vaporisation.

On emploie la distillation pour séparer, par ébullition et condensation, les corps volatils de ceux qui ne le sont pas ou qui le sont moins ; la distillation se fait le plus souvent dans un alambic.

Les gaz se liquéfient comme les vapeurs, mais plus difficilement il faut souvent employer à la fois le froid et la compression. Il faut toujours amener le gaz à une température inférieure à son point critique, température au-dessus de laquelle le corps ne peut exister qu'à l'état gazeux, quelle que soit la pression. On a pu aujourd'hui liquéfier tous les gaz, même ceux qui, comme l'oxygène et l'hydrogène, avaient été considérés comme des gaz permanents.

CHAPITRE V

HYGROMÉTRIE. MÉTÉORES AQUEUX

154. État hygrométrique, définition. — L'atmosphère renferme toujours de la vapeur d'eau, qui provient de l'évaporation des nappes d'eau, des respirations, des combustions; cette vapeur est invisible, sauf quand elle se condense en gouttelettes, mais on peut facilement constater son existence : une carafe pleine d'eau froide, une bouteille sortant d'une cave, exposées à l'air se couvrent de buée due à la condensation de la vapeur; la potasse, le chlorure de calcium fondent dans l'air ordinaire, l'acide sulfurique augmente de volume et de poids, en absorbant la vapeur d'eau.

La quantité de vapeur d'eau contenue dans l'air est très variable, mais ce n'est pas d'elle seule que dépend le degré d'humidité de l'air; on dit que l'air est *humide* quand il est près d'être saturé. Si, par exemple, la force élastique de la vapeur étant 8^{mm}, la température est de $16°$, comme la force élastique maxima de la vapeur à $16°$ est $13^{mm},7$, il faudra qu'une quantité assez grande de vapeur arrive dans l'air, ou que la température descende à $8°$, température correspondante à une force élastique maxima de 8^{mm}, pour que l'air soit saturé et que la vapeur se condense; si au contraire la température est de $9°$, il suffira de l'arrivée d'une faible quantité de vapeur dans l'air, ou d'un refroidissement de $1°$ pour qu'il y ait condensation : l'air est relativement sec dans le premier cas, et très humide dans le second, bien que contenant la même quantité de vapeur d'eau. Le degré d'humidité dépend donc aussi de la température, qui fait varier le point de saturation : ainsi, l'air paraît plus sec en été qu'en hiver, bien qu'il renferme généralement plus de vapeur d'eau, parce qu'il est plus loin d'être saturé ; pour la même raison, l'air paraît plus sec, dans une salle, à mesure que la température s'élève.

On appelle hygrométrie la partie de la physique qui a pour objet la détermination de la quantité de vapeur d'eau contenue dans un volume donné d'air ; et état hygrométrique de l'air le rapport de la force élastique de la vapeur contenue dans l'air à la force élastique maxima à la même température. Dans le cas cité plus haut, par exemple, l'état hygrométrique serait $\frac{8}{13,7}$ à 16° et $\frac{8}{8,6}$ à 9°. La force élastique de la vapeur dans l'atmosphère ne pouvant jamais être nulle ni égale à la force élastique maxima, l'état hygrométrique est toujours compris entre 0 et 1. Comme le poids de la vapeur est proportionnel à sa force élastique, on peut aussi définir l'état hygrométrique le rapport du poids de vapeur d'eau contenu dans l'air au poids qu'il en contiendrait s'il était saturé à la même température.

155. Hygromètres. — Les appareils employés pour la détermination de l'état hygrométrique s'appellent hygromètres ; la force élastique maxima de la vapeur d'eau à toutes les températures étant donnée par des tables spéciales, ils servent seulement à mesurer la force élastique actuelle de la vapeur. Les hygromètres sont très nombreux ; nous citerons seulement celui de Saussure, le premier qui ait été inventé et un des plus simples, et l'hygromètre de Regnault, un des plus précis.

I. Hygromètre à cheveu de Saussure. — Cet appareil repose sur la propriété qu'ont certains corps, comme les cordes à boyaux, les cheveux, le bois, de changer de longueur suivant le degré d'humidité. Il se compose d'un cheveu, dégraissé par un lavage dans l'éther ou dans une dissolution de carbonate de sodium, et fixé à l'aide d'une pince à la partie supérieure d'un cadre métallique (*fig.* 154) ; l'autre extrémité du cheveu s'attache sur l'une des gorges d'une double poulie, et sur l'autre gorge passe un fil de soie portant un petit contrepoids destiné à maintenir le cheveu tendu. Une aiguille, fixée à l'axe de la poulie, se déplace devant un cadran gradué, dans un sens ou dans l'autre suivant que le cheveu absorbe de l'humidité et s'allonge, ou se dessèche et se raccourcit.

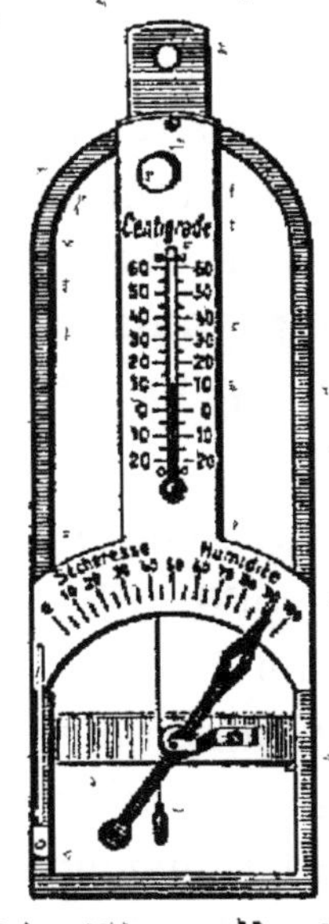

Fig. 154. — Hygromètre à cheveu de Saussure.

Pour graduer cet hygromètre, on le place sous une cloche dont l'air a été desséché par de l'acide sulfurique concentré ; au bout de quelques jours, le cheveu ne se raccourcissant plus, l'aiguille reste stationnaire, et au point où elle s'arrête on marque zéro. Puis on enlève l'acide et on mouille fortement les parois de la cloche avec de l'eau distillée ; l'air est saturé de vapeur, le cheveu s'allonge et quand l'aiguille reste de nouveau stationnaire, on marque 100 en face d'elle ; on divise l'intervalle entre ces deux points fixes en 100 parties égales.

— Cet hygromètre n'indique pas le degré réel d'humidité, car ses indications ne sont pas proportionnelles à l'état hygrométrique : ainsi, quand il marque 50°, l'état hygrométrique est 0,28 et non $\frac{1}{2}$, qui correspond au degré 72.

On peut construire, en plaçant l'appareil successivement sous des cloches dont l'air est à un état hygrométrique connu, des tables indiquant l'état hygrométrique correspondant à chaque degré de l'hygromètre; mais ces tables doivent être faites pour chaque appareil, les indications variant avec la couleur et le dégraissage du cheveu, et elles doivent être vérifiées de temps en temps; aussi n'emploie-t-on guère l'hygromètre de Saussure pour les mesures précises.

II. Hygromètre de Regnault. — Cet instrument est un *hygromètre à condensation*, c'est-à-dire qu'il utilise le dépôt de rosée produit par la condensation de la vapeur sur les corps froids. Il se compose de deux tubes de verre, terminés inférieurement par deux dés d'argent, minces et bien polis (*fig.* 155); l'un des tubes sert seulement de terme de comparaison et porte un thermomètre très sensible; l'autre contient de l'éther, et le bouchon qui le ferme est traversé par un thermomètre semblable au premier, et par un tube coudé plongeant jusqu'au fond de l'éther. On met le tube à éther en communication par le pied du support et par un tube de caoutchouc avec un aspirateur plein d'eau qui, en se vidant, aspire l'air du tube; l'air extérieur rentre par le tube coudé et traverse l'éther qui s'évapore rapidement en empruntant de la chaleur au dé d'argent. Il arrive un moment où le dé se recouvre d'une buée, d'un dépôt de rosée, qui le fait paraître mat et qui s'observe d'autant mieux que le dé voisin est resté brillant; c'est donc que, à la température du tube à éther, 5° par exemple, qu'indique le thermomètre plongé dans l'éther, l'air serait saturé par la vapeur

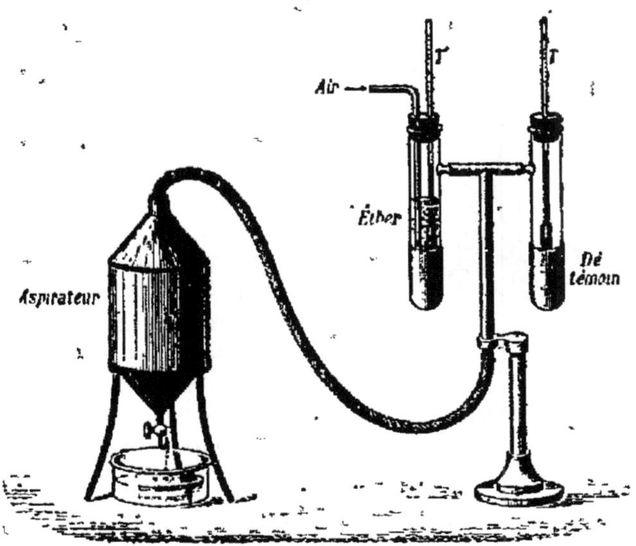

Fig. 155. — Hygromètre de Regnault.

qu'il contient; par suite, la force élastique actuelle de la vapeur est 6^{mm},5; si le thermomètre placé dans le tube témoin marque 15°, la force élastique maxima correspondante est 12^{mm},7, par conséquent l'état hygrométrique est

$$\frac{6,5}{12,7}.$$

On constate, à l'aide de ces appareils, qu'à la surface du sol l'état hygrométrique n'est jamais égal à 1, dans nos climats, même lorsqu'il pleut. La connaissance de l'état hygrométrique permet de calculer le poids de vapeur d'eau contenue dans un volume donné d'air, et la masse de cet air; elle est encore utile dans les serres, les appartements, les séchoirs, et pour la prévision du temps.

156. Hygroscopes. — On construit, d'après le même principe que l'hygromètre à cheveu, des *hygroscopes* qui indiquent le plus ou moins d'humidité de l'air, mais sans permettre aucune mesure précise. Le cheveu est remplacé

Fig. 156. — Hygroscope.

par une corde à boyau dont une extrémité est fixe, et dont l'autre s'attache à un capuchon qui se relève sur la tête d'un capucin (*fig.* 156), ou retombe sur ses épaules suivant que, le temps étant plus ou moins humide, la corde se détend plus ou moins.

Les hygroscopes formés de papier ou d'étoffe imprégnée de chlorure de cobalt, qui deviennent bleus par la sécheresse et roses par l'humidité, parce que ce sel prend plus ou moins d'eau à l'atmosphère et change de couleur suivant son hydratation, ne donnent pas d'indications plus exactes que les précédents.

Météores aqueux.

157. Définitions. — On appelle météores les phénomènes qui se produisent dans l'atmosphère, et météorologie la partie de la physique qui a pour objet l'étude des météores : pluie, vents, variations de température, de pression, etc.

Les *météores aqueux* sont ceux qui ont pour cause la condensation et la précipitation de la vapeur d'eau atmosphérique, comme le brouillard, les nuages, la pluie, la neige.

158. Brouillards. — Le brouillard est un amas de très fines gouttelettes d'eau, qui rend l'atmosphère plus ou moins opaque au voisinage du sol. Il se produit soit par l'arrivée de couches d'air voisines de leur point de saturation au contact de régions froides du sol, soit plus souvent parce que les nappes d'eau, se refroidissant moins vite que l'air, émettent de la vapeur qui se condense en partie en arrivant dans l'air plus froid. Aussi les brouillards se forment-ils surtout le soir et le matin au dessus ou près des lacs, des marécages, dans les vallées des rivières.

Dans l'air calme, les gouttes d'eau très fines tombent très lentement, mais la moindre agitation de l'air les soulève. Elles disparaissent généralement au lever du soleil parce que la température de l'air s'élève et que la force élastique maxima augmentant, elles repassent à l'état de vapeur. Au contraire, si la température continue à s'abaisser, les gouttelettes grossissent, et descendent plus vite, on dit que le brouillard *tombe*.

Givre. — Si la température descend au-dessous de 0°, les gouttelettes de brouillard peuvent rester en surfusion, mais elles se congèlent au contact des corps solides et forment des aiguilles de glace ayant l'aspect de feuilles de fougères qui constituent le *givre*. Le givre est très fréquent l'hiver dans les pays de montagnes, et parfois assez abondant pour que le poids de la glace formée sur les branches en amène la rupture.

159. Nuages. — Les nuages sont des brouillards qui se forment dans les hautes régions de l'atmosphère, par la condensation des vapeurs qui s'élèvent constamment du sol. L'air au contact du sol s'échauffe et se charge de vapeur, il devient donc moins dense et s'élève; mais à mesure qu'il monte, il arrive dans des couches plus froides et où la pression est moindre, il se dilate, ce qui est encore une cause de refroidissement; il arrive donc à être saturé, et la vapeur se condense. Les nuages peuvent encore se produire par la rencontre de deux courants atmosphériques, dont l'un est froid et l'autre chaud et chargé de vapeur; par exemple, les vents du sud et du

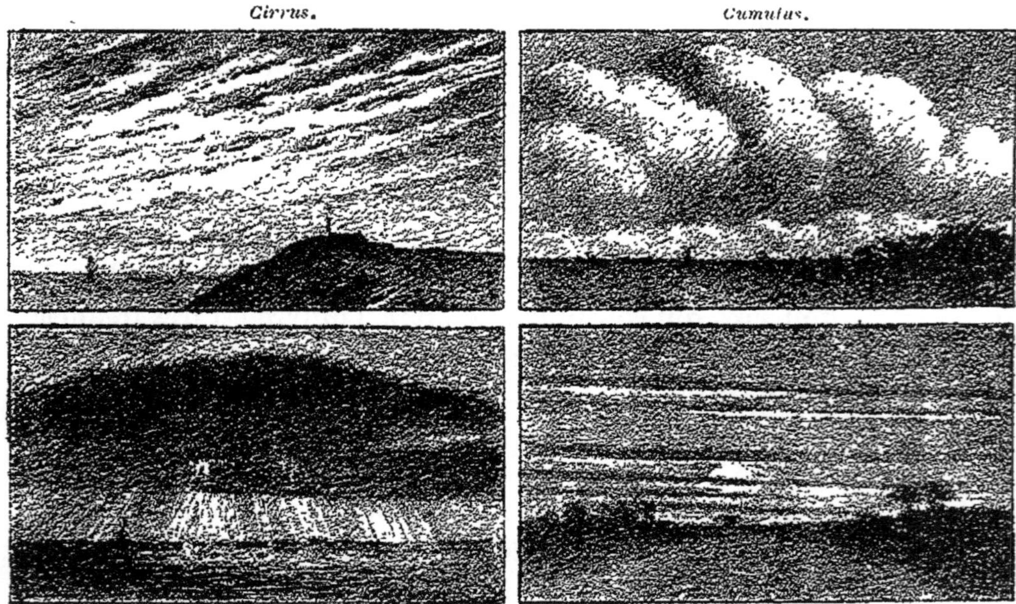

Fig. 157. — Principaux types de nuages.

sud-ouest en arrivant dans notre atmosphère plus froide, produisent des nuages et souvent de la pluie.

Les gouttelettes qui forment les nuages se déplacent horizontalement sous l'action du vent en même temps qu'elles tombent, très lentement à cause de leur ténuité et de la résistance de l'air; les courants d'air ascendants ralentissent encore leur chute. Mais en descendant ces gouttelettes arrivent dans des couches d'air plus chaudes et repassent à l'état de vapeur; de sorte que les nuages, se dissipant par leur partie inférieure pendant qu'ils se reforment dans les régions plus élevées, changent constamment de forme, et malgré leur mouvement de descente, paraissent garder une hauteur sensiblement constante. Cette hauteur est très variable, elle peut atteindre 7 à 8^{km}; elle est d'autant plus grande que le courant d'air ascendant est plus fort et la température plus élevée, c'est pourquoi les nuages sont généralement plus haut en été qu'en hiver, et à midi que le matin et le soir.

Les nuages ont des formes extrêmement variées, que l'on peut ramener à quatre types principaux (*fig* 157). On appelle *cirrus* les petits nuages blancs, brillants, très élevés, formant de grandes bandes de filaments déliés qui leur font donner par les marins le nom de *queues de chat*, ou des flocons qui font dire que le ciel est *pommelé*. Ils sont formés de neige ou d'aiguilles de glace, la température étant inférieure à 0° dans ces hautes régions de l'atmosphère. Dans nos pays, ils présagent généralement un changement de temps.

Les *cumulus* sont de gros nuages blancs, à contours arrondis, ressemblant à des balles de coton entassées ou à des montagnes couvertes de neige, et dont les bords brillent sous les rayons du soleil; leur hauteur varie entre 400 et 6 000ᵐ. Ils sont surtout fréquents en été où ils se forment le matin et se dissipent souvent le soir; si au contraire ils deviennent alors plus nombreux et sont surmontés de cirrus, ils annoncent généralement la pluie ou l'orage.

Les *stratus* sont des nuages disposés en longues bandes étroites, qui paraissent à l'horizon au lever et surtout au coucher du soleil, principalement en automne; ce sont des nuages d'autres formes, généralement des cumulus, que l'on voit par la tranche, ce qui leur donne cet aspect allongé. Les stratus rouges du soir présagent généralement le beau temps.

Les *nimbus* sont les nuages bas, d'un gris plus ou moins sombre, mais uniforme, à bords frangés ou peu distincts, qui couvrent parfois la plus grande partie du ciel, et se résolvent le plus souvent en pluie.

160. Pluie. — Quand l'abaissement de température d'un nuage est rapide ou considérable, les gouttelettes d'eau deviennent de plus en plus grosses, se soudent entre elles, et atteignent une masse suffisante pour tomber jusqu'au sol en constituant la pluie. Si les couches d'air traversées par ces gouttes sont elles-mêmes très chargées de vapeur, les gouttes augmentent de volume en condensant de la vapeur autour d'elles pendant leur chute : c'est le cas des pluies d'orage; si au contraire les couches atmosphériques voisines du sol sont loin de leur point de saturation, les gouttes s'évaporent en partie et ne donnent qu'une pluie fine.

La quantité de pluie qui tombe dans un endroit déterminé, peut être mesurée à l'aide d'appareils appelés *pluviomètres* ou *udomètres*: le plus simple (*fig.* 158) est un vase, fermé par une sorte d'entonnoir qui reçoit la pluie et la laisse passer dans le vase en même temps qu'il empêche l'évaporation de l'eau recueillie. Au bout d'un temps donné, on enlève l'entonnoir et on verse l'eau du vase dans une éprouvette graduée ; en divisant le volume obtenu par la surface horizontale de l'entonnoir, on trouve la hauteur d'eau tombée pendant ce temps.

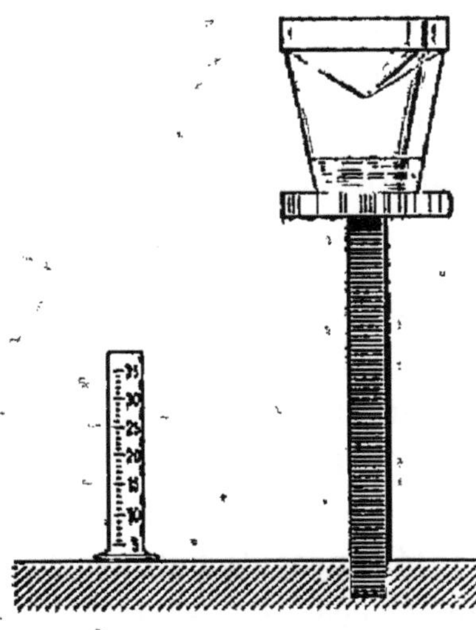

Fig. 158. — Pluviomètre.

On constate ainsi que la quantité de pluie qui tombe annuellement en un lieu est très variable suivant la latitude, l'altitude, les vents dominants, etc. ; elle est beaucoup plus grande dans les régions tropicales que dans les pays tempérés ; si l'eau ne s'infiltrait pas dans le sol et ne s'évaporait pas, la pluie formerait, par an, une couche ayant une épaisseur moyenne de 56 centimètres à Paris, 80 centimètres à Bordeaux, 135 centimètres à Nantes, 465 centimètres à la Vera-Cruz (Mexique), 711 centimètres à Maranhoa (Brésil). Cette quantité varie, dans un même lieu, suivant les saisons ; dans nos pays, c'est en hiver qu'il tombe le moins d'eau, bien que la pluie soit généralement plus fréquente qu'en été, parce qu'elle est plus fine.

161. Verglas. — La pluie peut, comme le brouillard, rester en surfusion dans une atmosphère dont la température est inférieure à 0° ; elle se solidifie alors subitement en arrivant au contact du sol et forme une couche de glace mince et transparente qui constitue le verglas; il peut être dû aussi à la chute de pluie sur un sol dont la température est inférieure à 0°. La congélation de l'eau s'accompagnant d'un dégagement de chaleur, le sol se réchauffe vite, et le verglas disparait bientôt si la pluie est assez abondante.

162. Neige. — Quand la température des nuages descend au-dessous de 0°, la vapeur, au lieu de se condenser sous forme de gouttelettes, se solidifie en cristaux étoilés à six branches, de formes très variables (*fig.* 159), qui constituent la neige. La neige se résout en pluie avant d'arriver au sol, si les couches inférieures de l'atmosphère sont à une température plus élevée, de sorte qu'on

Fig. 159. — Cristaux de neige.

n'observe généralement de neige que l'hiver dans nos pays, tandis que l'eau tombe presque exclusivement sous cette forme dans les régions polaires et sur le sommet des hautes montagnes.

163. Grésil. Grêle. — Le grésil est de l'eau solidifiée en petites masses compactes sans cristallisation régulière; il parait dû à la congélation brusque des gouttelettes d'un nuage, dans un air agité et très froid.

La grêle est formée de morceaux de glace présentant des couches concentriques, et qui peuvent atteindre une masse considérable, jusqu'à 200 grammes. Elle tombe généralement avec les pluies d'orage ; sa formation n'est pas encore bien expliquée, on l'attribue à la surfusion et à des phénomènes électriques.

164. Rosée. — On donne le nom de rosée aux gouttelettes d'eau que l'on observe sur les corps exposés à l'air libre, après les nuits claires et calmes. Ce dépôt de rosée est analogue à la buée qui se forme sur une carafe pleine d'eau froide ou dans l'hygromètre de Regnault sur le dé d'argent refroidi (155). Les corps placés sur le sol envoient de la chaleur dans l'espace, pendant la nuit, et se refroidissent plus vite que l'air parce que leur pouvoir émissif (172) est plus grand ; la couche d'air qui est en contact immédiat avec eux peut donc se refroidir assez pour que la vapeur qu'elle contient atteigne son point de saturation et se dépose en gouttelettes. Les circonstances qui font varier le rayonnement influent donc aussi sur la production de rosée ; les principales sont :

1° la *nature des corps* : les corps qui se refroidissent le plus facilement, comme les plantes, la terre, le bois, le verre, sont ceux qui se couvrent le plus de rosée, tandis que la condensation de la vapeur est faible ou nulle sur les métaux polis ;

2° l'*exposition des corps* : la rosée ne se forme pas sur les corps placés sous des abris, hangars, feuillage des arbres, etc., ou au voisinage des murs qui cachent en partie le ciel et empêchent le rayonnement, aussi est-elle bien moins abondante dans les villes qu'en pleine campagne. Cela explique pourquoi le dépôt de rosée est nul ou faible quand le ciel est couvert de nuages, ces nuages renvoyant vers le sol la chaleur qu'il rayonne vers le ciel ;

3° *l'agitation de l'air* : si l'air est très calme, la même couche d'air restant en contact avec le sol a bientôt déposé la vapeur qu'elle contenait, et la rosée est peu abondante ; il en est de même si le vent est fort, parce que l'air n'a pas le temps de se refroidir jusqu'à saturation au contact des corps ; c'est donc quand l'air est faiblement agité que la rosée est la plus abondante ;

4° la *saison* : la quantité de rosée déposée est d'autant plus grande qu'il y a plus de différence entre la température du jour et celle de la nuit et par suite entre la quantité de vapeur contenue dans l'air et la force élastique maxima de la nuit ; on observe, en effet, que la rosée se produit plus abondamment au printemps et à l'automne qu'en été et en hiver.

165. Gelée blanche. — Si, par suite du rayonnement, la température des corps descend en dessous de 0°, la vapeur, au lieu de se condenser à leur surface sous forme de rosée, se dépose en petits cristaux de glace qui constituent la gelée blanche.

La gelée blanche se produit surtout par les nuits claires de printemps ; elle est particulièrement nuisible aux plantes au moment de la montée de la sève, c'est-à-dire en avril et mai ; de là l'influence attribuée à la lune d'avril qu'on appelle *lune rousse* parce qu'on prétend qu'elle roussit les bourgeons et les feuilles ; en réalité, les gelées blanches se produisent aussi bien pendant que la lune n'est pas au-dessus de l'horizon ; si le temps est clair ; et s'il n'y a pas de gelée blanche quand le ciel est couvert, c'est parce que les nuages empêchent le rayonnement et non pas l'action de la lune.

RÉSUMÉ DU CHAPITRE V

L'*hygrometrie* a pour objet la détermination de la quantité de vapeur d'eau contenue dans un volume donné d'air. Il y a toujours de la vapeur dans l'air ; l'air est d'autant plus humide qu'il est plus près d'être saturé ; l'*état hygrométrique* est le rapport de la force élastique de la vapeur contenue dans l'air à la force élastique maxima à la même température ; on le détermine à l'aide des hygromètres.

L'*hygromètre à cheveu* de Saussure est formé d'un cheveu dégraissé, tendu sur une poulie, qui s'allonge par l'humidité et se raccourcit par la sécheresse ; les mouvements de la poulie font tourner une aiguille sur un cadran gradué.

Le zéro correspond à la sécheresse absolue, le degré 100 à l'air saturé, mais les degrés indiqués par l'aiguille ne correspondent pas à l'état hygrométrique réel.

L'*hygromètre de Regnault* se compose de deux tubes à dés d'argent, dont l'un sert de terme de comparaison et l'autre renferme de l'éther que l'on fait évaporer rapidement à l'aide d'un aspirateur ; le froid dû à l'évaporation de l'éther amène la formation de rosée sur le tube, qui se ternit. L'état hygrométrique est le rapport des forces élastiques maxima correspondant à la température du point de rosée et et à celle de l'atmosphère.

La *météorologie* est l'étude des météores, c'est-à-dire des phénomènes qui se produisent dans l'atmosphère. Les *météores aqueux* ont pour cause la condensation de la vapeur d'eau atmosphérique, par suite d'un abaissement de température.

La condensation de la vapeur en gouttelettes très fines qui restent en suspension dans l'air forme le *brouillard* quand elle se produit au voisinage du sol, et les *nuages* quand elle a lieu dans les couches élevées de l'atmosphère. Quand les gouttes deviennent plus grosses, elles tombent et constituent la *pluie*.

Le *givre* est dû à la congélation du brouillard; la *neige* à celle des nuages, le *verglas* à la solidification de la pluie au contact du sol.

La *rosée* est due à la condensation de la vapeur sur les corps exposés à l'air libre par les nuits claires, et qui se refroidissent par rayonnement ; elle est plus ou moins abondante suivant la nature des corps, leur exposition, l'agitation de l'air, la saison. Si le refroidissement est plus fort, la vapeur d'eau se congèle au contact du sol et des corps voisins, en formant la *gelée blanche*.

CHAPITRE VI

PROPAGATION DE LA CHALEUR

166. Divers modes de propagation de la chaleur. — La chaleur peut se propager d'un corps à l'autre, puisque des corps placés dans le voisinage l'un de l'autre arrivent le plus souvent à prendre la même température. Cette propagation de la chaleur se fait de plusieurs manières : si l'on met l'extrémité d'une barre de fer dans un foyer, par exemple, elle s'échauffe bientôt assez pour qu'il devienne impossible de tenir à la main l'autre extrémité ; la chaleur du foyer s'est donc transmise lentement, de proche en proche dans toute la barre, par *conductibilité*. Un thermomètre placé au soleil monte rapidement ; si l'on met une casserole de cuivre contenant de l'eau devant un brasier ardent, l'eau s'échauffe et peut entrer en ébullition, sans que l'air qui circule autour du thermomètre ou de la casserole soit à une température élevée : on dit que la chaleur s'est propagée par *rayonnement*. Enfin, quand on place sur un fourneau un vase contenant un liquide, les couches inférieures du liquide échauffées au contact des parois du vase deviennent plus légères que les couches supérieures, et montent en échauffant sur leur trajet le liquide qu'elles traversent ; ce mode de propagation de la chaleur, spécial aux liquides et aux gaz, qui diffère de la conductibilité en ce qu'il y a non seulement passage de la chaleur d'une molécule à l'autre, mais déplacement des molécules, a reçu le nom de *convection*.

Conductibilité.

167. Conductibilité des solides. — La conductibilité est la propagation lente de la chaleur, de proche en proche dans toute la masse d'un corps. Tous les corps ne conduisent pas également bien la chaleur ; si au lieu de mettre dans le foyer l'extrémité d'une barre de métal on y introduit le bout d'une baguette de bois, quand il sera enflammé on pourra encore tenir l'autre bout à la main.

On appelle *bons conducteurs* les corps qui, comme le fer, transmettent facilement la chaleur ; et *mauvais conducteurs* ceux qui, comme le bois, la propagent difficilement.

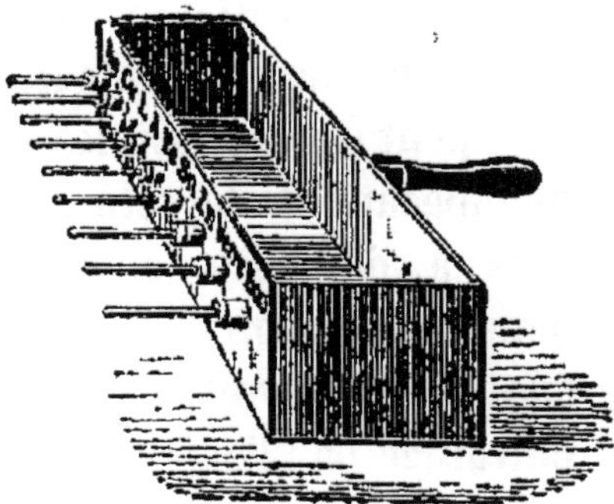

Fig. 160. — Appareil d'Ingenhouz.

Pour comparer la conductibilité des solides, on emploie *l'appareil d'Ingenhouz* (*fig.* 160), qui se compose d'une cuve rectangulaire en laiton dont une paroi latérale porte des tiges de substances différentes, de même diamètre et de même longueur.

On trempe ces tiges dans la cire ou la paraffine fondue, puis on les retire ; elles restent couvertes d'une couche mince de paraffine qui se solidifie. On verse alors de l'eau bouillante dans la cuve, et la paraffine fond d'autant plus vite et sur une longueur d'autant plus grande que la tige conduit mieux la chaleur : elle fond à peine sur quelques millimètres sur le verre, le bois, l'ivoire, beaucoup plus loin sur les métaux ; et d'après leur conductibilité les solides se présentent dans l'ordre suivant : *argent, cuivre, or, laiton, zinc, étain, fer, acier, plomb, platine, bismuth, verre, marbre, porcelaine, charbon, bois.*

Les substances organiques, comme la paille, la laine, le coton, et les corps pulvérulents ou filamenteux sont mauvais conducteurs.

168. Conductibilité des liquides. — Quand on chauffe un liquide par sa partie inférieure, les couches chauffées directement, qui deviennent moins denses, s'élèvent, tandis que les couches supérieures viennent les remplacer; il s'établit donc, dans le liquide, des courants que l'on peut rendre visibles en mélangeant de la sciure de bois à de l'eau chauffée dans un ballon de verre (*fig.* 161); on voit la sciure, entraînée par l'eau, monter dans la partie centrale du ballon et redescendre le long des parois. Ces courants

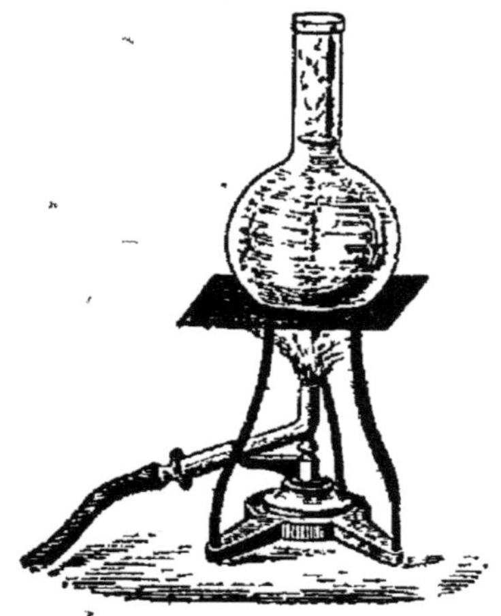

Fig. 161. — Production de courants dans les liquides chauffé

mélangent le liquide, dont la température est bientôt sensiblement la même dans toute la masse.

Pour étudier la conductibilité des liquides il faut donc éviter la production de ces courants, ce qu'on obtient en chauffant le liquide par la partie supérieure ; les couches les plus chaudes étant celles de la surface, il n'y a pas de mouvements du liquide, et l'on constate que tous les liquides sauf le mercure conduisent très mal la chaleur: on peut produire l'ébullition de l'eau à la surface sans qu'un thermomètre plongé dans les couches profondes monte sensiblement.

Dans la pratique pour échauffer rapidement un liquide, il faut donc toujours le chauffer par la partie inférieure, de façon à propager la chaleur par convection.

169. Conductibilité des gaz. — La production de courants dans les gaz est encore plus facile que dans les liquides, et ils laissent passer la chaleur sans s'échauffer eux-mêmes ; il est donc très difficile d'étudier leur conductibilité. Elle paraît à peu près nulle, quand on empêche les mouvements des gaz ; l'hydrogène seul est assez bon conducteur de la chaleur, ce qui le rapproche des métaux.

170. Applications. — La plus ou moins grande conductibilité des corps a des conséquences nombreuses et d'importantes applications. Des corps différents, à la même température, nous donnent au toucher des sensations différentes, suivant leur conductibilité : à la température ordinaire les métaux, le marbre, nous paraissent plus froids que le bois, parce que la chaleur que leur transmet la main se répand dans toute leur masse, de sorte que l'équilibre de température s'établit difficilement ; tandis que le bois étant mauvais conducteur, la chaleur de la main reste aux points que l'on touche directement et qui prennent rapidement la température de la main. Pour la même raison, si ces corps sont à une température supérieure à celle de la main, les métaux et le marbre paraissent plus chauds que le bois, puisqu'ils cèdent une plus grande quantité de chaleur provenant de toute leur masse.

C'est pourquoi on adapte aux casseroles, aux théières,

des manches en bois, ou, si le manche est en métal, on le sépare du vase par une rondelle d'ivoire ou d'os, qui conduit mal la chaleur.

Pour préserver un corps contre le refroidissement ou contre l'échauffement par l'extérieur on l'entoure de corps mauvais conducteurs ou *isolants* ; de là l'usage des couvertures de laine, des édredons ; l'emploi, l'hiver ou dans les pays froids, de vêtements de laine, de fourrures et d'étoffes filamenteuses, qui emprisonnent de l'air et forment une enveloppe conduisant très mal la chaleur ; dans les pays chauds on se couvre aussi de vêtements de laine qui protègent le corps contre la chaleur extérieure ; de même, on enveloppe la glace, pour la conserver, dans des sacs de laine, ou on la met dans la sciure de bois.

Dans les constructions, les murs en briques creuses préservent mieux les appartements contre les variations de la température extérieure que les murs en briques pleines, à cause de l'air qu'elles renferment et qu'elles maintiennent immobile ; les doubles fenêtres, très employées dans les pays froids, diminuent beaucoup, par la couche d'air qu'elles emprisonnent, la déperdition de chaleur qui se fait surtout par les vitres.

Au contraire, pour refroidir rapidement un corps, on le met en contact avec un corps bon conducteur : ainsi, en introduisant une toile métallique dans une flamme, on refroidit assez les gaz qui la traversent pour qu'ils ne brûlent plus au-dessus de la toile. On utilise cette propriété dans la *lampe de sûreté* des mineurs (*fig.* 162) ; on entoure

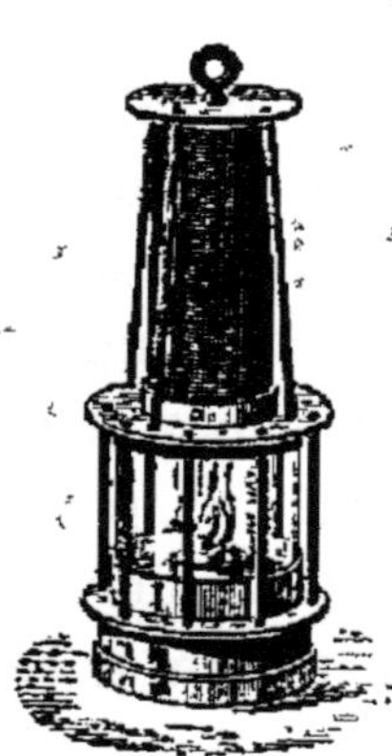

Fig. 162. — Lampe de sûreté.

la flamme d'un cylindre de toile métallique ; si le mélange détonant formé par le grisou et l'air est en quantité suffisante pour s'enflammer dans la lampe, les produits de la combustion se refroidissent assez en traversant la toile métallique pour que la combustion ne puisse se propager au dehors. On se sert encore de toiles métalliques pour répartir régulièrement la chaleur sur le fond des vases de verre et des capsules de porcelaine quand on les chauffe dans les laboratoires ; et dans les théâtres, pour faire des rideaux destinés à empêcher les incendies de se propager.

Rayonnement.

171. Propagation de la chaleur par rayonnement. — On appelle rayonnement la propagation rapide de la chaleur d'un corps à un autre, sans échauffement des corps intermédiaires.

La chaleur peut se propager sans l'intermédiaire des corps pondérables, puisque la chaleur du soleil nous parvient après avoir traversé le vide des espaces planétaires. On démontre, par l'expérience de Rumford, que la *chaleur obscure*, c'est-à-dire celle qui est émise par des corps non incandescents, *se propage dans le vide* aussi bien que la *chaleur lumineuse* ou chaleur accompagnée de rayons lumineux : on soude un thermomètre dans le fond d'un ballon dont le col est long d'environ 80^{cm}, on remplit le ballon de mercure comme pour faire l'expérience de Torricelli et on le retourne sur la cuve à mercure (*fig.* 163) ; le mercure descend à 76^{cm} au-dessus du niveau de la cuve, laissant dans le ballon le vide barométrique, et on ferme le col du ballon à la lampe, au-dessus du mercure. Si on plonge alors le ballon dans l'eau chaude, le thermomètre monte instantanément ; la transmission de la chaleur est trop rapide pour qu'on puisse admettre que la chaleur s'est propagée par le verre et la tige du thermomètre, qui sont mauvais conducteurs ; la chaleur de l'eau a donc rayonné en traversant le vide.

Fig. 163. — Expérience de Rumford.

Si l'on déplace un thermomètre autour d'un corps chaud, on constate qu'il indique une élévation de température dans toutes les directions, pourvu qu'il n'y ait pas d'écran interposé sur la ligne droite allant du corps au réservoir du thermomètre ; donc *la chaleur se propage en ligne droite, dans toutes les directions autour de la source de chaleur*. On appelle *rayon calorifique* la ligne droite suivant laquelle la chaleur se propage d'un point à un autre.

On trouve, par l'expérience comme par le raisonnement, que la chaleur est identique avec la lumière, qui sera étudiée en Optique ; la chaleur se propage, comme la lumière, en ligne droite, d'un mouvement uniforme, avec la même vitesse de 300000^{km} par seconde ; la quantité de chaleur reçue, dans un même temps, par une surface donnée, varie aussi en raison inverse du carré de la distance de cette surface à la source calorifique.

172. Émission de la chaleur. — Un corps chaud, envoyant de la chaleur autour de lui dans toutes les directions, se refroidit ; l'expérience montre que le refroidissement est plus ou moins rapide suivant la nature des corps ; donc tous les corps, dans les mêmes conditions, n'émettent pas la même quantité de chaleur. On le vérifie

à l'aide du *cube de Leslie* (*fig*. 164) ; c'est un cube métallique rempli d'eau maintenue en ébullition par une lampe
placée en dessous de l'appareil et entourée d'un écran

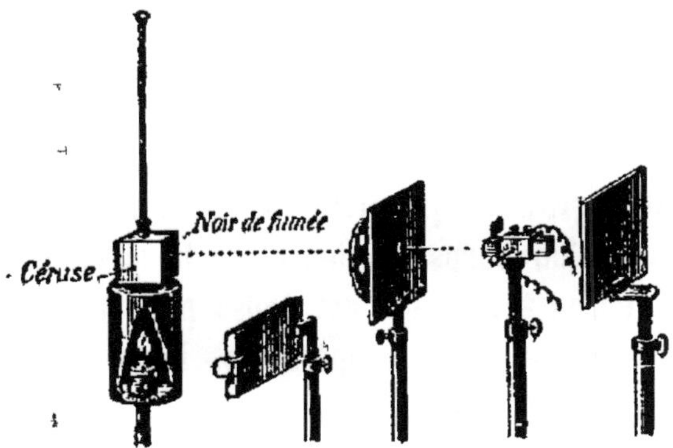

Fig. 164. — Influence de la nature de la surface sur l'émission de la chaleur.

pour que sa chaleur n'intervienne pas directement. On
recouvre les faces verticales du cube des substances que

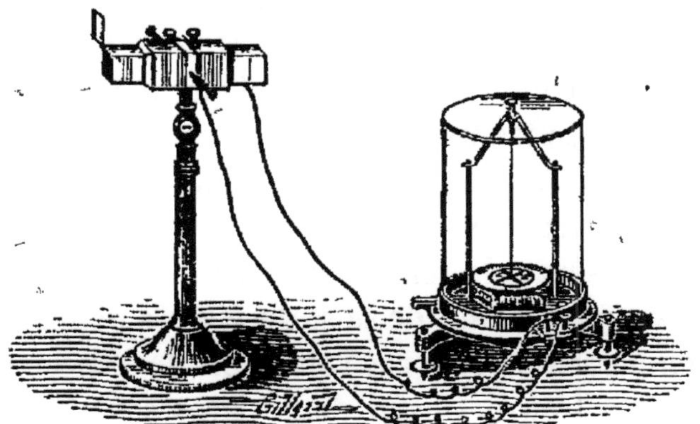

Fig. 165. — Pile thermo-électrique.

l'on veut étudier ; on place devant l'une des faces une
petite pile thermo-électrique (*fig*. 165, V. *Électricité*) qui
permet d'apprécier des variations de température très
faibles, par les mouvements d'une aiguille aimantée, et on

met entre le cube et la pile un écran percé d'un trou pour laisser passer toujours une même quantité de rayons calorifiques. On constate en tournant successivement vers la pile thermo-électrique les différentes faces du cube qu'elle ne donne pas les mêmes indications, donc les substances employées n'émettent pas la même quantité de chaleur.

C'est le noir de fumée qui, à une température donnée, émet la plus grande quantité de chaleur; et l'on appelle pouvoir émissif d'un corps le rapport de la quantité de chaleur émise par ce corps à celle qui est émise par une surface égale de noir de fumée à la même température. Le pouvoir émissif est le même pour le blanc de céruse que pour le noir de fumée; il est 0,72 pour la gomme laque, 0,11 pour le platine laminé, 0,05 pour le cuivre, 0,03 pour l'argent laminé.

Un corps froid semble rayonner du froid : au voisinage d'un morceau de glace la main ressent une impression de froid, un thermomètre baisse : c'est que la main et le thermomètre émettent plus de chaleur qu'ils n'en reçoivent de la glace tandis que la glace en émet aussi, mais moins qu'elle n'en reçoit ; il n'y a donc pas en réalité de corps froids, mais seulement des corps moins chauds que les corps voisins et le refroidissement d'un corps dépend de son pouvoir émissif, de sa surface, de sa température et de la température des corps voisins ou de l'enceinte dans laquelle il se trouve. Quand deux corps sont à la même température, on admet qu'ils continuent à rayonner, mais que chacun reçoit autant de chaleur qu'il en émet.

Le faible pouvoir émissif des métaux polis explique l'emploi des cafetières, des théières, des vases en métal poli, pour conserver la chaleur des boissons ou des aliments. Les poêles en fonte chauffent plus vite et se refroi-

dissent plus vite que les poêles de faïence, parce que la
fonte a un pouvoir émissif plus grand que celui de la
faïence ; pour une raison analogue, les tuyaux de poêle en
tôle noircie émettent mieux la chaleur que les tuyaux en
cuivre poli.

173. Réflexion de la chaleur. — Quand un rayon lumineux rencontre un miroir, il change de direction, on dit
qu'il se réfléchit ; il en est de même pour les rayons calorifiques, et l'on peut constater, par l'expérience des *miroirs
conjugués*, que les lois de la réflexion de la chaleur sont

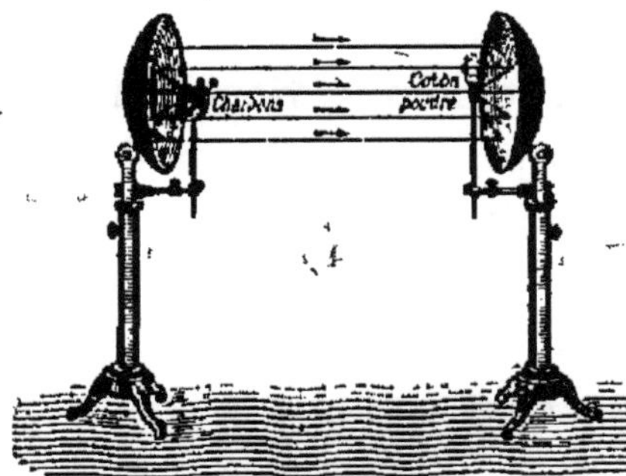

Fig. 166. — Expérience des miroirs
conjugués.

analogues à celles de la
réflexion de la lumière
(V. *Optique*). On place à
quelques mètres l'un de
l'autre et de façon que
leurs axes coïncident,
deux miroirs concaves
(*fig.* 166) ; en un point
appelé le foyer principal
de l'un des miroirs on
met une bougie allumée, et l'on constate qu'on peut re-
cueillir l'image de la bougie sur un petit écran, au foyer
de l'autre miroir ; on remplace alors la bougie par une
corbeille métallique remplie de charbons ardents, et
l'écran par un morceau d'amadou ou de coton-poudre ; ce
corps s'enflamme bientôt, par suite de la chaleur réfléchie
sur lui, tandis qu'il ne prend pas feu dans les points intermédiaires entre le brasier et le foyer du second miroir. On
peut de même enflammer du papier, du bois, de la laine,
au foyer d'un miroir concave qui réfléchit la lumière et la
chaleur du soleil.

Tous les corps ne réfléchissent pas également la chaleur ; on appelle pouvoir réflecteur d'un corps le rapport de la quantité de chaleur réfléchie à la quantité de chaleur reçue par le corps. Les métaux polis ont un grand pouvoir réflecteur ; il est de 0,96 pour l'argent, 0,95 pour l'or ; 0,77 seulement pour le fer.

Les corps non polis, comme la céruse, le bois, le papier réfléchissent la chaleur dans toutes les directions ; on dit qu'ils la *diffusent*.

174. Transmission de la chaleur rayonnante. — Quand des rayons calorifiques arrivent sur un corps, une partie peut être réfléchie ou diffusée, comme on vient de le voir ; une autre peut traverser le corps, comme la lumière traverse les corps transparents : ainsi on sent la chaleur du soleil derrière les vitres ; le reste est absorbé par le corps et sert à élever sa température.

On appelle corps *athermanes*, ceux qui ne se laissent pas traverser par la chaleur ; corps *diathermanes*, ceux qui laissent passer la chaleur, et qui la transmettent ; ces derniers font subir aux rayons calorifiques un changement de direction, appelé *réfraction*, analogue à la réfraction de la lumière, car on peut enflammer une allumette ou du papier au foyer d'une loupe : la chaleur est donc concentrée au même point que la lumière.

Le pouvoir diathermane d'un corps est le rapport de la quantité de chaleur que ce corps laisse passer à celle qu'il reçoit ; il varie non seulement suivant les corps, mais suivant la nature de la chaleur : ainsi, le pouvoir diathermane du sel gemme est 0,92 quelle que soit la chaleur qu'il reçoit, tandis que le verre, l'alun, la vapeur d'eau laissent passer une fraction variable de chaleur lumineuse suivant la source de cette chaleur, et arrêtent complètement la chaleur obscure.

Cette propriété explique l'emploi des châssis vitrés, des cloches de verre, des serres, pour abriter les plantes contre le froid ou activer leur développement ; la chaleur lumineuse du soleil traverse le verre et arrive aux plantes, mais la chaleur obscure rayonnée par les plantes et le sol est arrêtée par le verre et reste sous la cloche ou dans la serre. De même, les nuages laissent passer la chaleur solaire et arrêtent la chaleur obscure rayonnée par la terre ; aussi la chaleur paraît plus forte l'été par les temps nuageux, et le refroidissement de l'air est moins intense par les nuits couvertes que par les nuits claires.

Les gaz secs sont généralement très diathermanes ; c'est pourquoi les couches supérieures de l'atmosphère sont toujours à une température basse, malgré la chaleur solaire qui les traverse. L'eau est, au contraire, peu diathermane, et les rayons solaires n'arrivent pas jusqu'aux couches profondes, dont la température varie peu.

175. Absorption de la chaleur. — La chaleur qui n'est ni réfléchie, ni diffusée, ni transmise par un corps, est absorbée et sert à élever la température du corps ou à le faire changer d'état. Le pouvoir absorbant, c'est-à-dire le rapport de la quantité de chaleur absorbée à la quantité reçue est très variable suivant les corps ; pour les corps absolument athermanes et assez bien polis pour qu'on n'ait pas à tenir compte de la chaleur diffusée, la chaleur absorbée est la différence entre la chaleur reçue et la chaleur réfléchie ; les métaux polis ont donc un pouvoir absorbant faible ; les corps mats ou rugueux, au contraire, ayant un pouvoir réflecteur nul absorbent toute la chaleur qu'ils ne diffusent pas. On remarque que le pouvoir absorbant et le pouvoir émissif d'une même substance dans les mêmes conditions sont égaux : le noir de fumée et le blanc de céruse absorbent toute la chaleur qu'ils reçoivent, tandis que les métaux polis qui ont un pouvoir émissif très faible absorbent très peu la chaleur.

Les liquides contenus dans des vases métalliques bien nettoyés s'échauffent donc lentement, tandis qu'ils s'échauffent bien plus vite si le vase est recouvert de noir de fumée ; mais ils se refroidissent aussi bien plus vite, une fois éloignés du foyer, que dans des vases polis. On hâte la fusion de la neige en la recouvrant de terre ou d'une étoffe noire, qui ont un pouvoir absorbant plus grand ; ceci explique encore pourquoi les vêtements noirs paraissent beaucoup plus chauds l'été que les vêtements blancs qui absorbent moins la chaleur solaire ; d'autre part, le pelage blanc, si fréquent chez les animaux des régions polaires, les protège aussi contre le refroidissement, à cause de son pouvoir émissif faible.

RÉSUMÉ DU CHAPITRE VI

La *conductibilité* est la propagation lente de la chaleur de proche en proche dans toute la masse d'un corps. Les métaux et les corps qui transmettent facilement la chaleur sont dits *bons conducteurs*, ceux qui la propagent difficilement, comme le bois, le verre, sont *mauvais conducteurs*. On compare la conductibilité des solides à l'aide de l'appareil d'Ingenhouz.

Les liquides sont très mauvais conducteurs, sauf le mercure. Ils s'échauffent généralement par *convection*, c'est-à-dire par l'établissement de courants dus à la diminution de densité des couches chauffées.

Les gaz, sauf l'hydrogène, sont très mauvais conducteurs ; la production de courants y est très facile, et ils s'échauffent aussi par convection.

La conductibilité explique la différence de sensation que nous produisent des substances différentes, quoique à la même température ; l'emploi des manches en bois pour les casseroles, les thélères ; le rôle des étoffes de laine, des fourrures, des briques creuses, des doubles fenêtres, pour préserver le corps ou les appartements des variations de température ; l'usage des toiles métalliques dans les lampes de sûreté, etc.

Le *rayonnement* est la propagation rapide de la chaleur d'un corps à un autre sans échauffement des corps intermédiaires. La chaleur obscure traverse le vide comme la chaleur lumineuse ; on le vérifie par l'expérience de Rumford. La chaleur se propage en ligne droite, dans toutes les directions autour de la source calorifique, comme la lumière et avec la même vitesse.

Tous les corps, à la même température, n'émettent pas la même quantité de chaleur ; on le constate à l'aide du cube de Leslie et d'une pile thermo-électrique. Le *pouvoir émissif* d'un corps est le rapport de la quantité de chaleur qu'il émet à celle qui est émise dans les mêmes conditions par une surface égale de noir de fumée. Les métaux ont un pouvoir émissif très faible, d'où leur emploi pour conserver chauds les aliments et les boissons.

Quand la chaleur rencontre un obstacle, elle se réfléchit suivant les mêmes lois que la lumière ; on le vérifie par l'expérience des miroirs conjugués. Le *pouvoir réflecteur* d'un corps est le rapport de la quantité de chaleur réfléchie à la quantité de chaleur reçue ; il est très grand pour les métaux polis. Les corps non polis *diffusent* la chaleur dans toutes les directions.

On appelle corps *athermanes* les corps qui arrêtent la chaleur, et corps *diathermanes* ceux qui la laissent passer. Le *pouvoir diathermane* d'un corps est le rapport de la quantité de chaleur transmise à la quantité de chaleur reçue ; il dépend de la nature du corps et de la source calorifique. Le verre, la vapeur d'eau laissent passer la chaleur lumineuse et arrêtent la chaleur obscure ; d'où l'emploi des châssis vitrés, des cloches de verre, des serres, et le rôle des nuages.

La chaleur absorbée par un corps sert à élever la température du corps ou à le faire changer d'état. Le *pouvoir absorbant* d'un corps est le rapport de la quantité de chaleur absorbée à la quantité de chaleur reçue ; il est égal au pouvoir émissif, et d'autant plus faible que le pouvoir réflecteur est plus grand.

CHAPITRE VII

CHAUFFAGE DES APPARTEMENTS.— MACHINE A VAPEUR

176. Différents systèmes de chauffage. — Les appareils employés pour le chauffage des appartements sont très nombreux ; mais les plus usités ont pour but d'utiliser la chaleur produite par la combustion du bois, de la houille ou de combustibles analogues. On peut les grouper en trois systèmes principaux : les *cheminées* et les *poêles*, qui utilisent directement la chaleur produite par le combustible en brûlant, et les *calorifères*, qui l'emploient pour chauffer de l'air, de l'eau ou produire de la vapeur, qui transportent ensuite la chaleur dans les différentes pièces de l'appartement.

Dans tous, la combustion se fait dans un foyer, et les produits de la combustion sont rejetés au dehors par un tuyau qui sert en outre à activer la combustion.

177. Cheminées. — Une cheminée se compose d'un foyer F ouvert en avant surmonté d'un conduit AB, qui est la cheminée proprement dite (*fig.* 167). Le *tirage* de la cheminée, c'est-à-dire l'établissement dans le conduit d'un courant d'air continu de bas en haut, est une conséquence de la dilatation des gaz par la chaleur. Quand on allume du feu dans le foyer, les produits de la combustion, plus légers que l'air extérieur, montent dans la cheminée dont l'air s'échauffe aussi et se dilate ; la pression exercée par la colonne gazeuse AB est moindre que la pression exercée par la colonne d'air extérieur CD ; par suite, il ne peut y avoir équilibre dans la tranche horizontale AC, et l'air de la cheminée est refoulé de bas en haut par l'air de la chambre, qui tend à passer dans la cheminée. Mais cet air en traversant le foyer active la combustion, s'échauffe à son tour et monte, de sorte que le courant devient continu, à condition que l'air extérieur pénètre suffisamment dans la chambre, par les fissures des portes et des fenêtres, pour remplacer celui qui est passé dans la cheminée.

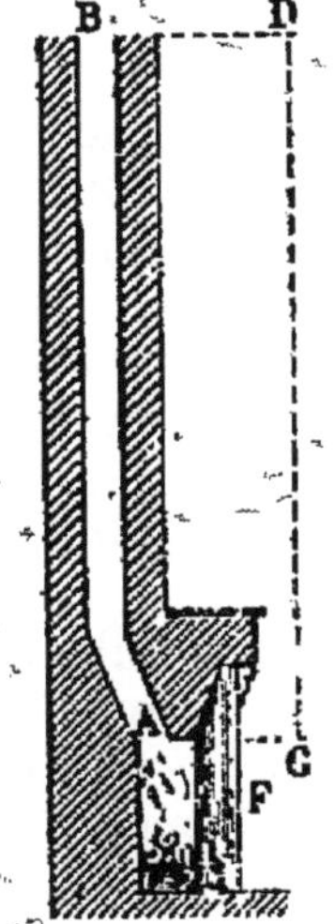

Fig. 167. — Cheminée ordinaire.

Si la chambre était hermétiquement close, l'air qui monte dans la cheminée n'étant pas remplacé, la pression diminuerait dans la chambre, le tirage cesserait et l'air de la cheminée pourrait même refluer vers la chambre. Il faut donc pour qu'une cheminée tire bien, que la *ventilation* de l'appartement soit suffisante.

Le tirage, ayant pour cause la différence de poids des colonnes d'air AB et CD, sera d'autant meilleur que la *hauteur* de la cheminée sera plus grande : l'expérience montre que le conduit doit avoir au moins 5^m de hauteur. Mais cette hauteur ne doit pas dépasser une certaine limite, variable avec l'intensité de la combustion, parce que l'air doit arriver à l'orifice supérieur avec une température plus élevée que celle de l'air extérieur, pour avoir encore une force ascensionnelle, et que si la hauteur est trop grande, l'augmentation des frottements diminue la vitesse du courant d'air.

Fig. 168. — Cheminée à rideau.

La cheminée doit avoir une *section* suffisante pour le dégagement des produits de la combustion, 3 à 4^{dd} en général ; si elle est trop étroite, il y a trop de frottements ; mais si la section est trop grande, il s'établit à la fois dans le conduit un courant d'air chaud ascendant, et un courant d'air froid qui descend en ramenant dans la chambre une pai ie des produits de la combustion : la cheminée *fume*.

Il ne faut pas que l'*ouverture du foyer* soit très gi nde, parce que l'air extérieur pénètre alors dans le conduit ns traverser le foyer et ne s'échauffe pas, ce qui diminue le tirage. C'est pourquoi on remplace généralement aujourd'hui les anciennes cheminées à vaste foyer, par des cheminée beaucoup plus petites, dont les parois latérales et supérieure inclinées (*fig*. 168) réfléchissent vers la chambre une partie de la chaleur qu'elles reçoivent, et qui sont munies d'un rideau mobile en tôle qu'on peut baisser plus ou moins pour activer le tirage.

Il faut éviter aussi de faire communiquer ensemble deux tuyaux de cheminées, ou de laisser une porte ouverte entre deux chambres où il y a du feu, parce que celle des deux cheminées qui tire le mieux aspire l'air de l'autre chambre, ce qui peut déterminer l'arrivée de l'air froid par l'autre conduit et faire refluer la fumée dans la chambre.

Quand une cheminée fume, on peut activer le tirage en l'allongeant, ou en la surmontant d'un chapeau percé d'un orifice latéral et muni d'une girouette qui dirige toujours l'orifice du côté opposé au vent, de façon à empêcher le vent de refouler la fumée jusque dans les appartements.

Le chauffage par la cheminée n'utilise que la chaleur produite par rayonnement, c'est-à-dire de 6 à 12 0/0 de la chaleur dégagée par la combustion, puisque l'air chaud s'en va par le conduit ; comme l'air est très diathermane, il ne s'échauffe guère qu'au contact des parois de la chambre quand celles-ci se sont déjà échauffées par rayonnement. En outre, si le tirage assure le renouvellement de l'air, il détermine par là même la production de courants d'air froid allant des portes et des fenêtres à la cheminée ; de sorte que la cheminée, si elle est le mode de chauffage le plus agréable à la vue et le plus sain, est aussi celui qui donne le moins de chaleur et qui coûte le plus cher.

Cheminée à bouches de chaleur. — On peut utiliser une plus grande partie de la chaleur produite, et diminuer le refroidissement dû aux courants d'air, en amenant par un conduit A (*fig*. 169) l'air du dehors dans des cavités disposées derrière les parois du foyer ; l'air s'échauffe au contact de ces parois, et sort par des bouches de chaleur 0,0' placées des deux côtés de la cheminée, pour se répandre dans la chambre et remplacer l'air qui passe dans la cheminée.

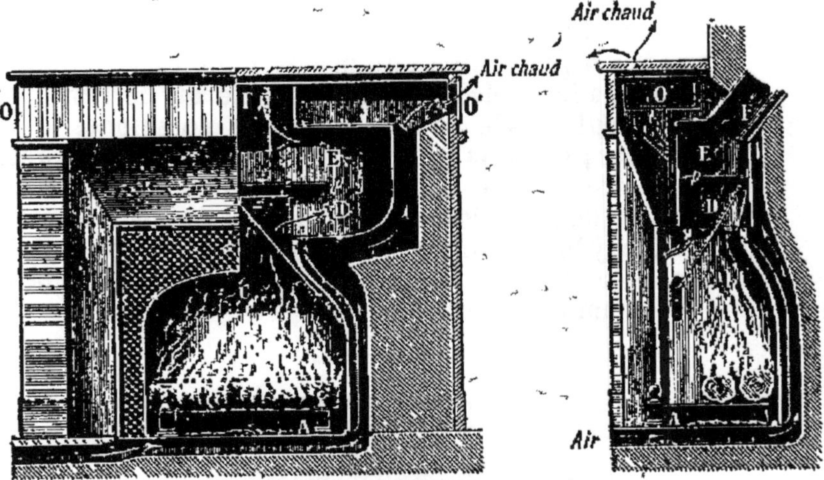

Fig. 169. — Cheminée à bouches de chaleur.

178. Poêles. — Les poêles sont des appareils en fonte ou en faïence dans lesquels on brûle le combustible ; l'air nécessaire à la combustion pénètre par une ouverture inférieure, et les produits de la combustion s'en vont par des tuyaux dans le conduit d'une cheminée ou dans l'atmosphère.

Les poêles chauffent par rayonnement dans toutes les directions ; de plus, ils échauffent par contact l'air qui se renouvelle autour d'eux ; ils utilisent donc une proportion bien plus grande de la chaleur produite, chauffent davantage et bien plus économiquement. Mais ils déterminent un tirage moins actif, qui ne fait pas rentrer dans la chambre une quantité d'air suffisante pour assurer la ventilation ; ils peuvent en outre laisser dégager dans la chambre une partie des produits de la combustion, surtout s'ils sont en fonte et portés au rouge ; et les matières organiques en suspension dans l'air peuvent, en se décomposant au contact de leurs parois fortement chauffées, donner des produits dangereux et d'odeur désagréable ; ils sont donc moins bons que la cheminée au point de vue de l'hygiène.

Les poêles de faïence ne peuvent être portés à une température suffisante pour décomposer les matières organiques de l'air, et ne laissent pas passer les gaz au travers de leurs parois ; ils ont en outre l'avantage de s'échauffer et de se refroidir très lentement et de donner une température bien plus régulière ; ils fournissent donc une chaleur plus agréable et plus hygiénique que les poêles de fonte.

Les *poêles à feu continu,* ou poêles mobiles, à combustion ralentie, dans lesquels on brûle du coke ou de l'anthracite qui produisent peu de fumée, sont très commodes et très économiques ; mais ils déterminent une ventilation presque nulle et peuvent, si le tirage de la cheminée n'est pas suffisant, laisser dégager les produits de la combustion, formés surtout d'oxyde de carbone, et très dangereux ; il faut donc en surveiller le tirage et surtout n'en jamais laisser la nuit dans les chambres à coucher.

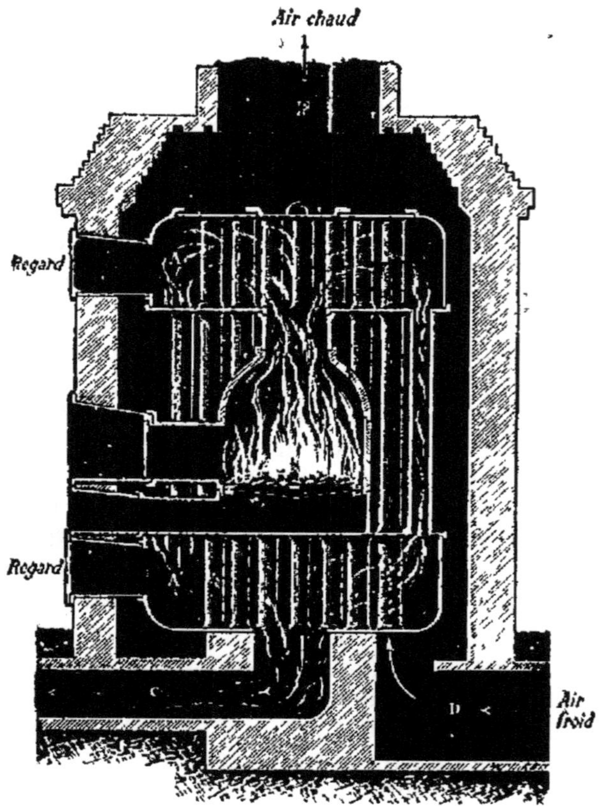

Fig. 170. — Calorifère à air chaud.

179. Calorifères. — Les calorifères employés pour chauffer à la fois un grand nombre de pièces, comprennent un foyer, généralement placé dans la cave ou dans l'étage inférieur de la maison, et des tuyaux qui vont dans toutes les chambres et y portent soit de l'air chaud, soit de l'eau chaude, soit de la vapeur.

Dans les *calorifères à air chaud*, l'air du dehors, arrivant par la partie inférieure D, s'échauffe en passant dans des tuyaux portés à une haute température par un foyer central (*fig.* 170), et se rend dans un réservoir à la partie supérieure ; on le distribue de là dans les chambres à chauffer où il se déverse par des bouches de chaleur. Ce système est assez économique, mais il présente l'inconvénient d'envoyer dans les appartements de l'air trop chaud, trop sec, et dont les matières organiques ont pu être décomposées au contact des tuyaux, ce qui donne des produits nuisibles et d'odeur désagréable.

Dans les *calorifères à circulation d'eau*, l'eau, échauffée dans une chaudière à foyer intérieur (*fig.* 171) et devenue plus légère, monte par un tube vertical *a* dans un réservoir *v* placé en haut de la maison, puis redescend par des tuyaux dans des récipients en forme de poêle (*m*, *m'*, *m''* et *fig.* 172), disposés dans chaque pièce. Un tube *s* (*fig.* 171) ramène l'eau refroidie à la chaudière où elle se réchauffe, et la circulation continue. Une soupape de sûreté permet à la vapeur de s'échapper, et empêche qu'une dilatation trop

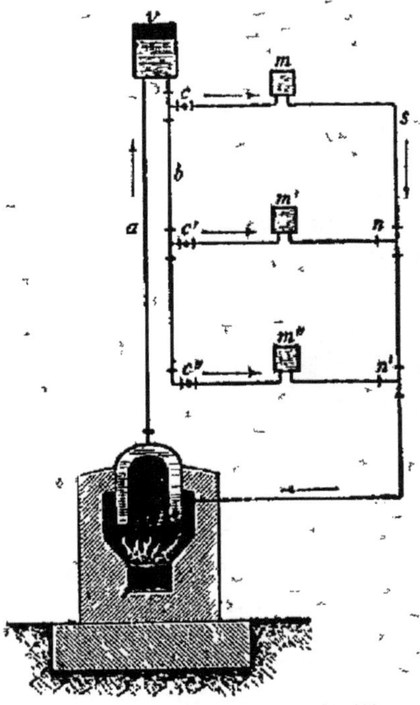

Fig. 171. — Schéma d'un calorifère à eau chaude.

brusque de l'eau ne puisse amener la rupture des conduits.

Ce système donne une température sensiblement constante ; aussi l'emploie-t-on surtout pour le chauffage des serres, des étuves, des couveuses artificielles ; il est très économique ; mais l'installation est coûteuse et compliquée, et il présente l'inconvénient de ne chauffer et de ne refroidir que lentement, à cause de la grande quantité d'eau qu'il emploie comme véhicule de la chaleur ; on ne peut donc pas l'employer quand on a besoin de chauffer rapidement et momentanément quelques pièces d'une maison.

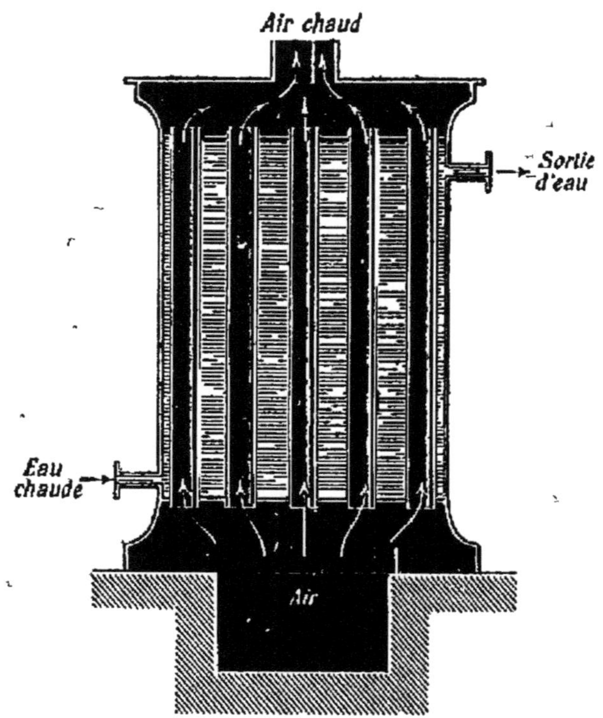

Fig. 172. — Coupe des poêles à eau chaude.

Dans les *calorifères à vapeur d'eau*, des tuyaux partan du haut d'une chaudière où l'on fait bouillir de l'eau se rendent dans les chambres, et ramènent à la chaudière l'eau provenant de la condensation de la vapeur ; cette eau sert donc indéfiniment. La chaleur dégagée par la vapeur en se condensant échauffe les tuyaux, au contact desquels l'air s'échauffe à son tour.

On emploie surtout pour les écoles, les hôpitaux, les habitations particulières, le chauffage à vapeur à basse pression dans lequel la pression dans la chaudière ne dépasse pas 1/4 de kilogr. environ. Les tuyaux dans lesquels circule la vapeur sont en général de petit diamètre, et n'élèveraient pas suffisamment la température ; mais on augmente considérablement la surface de contact avec l'air en disposant sur ces tuyaux, spécialement dans les parties les plus froides ou les pièces qu'on veut chauffer plus fortement, des *radiateurs* de forme très variée. Ce sont le plus souvent des ailettes de fonte, circulaires ou rectangulaires (*fig.* 173), adaptées aux

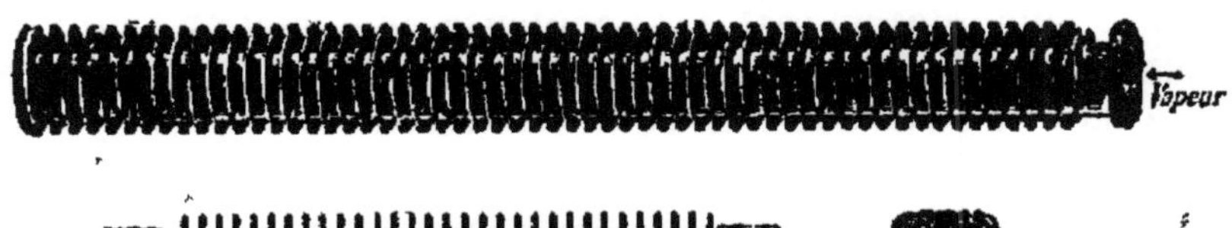

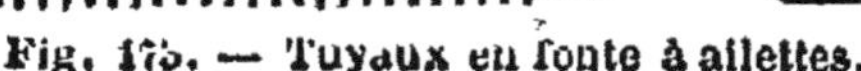

Fig. 173. — Tuyaux en fonte à ailettes.

tuyaux mêmes que l'on place horizontalement autour des parois des chambres, et qu'on dissimule sous des tôles

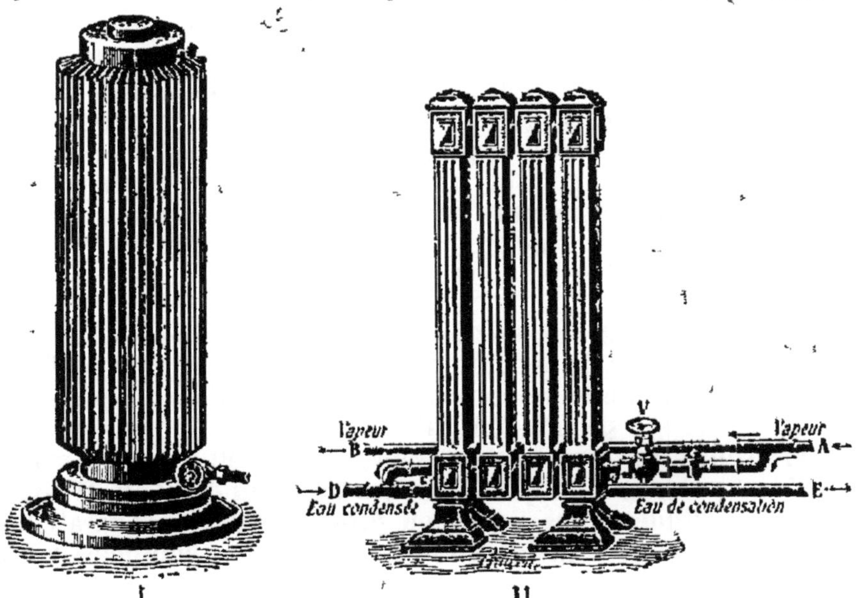

Fig. 174. — Poêles à vapeur d'eau.

ajourées ; ou bien des poêles verticaux (*fig.* 174) dans lesquels la vapeur du conduit général A (*fig.* 174, II) pénètre par le tube *a* pour sortir en *c*, d'où l'eau condensée retourne vers la chaudière. Si l'on ne veut pas chauffer une pièce, il suffit de fermer la vis V : la vapeur, au lieu de pénétrer dans le radiateur, passe dans les pièces voisines.

Ce système est très hygiénique, parce qu'il ne surchauffe ni ne dessèche l'air et ne produit pas de gaz toxiques ; il ne présente pas de dangers d'incendie et il est économique ; mais l'installation est très coûteuse, et quand on ranime le feu après l'avoir laissé ralentir, l'arrivée de la vapeur au contact de l'eau due à la condensation de la vapeur produit un bruit désagréable.

Machine à vapeur

180. Principe de la machine. — Les machines à vapeur sont des appareils à l'aide desquels on utilise comme force motrice la force élastique de la vapeur d'eau. Elles ont été inventées par Denis Papin en 1690, mais ne sont devenues pratiques qu'après avoir subi de nombreux perfectionnements, dont les plus importants sont dus à James Watt.

Une machine à vapeur se compose essentiellement: 1° d'une *chaudière* ou *générateur* de vapeur qui sert à la production de la vapeur ; 2° d'un *cylindre* ou corps de pompe dans lequel la vapeur agit sur un piston ; 3° d'un *mécanisme* très variable qui transforme le mouvement rectiligne et alternatif du piston en mouvement utilisable, le plus souvent en un mouvement de rotation.

181. Chaudière. I. — **Chaudière à bouilleurs.** — Dans les machines fixes, le générateur le plus usité est la chaudière à bouilleurs ; elle se compose d'un gros cylindre horizontal ou *générateur* proprement dit A (*fig.* 175) en tôle ou en cuivre rouge, terminé à ses extrémités par deux calottes sphériques, et communiquant par des tubes ou *évents* D, D' avec deux cylindres plus petits ou *bouilleurs* B placés parallèlement en dessous de lui. Le foyer est sous les bouilleurs ; des cloisons de briques, l'une horizontale au milieu des bouilleurs, les autres verticales entre les bouilleurs et le générateur, forcent la flamme et les produits de la combustion à parcourir plusieurs fois la longueur de la chaudière, en passant successivement dans tous ces compartiments ou *carneaux*, avant d'aboutir au tuyau de la cheminée ; cette disposition permet d'obtenir une grande *surface de chauffe*, et d'utiliser la plus grande partie de la chaleur produite par la combustion.

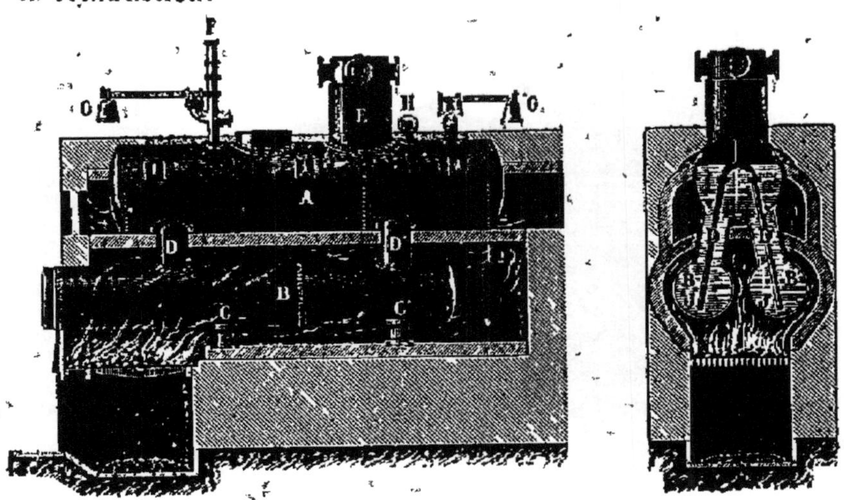

Fig. 175. — Chaudière horizontale à bouilleurs.

Les bouilleurs sont toujours remplis d'eau ; le générateur ne doit jamais être plein, mais le niveau de l'eau doit être au-dessus de la partie qui est chauffée directement par les gaz du foyer.

11. — Chaudière tubulaire. — Pour les machines mobiles qui doivent fournir rapidement de la vapeur à haute pression, sans tenir beaucoup de place, on emploie surtout les chaudières tubulaires, inventées par Marc Seguin en 1826, et dont l'application aux locomotives par Stephenson, en 1829, a permis le développement des chemins de fer.

Ces chaudières se composent d'un gros cylindre traversé dans toute sa longueur par une quantité de tubes horizontaux, en cuivre, ouverts aux deux bouts et qui sont baignés par l'eau du cylindre (*fig.* 176). Le foyer est placé à l'une des extrémités, dans une cavité creusée dans la chaudière même de façon que l'eau l'entoure de tous côtés ; et la flamme traverse tous les tubes pour se rendre à la cheminée qui est à l'autre extrémité du cylindre ; la surface de chauffe est donc très considérable, mais l'entretien de cette chaudière est assez difficile.

La vapeur se rend dans le *dôme de vapeur*, de la partie supérieure duquel part le tuyau qui la conduit au cylindre ; la vapeur dépose dans ce dôme la plus grande partie des

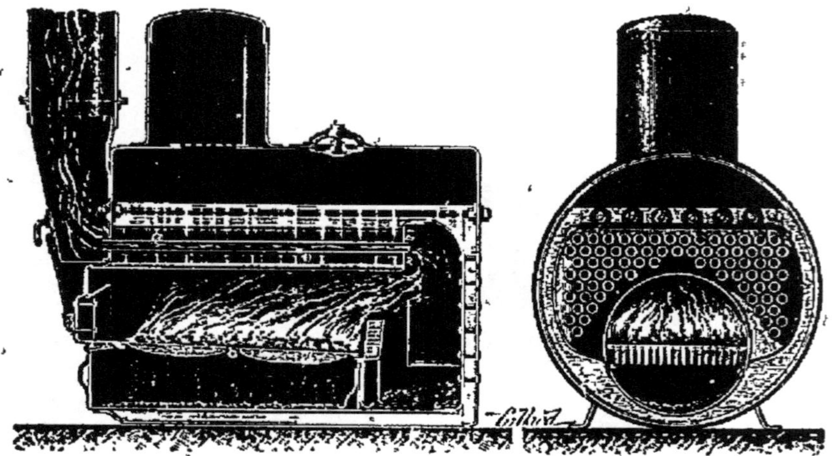

Fig. 176. — Chaudière tubulaire.

gouttelettes d'eau qu'elle avait entraînées, et qui, introduites dans le cylindre, gêneraient le mouvement du piston.

182. Accessoires de la chaudière. — La chaudière doit toujours être munie d'appareils indiquant le niveau de l'eau et la pression de la vapeur, d'appareils de sûreté et d'un appareil d'alimentation.

I. — Indicateurs du niveau de l'eau. — Il faut veiller avec soin à ce que le niveau de l'eau dans la chaudière ne descende pas au-dessous de la limite supérieure de la surface de chauffe, car la partie de la paroi qui subirait l'action directe de la flamme à l'extérieur sans être en contact avec l'eau pourrait être portée au rouge : les gaz du foyer pourraient l'attaquer et diminuer sa résistance, et de plus quand on introduirait une nouvelle quantité d'eau, la production brusque de vapeur pourrait amener une explosion.

Chaque machine à vapeur doit, dans cette vue, être munie de *deux* indicateurs de niveau.

Certains de ces appareils montrent directement le niveau de l'eau par un *tube indicateur*, en cristal épais, vertical, placé en dehors de la chaudière, avec laquelle il communique par ses deux extrémités mastiquées dans deux tubes métalliques coudés ; le niveau de l'eau dans ce tube est sur le même plan horizontal que dans la chaudière, d'après le principe des vases communicants.

En outre, un *sifflet d'alarme* avertit le chauffeur quand le niveau de l'eau baisse trop dans la chaudière ; il se compose d'un flotteur A (*fig.* 177) suspendu à l'extrémité d'un levier mobile autour du point O,

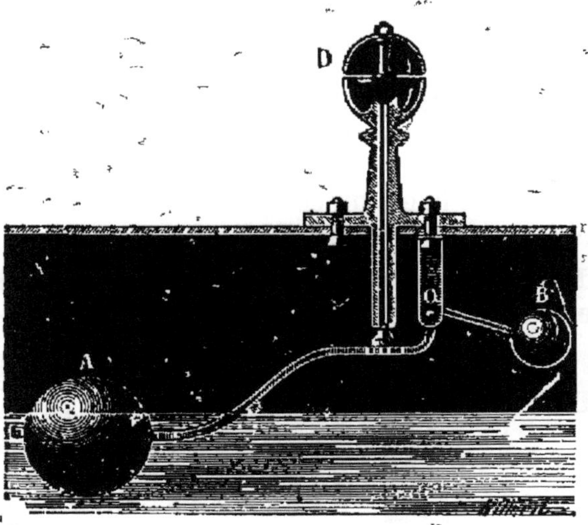

Fig. 177. — Sifflet d'alarme.

et maintenu en équilibre par un contrepoids B ; si le niveau baisse, le flotteur descend, entraîne le levier, et débouche l'orifice inférieur du sifflet ; la vapeur en sortant vient frapper les bords d'un timbre D, et produit un sifflement aigu.

On se sert aujourd'hui de préférence d'un *indicateur magnétique* qui prévient du *manque* et du *trop* d'eau et a l'avantage d'être un avertisseur à la fois optique et acoustique : c'est un aimant monté sur un flotteur à tige (*fig.* 178) qui fait mouvoir un petit index *m* devant une échelle divisée et qui montre ainsi les variations du niveau du flotteur. La tige du

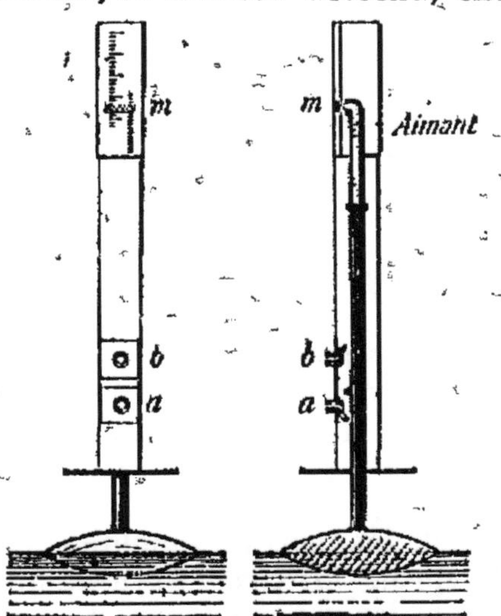

Fig. 178. — Indicateur magnétique de niveau.

flotteur peut d'ailleurs actionner, en s'abaissant, un sifflet *a* auquel elle fait rendre un son déterminé (manque d'eau), ou, en se soulevant, un second sifflet *b*, qui rend un son différent (trop d'eau).

II. Manomètre. — La pression de la vapeur est généralement indiquée par un manomètre métallique, placé à l'avant le la chaudière pour que le chauffeur puisse l'observer facilement Dans les machines fixes, on se sert quelquefois d'un manomètre à air libre.

III. Soupape de sûreté. — Tout générateur de vapeur doit aussi être muni de deux soupapes de sûreté au moins. La soupape ordinaire (*fig.* 179) est analogue à celle de la marmite de Papin (147) ; elle est placée en haut de la chaudière ; le poids qui presse sur elle est calculé de telle sorte que la vapeur le soulève avant que sa force élastique soit devenue

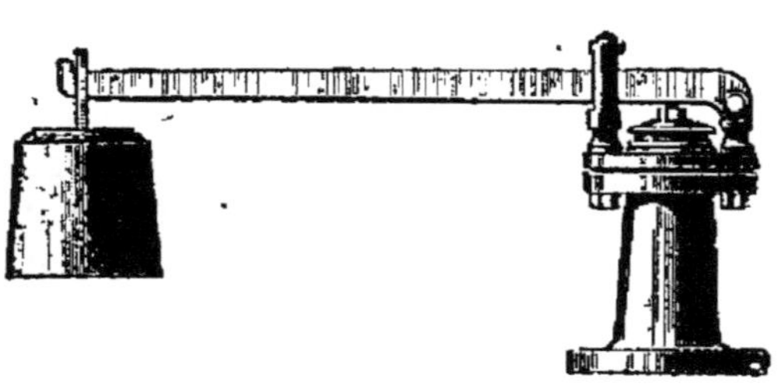

Fig. 179. — Soupape de sûreté.

égale à la résistance des parois de la chaudière ; le bruit de la vapeur qui s'échappe avertit le chauffeur qu'il doit diminuer l'activité du foyer ou envoyer de l'eau dans la chaudière, car le plus souvent l'échappement de la vapeur par la soupape serait trop lent pour abaisser assez vite la pression.

IV. Appareil d'alimentation. — Le tuyau JJ' (*fig.* 175) qui amène l'eau dans la chaudière doit descendre jusqu'au fond, pour éviter que l'eau froide, en traversant la partie supérieure de la chaudière, condense la vapeur formée, ce qui en diminuerait la force élastique et arrêterait le mouvement de la machine. L'eau doit donc arriver sous une pression supérieure à celle de la vapeur ; dans les machines fixes, on l'envoie par une *pompe aspirante et foulante* mise en mouvement par la machine même ; dans les machines mobiles, on emploie un appareil spécial, appelé *injecteur Giffard*, qui repose sur le même principe que les vaporisateurs, et dans lequel l'eau est entraînée dans la chaudière par un courant de vapeur passant dans un tube effilé.

183. Cylindre et tiroir. — La vapeur produite dans la chaudière est amenée, par un tube S assez large et entouré de substance isolante, dans un cylindre en acier ou en fer poli, dans lequel se meut un piston en fer qui y glisse à frottement doux, sans laisser communiquer les deux parties du cylindre qu'il sépare (*fig.* 180). La tige de ce piston traverse le fond du cylindre en passant dans une *boîte à étoupes* qui empêche la sortie de la vapeur.

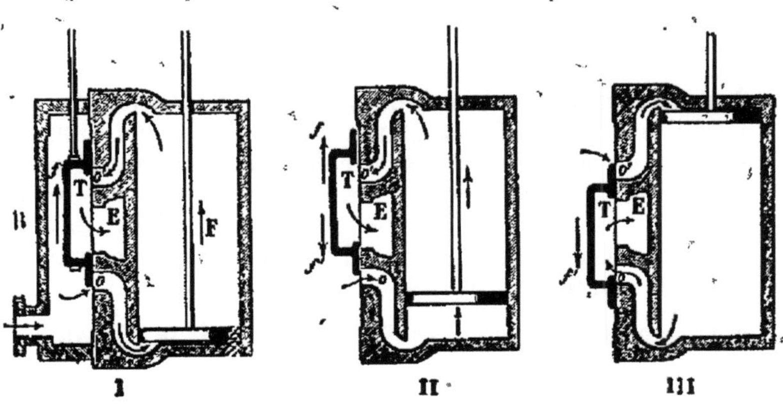

Fig. 180. — Cylindre et tiroir.

La vapeur doit agir successivement sur les deux faces du piston, de manière à lui donner un mouvement alternatif ; l'appareil le plus simple et le plus employé pour la distribution automatique de la vapeur des deux côtés du piston est le *tiroir*. C'est une pièce métallique, creuse, T, ayant la forme d'un tiroir, d'où son nom, qui se déplace grâce à une tige *f*, mise en mouvement par la machine même, dans la cavité B, appelée *boîte à vapeur*, où arrive la vapeur de la chaudière. Dans la paroi même du cylindre sont creusés deux conduits, *o*, *o'*, qui permettent la communication des deux parties du cylindre avec la boîte à vapeur, et un troisième conduit s'ouvrant en E et perpendiculaire au plan de la figure, qui communique avec l'atmosphère. Quand le tiroir est dans les positions I et II, la vapeur arrive au-dessous du piston, tandis que la vapeur qui était au-dessus communique avec l'atmosphère ; donc, si la force élastique de la vapeur est supérieure à la pression atmosphérique, le piston est repoussé vers le haut. Quand le piston est arrivé au fond du cylindre, le tiroir prend la position III, la partie inférieure du cylindre est mise en communication avec l'atmosphère, tandis que la vapeur arrive au-dessus du piston et le fait redescendre.

Le piston est donc poussé successivement dans les deux sens, avec une force égale à la différence entre les pressions qui s'exercent sur ses deux faces ; et pour augmenter cette force on peut augmenter la force élastique de la vapeur en élevant la température, ou mettre le conduit E en communication avec un *condenseur*, où la force élastique est moindre que la pression atmosphérique.

184. Condenseur. — Le condenseur est un vase en fonte, fermé et vide d'air, dans lequel arrive, sous forme de pluie, un jet d'eau froide. Si l'on met une des parties du cylindre en communication avec le condenseur, la vapeur se précipite dans cet espace froid, s'y condense, et sa force élastique dans le cylindre devient instantanément égale à la force élastique maxima correspondant à la température du condenseur; par exemple, si cette température est de 40°, la force élastique maxima correspondante est de 55^{mm} ou environ $\frac{1}{14}$ de la pression atmosphérique ; donc, si la force élastique de la vapeur dans la chaudière est 2^{atm}, la force qui agit sur le piston est

$$2^{atm} - \frac{1^{atm}}{14} = \frac{27}{14}$$ d'atmosphère ou les $\frac{27}{28}$ de la force

produite, tandis que si le cylindre communiquait avec l'atmosphère, la force utile serait 2^{atm} — 1^{atm} = 1^{atm}, ou la moitié seulement de la force produite.

Mais la vapeur en se condensant dégage beaucoup de chaleur, et la température du condenseur s'élevant, la force élastique maxima augmente rapidement ; pour qu'il y ait avantage à employer un condenseur, il faut que sa température ne dépasse guère 40°, ce qu'on obtient en y envoyant constamment de l'eau froide. Le condenseur nécessite donc l'emploi d'une pompe pour amener l'eau, et d'une autre pour enlever l'eau échauffée et l'air qui était dissous dans l'eau et qui se dégage; une partie de cette eau sert à l'alimentation de la machine, ce qui fait une économie de combustible et rend la production de vapeur plus régulière.

La force employée pour la manœuvre de ces pompes est bien moindre que celle qu'on gagne par la différence de pression dans le cylindre ; il y a donc avantage à se servir d'un condenseur, mais comme il occupe une grande place et nécessite une très grande quantité d'eau, on ne peut l'employer que dans les machines fixes

185. Machines à basse, à moyenne et à haute pression. — D'après la force élastique de la vapeur employée dans les machines, on les divise en trois groupes :

1º Les machines *à basse pression*, dans lesquelles la force élastique de la vapeur ne dépasse pas 2 atmosphères, et qui emploient presque toujours un condenseur, la pression atmosphérique faisant perdre une fraction trop grande de la force de la vapeur ;

2º Les machines *à moyenne pression*, dans lesquelles la force élastique de la vapeur varie de 2 à 5 atmosphères, et qui marchent avec ou sans condenseur ;

3º Les machines *à haute pression*, où la force élastique de la vapeur est supérieure à 5 atmosphères et dans lesquelles il y a généralement avantage à supprimer le condenseur.

186. Puissance d'une machine. — On évalue ordinairement la puissance d'une machine en *chevaux-vapeur* ; le cheval-vapeur est le travail nécessaire pour élever 75 kilogrammes à 1 mètre en 1 seconde ; il représente un travail bien plus considérable que celui dont un cheval est capable, car un cheval ne peut élever, en moyenne, que 42 kilogrammes à 1ᵐ par seconde ; et en tenant compte des temps de repos qui lui sont indispensables, un cheval n'équivaut qu'à 1/5,5 de cheval-vapeur. On fait des machines dont la puissance atteint 20.000 chevaux-vapeur.

187. Transmission du mouvement. — Les mécanismes employés pour transformer le mouvement de va-et-vient du piston en un mouvement de rotation continue sont très nombreux ; le plus simple et le plus employé est le mécanisme *à action directe.*

La tige du piston se termine par une pièce métallique A (*fig.* 181) glissant entre deux pièces parallèles et bien planes qui guident son mouvement ; elle s'articule avec une barre résistante ou *bielle* AB, dont l'autre extrémité s'articule avec une *manivelle* BC, de longueur égale à la moitié de la course du piston ; la manivelle est fixée à l'*arbre de couche*, long cylindre de fer, qui donne le mouvement à tous les appareils que la machine doit actionner.

Si la tige du piston recule, elle entraîne la bielle qui fait tourner la manivelle, et par suite l'arbre, dans le sens de la flèche ; quand le piston est au bout de sa course, la bielle et la manivelle sont dans le prolongement l'une de l'autre, il y a ce qu'on appelle un *point mort*, et le mouvement tend à s'arrêter ; mais si, en vertu de l'inertie, le mouvement continue si peu que ce soit, dès que le point mort est dépassé le piston qui avance pousse la bielle, et la rotation continue dans

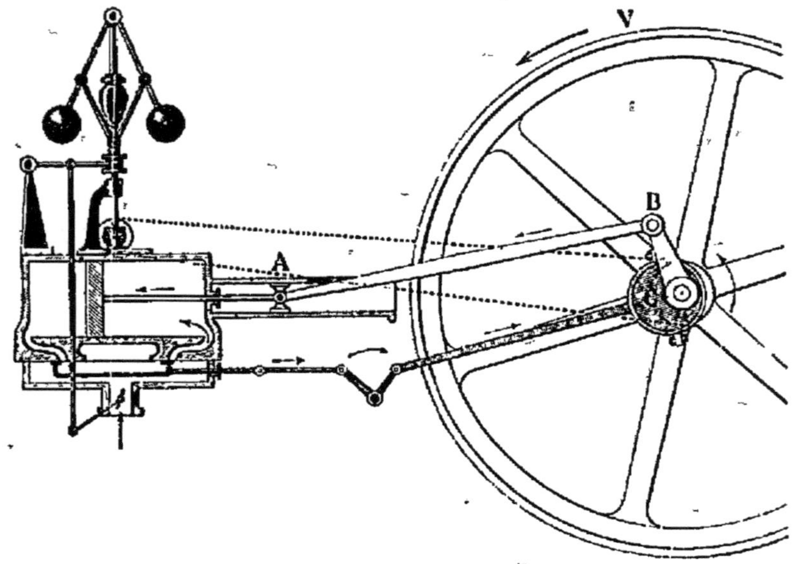

Fig. 181. — Schéma d'une machine à action directe.

le même sens ; il y a un second point mort quand le piston est à l'autre bout de sa course, la bielle et la manivelle étant alors superposées.

188. Volant.— Pour éviter l'arrêt ou le changement de sens du mouvement aux points morts, on fixe généralement à l'arbre de couche une grande roue de fonte V, ou *volant*, dont la masse est surtout à la circonférence. Quand la vitesse de la machine tend à augmenter, l'inertie et la grande masse du volant opposent une résistance à l'accélération ; si au contraire la vitesse diminue, le volant, en vertu de la vitesse acquise, continue le mouvement et fait dépasser le point mort ; le volant sert donc de régulateur par la difficulté qu'il éprouve à changer brusquement de vitesse.

189. Régulateur à boules.— Le volant ne suffit pas pour rendre le mouvement très régulier, parce que les résistances à vaincre sont très variables suivant qu'on met en mouvement un nombre plus ou moins grand d'appareils, et que la force élastique de la vapeur varie dans la chaudière suivant l'activité du foyer. C'est pourquoi on ajoute généralement à la machine un *régulateur à boules* ou *à force centrifuge* (fig. 182). Ce régulateur se compose d'un parallélogramme articulé, dont les branches latérales portent deux boules de fonte B, B', fixé par sa partie supérieure à une tige verticale mise en mouvement par une roue dentée qui engrène avec l'arbre de couche. Les boules, par leur poids, tendent toujours à fermer le parallélogramme, et à abaisser la bague L par laquelle l'angle inférieur du parallélogramme glisse sur la tige ; mais quand

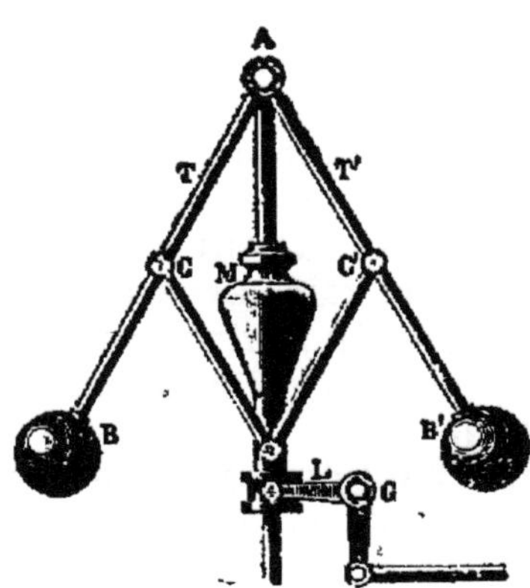

Fig. 182. — Régulateur à boules de Watt.

l'appareil tourne, la force centrifuge, qui est d'autant plus grande que le mouvement est plus rapide, tend à écarter les boules de l'axe de rotation et à soulever la bague. Les mouvements de cette bague se transmettent, par un système de leviers, à une *valve* placée dans la boîte à vapeur, de telle sorte que, si le mouvement tend à s'accélérer, la valve se ferme en partie et diminue l'accès de la vapeur ; si au contraire le mouvement se ralentit, les boules retombent, la bague s'abaisse et la valve s'ouvrant plus largement facilite l'arrivée de la vapeur dans le cylindre.

Le régulateur à boules a donc sur le volant l'avantage de régler automatiquement l'arrivée de la vapeur, c'est-à-dire d'agir sur la cause même du mouvement.

190. Principales applications des machines à vapeur. — Les machines à vapeur sont de plus en plus employées dans l'industrie, et le nombre des systèmes de production et de transmission du mouvement est considérable. Outre les machines fixes, on emploie encore les *locomobiles*, machines à haute pression, sans condenseur, montées sur des roues, qui ont l'avantage de pouvoir être transportées sur le lieu même du travail à faire, mais dont les dimensions sont restreintes par la nécessité de les faire assez légères, et qui ne dépassent guère une force de 5 à 6 chevaux-vapeur ; on s'en

sert beaucoup maintenant dans les petites industries, et surtout dans l'agriculture (faucheuses, moissonneuses, batteuses
à vapeur, etc.).

Enfin, une des applications les plus importantes des machines à vapeur est leur emploi comme force motrice dans la
navigation et le transport par les chemins de fer. Dans les
bateaux à vapeur, les machines font mouvoir soit des *roues à
aubes*, roues munies de palettes, placées sur les deux côtés du
navire, et qui agissent comme des rames venant tour à tour
prendre un point d'appui sur l'eau pour faire avancer le bateau ; soit une *hélice*, placée à l'arrière du navire et plongée
dans l'eau, qui porte des ailes inclinées et qui se meut dans
l'eau comme une vis dans son écrou.

Dans les *locomotives*, la machine à haute pression fait tourner une ou plusieurs paires des roues de la locomotive ; et
l'adhérence de ces roues aux rails de fer, par suite du
poids considérable de la machine, détermine le mouvement
de la locomotive et des wagons attachés derrière elle.

RÉSUMÉ DU CHAPITRE VII

On utilise surtout, pour le *chauffage des appartements*, la chaleur
produite par la combustion du bois ou de la houille, dans les
cheminées, les poêles ou les calorifères.

Une *cheminée* se compose d'un foyer ouvert en avant, surmonté
d'un conduit dans lequel s'établit un courant d'air de bas en haut,
quand on allume du feu dans le foyer. Le tirage d'une cheminée
dépend de sa hauteur, de sa section, de l'ouverture du foyer. Le
chauffage par la cheminée n'utilise que la chaleur rayonnée ; il est
coûteux, mais agréable et hygiénique.

Les *poêles* sont des appareils en fonte ou en faïence dans lesquels
on brûle le combustible ; les produits de la combustion s'en vont
par des tuyaux dans l'atmosphère ou dans une cheminée. Les
poêles échauffent l'air par rayonnement et par contact ; ils sont plus
économiques, mais moins hygiéniques que les cheminées.

Les *calorifères* servent à chauffer plusieurs pièces d'une maison ;
ils utilisent la chaleur produite dans le foyer pour échauffer soit
de l'air qui est envoyé directement dans les chambres, soit de l'eau
qui se rend dans des sortes de poêles, ou pour produire de la vapeur
d'eau qui circule dans des tuyaux et s'y condense en dégageant de
la chaleur.

Les *machines à vapeur* sont des appareils dans lesquels on utilise
comme force motrice la force élastique de la vapeur d'eau. Elles se

composent essentiellement d'une chaudière ou générateur à vapeur, d'un cylindre dans lequel la vapeur agit sur un piston, et d'un mécanisme qui transforme le mouvement alternatif du piston en mouvement continu.

La *chaudière* est à bouilleurs dans les machines fixes, tubulaire dans les machines mobiles ; elle est munie d'un tube indicateur et d'un sifflet d'alarme pour indiquer le niveau de l'eau, d'un manomètre pour mesurer la force élastique de la vapeur, de deux soupapes de sûreté, et d'une pompe d'alimentation ou d'un injecteur Giffard pour y introduire l'eau.

La vapeur se rend dans le cylindre où elle agit successivement sur les deux faces du piston grâce au mouvement du *tiroir* ; elle passe ensuite soit directement dans l'atmosphère, soit dans un *condenseur* refroidi par un courant d'eau et qui diminue la force élastique de la vapeur, de façon à utiliser une plus grande proportion de la force produite.

Les machines sont à basse, à moyenne, ou à haute pression, suivant que la force élastique de la vapeur est inférieure à 2^{atm}, comprise entre 2 et 5^{atm} ou supérieure à 5^{atm}.

La puissance d'une machine s'évalue en chevaux-vapeur, correspondant au travail effectué en élevant 75^{kg} à 1^m en 1^{sec}.

Le mouvement du piston peut être transformé en un mouvement de rotation continu par une *bielle* et une *manivelle* fixée à l'arbre de couche ; le *volant*, qui agit par sa masse et son inertie ; et le *régulateur à boules*, qui ouvre plus ou moins l'orifice d'arrivée de la vapeur, régularisent le mouvement de la machine.

Les machines à vapeur sont très employées dans l'industrie, dans l'agriculture (locomobiles), dans la navigation (bateaux à vapeur, à roues ou à hélice), et pour le transport sur les chemins de fer (locomotives).

TABLE DES MATIÈRES (*)

CHAPITRE I

Propriétés générales des corps.

Objet de la physique . . . 1

Propriétés des corps . . . 2
Constitution des corps . . 4
Etats physiques des corps . . 5

Résumé 8

PESANTEUR

CHAPITRE II

Direction de la pesanteur. Equilibre des corps.

Forces 9
Pesanteur 10
Centre de gravité 15
Equilibre des solides . . . 16
Applications 20

Résumé. 21

CHAPITRE III

Lois de la chute des corps.

Résistance de l'air . . . 22
Machine d'Atwood . . . 24
Lois de la chute des corps . 25
Accélération due à la pesanteur 29

Résumé. 30

CHAPITRE IV

Balance.

Poids et masse d'un corps . 31
Balance 32
Double pesée 36
Balance de précision . . 37
Balance de Roberval . . . 39
Balance romaine . . . 40

Résumé. 41

HYDROSTATIQUE

CHAPITRE V

Propriétés des liquides en équilibre.

Propriétés des liquides . . 42
Surface des liquides en équilibre 42

Transmission des pressions . 43
*Pressions dues à la pesan-
teur des liquides* . . . 45
 Dans un plan horizontal . 45
 Sur le fond des vases . . 47
 Sur les parois 49
Liquides superposés . . . 53
Niveau à bulle d'air . . . 54
Vases communicants . . 54
 Applications 55
Capillarité 60

Résumé. 61

CHAPITRE VI

Principe d'Archimède.
Corps flottants.

Principe d'Archimède. . . 62
Réaction du corps sur le liquide 64
Équilibre des corps immergés. 65
Équilibre des corps flottants. 67
Applications 69

Résumé. 70

CHAPITRE VII

Densités. Poids spécifiques.

Usages des poids spécifiques. 71
Détermination des densités . 73
Méthode du flacon. . . . 73
Méthode de la balance hydro-
statique 75
Aréomètres à poids constant. 76

Résumé. 80

EQUILIBRE DES GAZ

CHAPITRE VIII

Pression atmosphérique.

Propriétés des gaz . . . 82
Statique des gaz 83
Pression atmosphérique . . 84
Expérience de Torricelli . . 88
Expériences de Pascal. . . 89

Résumé. 91

CHAPITRE IX

Baromètres.

Baromètres. 92
Construction 92
Baromètres divers à mercure. 94
Baromètre métallique . . 99
Usages des baromètres . . 100

Résumé. 103

CHAPITRE X

Force élastique des gaz

Loi de Mariotte 101
Applications 108
Mélange des gaz 110
Dissolution des gaz . . . 112
*Mesure de la force élastique des
gaz* 113
 Manomètres. 113
 Manomètre à air libre . 113
 Manomètre à air comprimé. 115
 Manomètre métallique . . 116

Résumé. 118

CHAPITRE XI

Machine pneumatique.

Principe de la machine . . 119
Machine à deux corps de
pompe. 121
Corps de pompe, pistons, pla-
tine 123
Usages 126
Machine de compression . . 127

Résumé 128

CHAPITRE XII

Pompes. Presse hydraulique.
Siphons.

Pompe aspirante 130
Pompe aspirante élévatoire . 132
Pompe foulante. 132
Pompe aspirante et foulante . 133
Pompe à incendie. . . . 134

Presse hydraulique. . . 135
Description et fonctionne-
 ment 136
Usages 137
Siphon. 137
Théorie du siphon . . . 138
Usages 141
Sources intermittentes . . 141

Résumé. 141

CHAPITRE XIII

Aérostats.

Extension du principe d'Archi-
 mède aux gaz 143
Aérostats 144
Force ascensionnelle. . . 148
Direction des aérostats . . 150
Résumé. 151

CHALEUR

CHAPITRE I

Dilatation des corps. Thermomètre.

Dilatations 153
Dilatation des solides . . 154
Applications. 156
Dilatation des liquides . . 157
Dilatation des gaz . . . 158
Thermomètre. 160
Température. 160
Thermomètre 161
Corps thermométrique. . 162
Unité de température . . 163
Echelles thermométriques. 164
Thermomètre à mercure . 165
Graduation 166
Thermomètre à alcool . . 169
Déplacement du zéro . . 171
Thermomètres à maxima et
 à minima. 171
Détermination des tempé-
 ratures élevées . . . 172
Coefficients de dilatation . 173
Maximum de densité de l'eau 175

Résumé. 177

CHAPITRE II

Chaleurs spécifiques. Fusion et solidification.

Principes de calorimétrie. . 178
Chaleur spécifique. . . . 179

Fusion et solidification. . 181
Changements d'état des
 corps 181
Fusion. Lois. 182
Solidification. Lois. . . 184
Changements de volume . 185
Influence de la pression . 187
Surfusion 189
Dissolution 191
Solidification des corps dis-
 sous 192
Sursaturation 193
Mélanges réfrigérants . . 194

Résumé 195

CHAPITRE III

Vaporisation.

*Propriétés des vapeurs sa-
turantes* 196
Vaporisation. 196
Formation des vapeurs dans
 le vide. 197
Propriétés des vapeurs sa-
 turantes 199
Formation des vapeurs dans
 les gaz. 202
Evaporation 203
Froid produit par l'évapo-
 ration 204
Ebullition. 206
Ebullition. 206
Lois de l'ébullition. . . 207
Caléfaction 215
Résumé. 216

CHAPITRE IV

Liquéfaction des vapeurs et des gaz.

Liquéfaction des vapeurs. . 217
Applications 218
Liquéfaction des gaz . . . 220
Température critique . . . 221

Résumé. 223

CHAPITRE V

Hygrométrie. Météores aqueux.

Etat hygrométrique . . . 224
Hygromètres 225
Hygroscopes 229
Météores aqueux. . . . 229
Brouillards, Givre. Nuages.
Pluie. Verglas. Neige. Gré-
sil. Grêle. Rosée. Gelée
blanche 229

Résumé. 238

CHAPITRE VI

Propagation de la chaleur.

Modes de propagation . . 239
Conductibilité 240
Conductibilité des solides . 240
Conductibilité des liquides. 241
Conductibilité des gaz. . 242
Applications. 242
Rayonnement 244
Propagation par rayonne-
ment 244
Emission de la chaleur. . 245
Réflexion de la chaleur . 248
Transmission de la chaleur
rayonnante . . . 249
Absorption de la chaleur . 250

Résumé. 251

CHAPITRE VII

Chauffage des appartements. Machine à vapeur.

Différents systèmes de chauf-
fage 253
Cheminées 253
Poêles 256
Calorifères. 257
Machine à vapeur . . . 261
Principe de la machine. . 261
Chaudière 261
Cylindre et tiroir . . . 265
Condenseur 267
Puissance d'une machine . 268
Transmission du mouve-
ment. 268
Volant 269
Régulateur à boules. . . 269
Applications. 270

Résumé. 271

Bar-le-Duc. — Imp. Comte-Jacquet, FACDOUEL, Dir.

Annuaire de la Jeunesse, par H. VUIBERT (11e année), *Moyens de s'instruire. Choix d'une carrière*. — Un vol. de 1180 pages, broché, 3 fr. ; relié toile rouge, ... 4 fr. »

L'Annuaire de la Jeunesse est appelé à être entre les mains de tous les jeunes gens et de toutes les jeunes filles de 10 à 20 ans, ainsi que des parents soucieux de l'avenir et de l'éducation de leurs enfants. On y passe en revue tout ce qui a trait à l'instruction des garçons et des filles à tous ses degrés. L'auteur ne se limite pas, bien entendu, aux établissements universitaires ; il s'étend au contraire, beaucoup sur tout ce qui a un caractère professionnel, spécial, et donne, pour chaque école d'enseignement technique, une nomenclature bien complète des professions enseignées (pour les jeunes filles : broderie, confection, corsets, costumes d'enfants, dessin industriel, fleurs, gilets, lingerie, modes, repassage, etc.)

Programmes :

Ecoles normales primaires d'institutrices . . . . 0 fr. 20
Ecole normale primaire supérieure de Fontenay-aux-Roses, 0 fr. 25
Certificat d'aptitude à la direction et au professorat des écoles normales d'institutrices et au professorat des écoles primaires supérieures, ... 0 fr. 30
Certificat d'aptitude à l'enseignement des langues vivantes, du chant, de la gymnastique, des travaux de couture. . . . . . . 0 fr. 20
Certificat d'aptitude à l'inspection des écoles maternelles. 0 fr. 20
Certificat d'aptitude au professorat industriel et au professorat commercial (aspirants et aspirantes). . . . . 0 fr. 40
Conditions d'admission au Conservatoire national de musique et de déclamation . . . . 0 fr. 40
Plan d'études et progr. des lycées et collèges de jeunes filles 1 fr. »
Programme des bourses dans les lycées et collèges de jeunes filles. 0 fr. 25
Pharmacie. — Herboristerie. . . . . 0 fr. 25
Ecole dentaire à Paris. . . . . 0 fr 30
Conditions d'admission (des femmes, notamment) aux emplois des postes et des télégraphes . . . . 0 fr. 50
Baccalauréat de l'enseignement secondaire classique. . . 0 fr. 30
Baccalauréat de l'enseignement secondaire moderne. . . 0 fr. 30
Certificat d'études physiques, chimiques et naturelles. . 0 fr. 30
Doctorat en médecine. — Diplôme de sage-femme . . . . 0 fr. 25

L'Enseignement Ménager, par Mme M. SAGE. — Un vol. in-12 de 504 pages, illustré, élégamment cartonné, 2e édition. 2 fr. »

L'auteur s'attache à montrer combien de choses il faut savoir pour choisir le nid de sa famille, l'organiser avec goût en observant toutes les règles de l'hygiène, le chauffer, l'éclairer économiquement, puis elle s'étend naturellement sur la pratique ménagère, les approvisionnements, la cuisine, etc., et termine par un chapitre sommaire sur les relations de la femme et de la famille avec l'extérieur dans les diverses circonstances de la vie ; partout elle met en lumière les qualités nécessaires et les connaissances indispensables pour amener à la maison l'hygiène, le confort et, avec eux, la gaieté qui fait aimer le foyer.

La Science et les Travaux de la ménagère, par Mme SAGE. — Edition familiale, sur beau papier, de l'ouvrage précédent (convient aussi pour bibliothèques, étrennes, distributions de prix) ; titre rouge et noir, broché sous une jolie couverture, 2 fr. 75 ; avec reliure d'amateur, mouton pleine, souple, tête dorée, 4 fr. 75

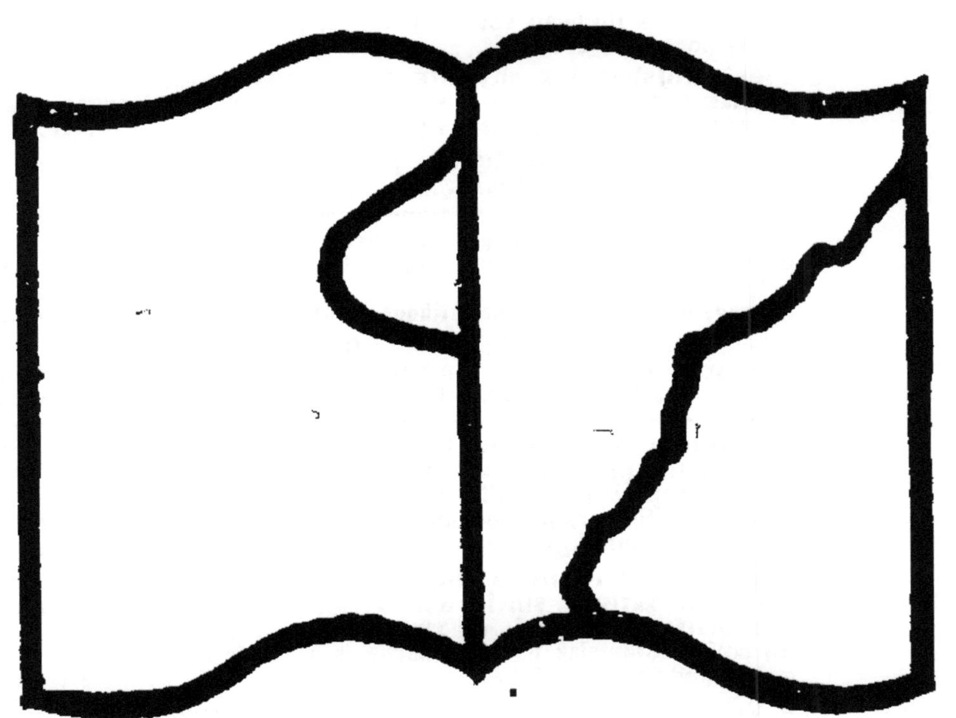

Texte détérioré — reliure défectueuse

NF Z 43-120-11

Journal de Mathématiques élémentaires. — Journal in-4°
avec figures et épures dans le texte, paraissant le 1ᵉʳ et le 15 de
chaque mois, et publié par H. Vuibert. — Prix de l'abonnement
annuel du 1ᵉʳ octobre au 15 juillet . . . . 5 fr. »

Le *Journal de Mathématiques élémentaires* publie, outre les travaux de
ses abonnés :

1° Les problèmes de mathématiques et de physique donnés aux examens du baccalauréat classique et du baccalauréat moderne ;

2° Les sujets d'examens et de concours pour l'admission aux écoles
suivantes : architecture, beaux-arts, institut agronomique et école des
eaux et forêts, navale, navigation, normales primaires supérieures de
Fontenay-aux-Roses et de Saint-Cloud, normale secondaire de Sèvres,
physique et chimie industrielles, Saint-Cyr, Versailles, etc. ;

3° Les sujets de mathématiques, de physique et de chimie donnés aux
examens pour l'obtention des principaux grades universitaires et autres
(agrégation de l'enseignement secondaire des jeunes filles, certificat d'aptitude à l'enseignement secondaire des jeunes filles, au professorat des
écoles normales, etc.) ;

4° Les sujets de mathématiques, de physique, de chimie et d'histoire
naturelle donnés aux concours généraux, etc.

L'Education Mathématique. — Journal in-4° avec figures,
paraissant le 1ᵉʳ et le 15 de chaque mois, et publié par Ch. Bioche
et H. Vuibert. — Prix de l'abonnement annuel (du 1ᵉʳ octobre au
15 juillet) . . . . 5 fr. »

Ce journal s'adresse aux élèves des classes de lettres (enseignement
classique et moderne) des lycées de garçons, aux élèves des trois classes
supérieures des lycées de jeunes filles et aux élèves des écoles primaires
supérieures et des écoles normales. Il est limité à l'arithmétique, l'algèbre
et la géométrie très élémentaires.

Des *questions proposées* sont livrées aux recherches des abonnés. Les
solutions insérées dans le journal sont rédigées avec les plus grands
détails, de manière à ne laisser dans l'ombre aucune partie de la démonstration, et en rappelant les théorèmes à l'appui. Les fautes qui se
trouvent dans les solutions envoyées sont signalées et expliquées d'une
façon générale, sans indication de personnalité, de manière à faire profiter
tous les lecteurs des enseignements qui pourront se dégager des erreurs
de quelques-uns.

L'Education Mathématique publie, entre autres choses :

1° Les sujets de mathématiques et de sciences physiques et naturelles
donnés aux examens du certificat d'études primaires supérieures ;

2° Des sujets d'arithmétique donnés aux concours pour l'admission
dans les écoles normales primaires ;

3° Les textes d'épreuves du brevet élémentaire et du brevet supérieur ;

4° Les sujets scientifiques donnés aux examens pour l'obtention des
bourses dans les lycées et collèges de garçons et de jeunes filles ;

5° Les sujets de mathématiques, de physique et d'histoire naturelle
donnés aux concours généraux de Paris et des départements, aux examens
du baccalauréat et dans les concours pour l'admission aux écoles.